大飞机出版工程

总主编　顾诵芬

基于模型的系统架构

Model-Based System Architecture

【美】蒂姆·威金斯（Tim Weilkiens）
【美】杰斯克·G. 拉姆（Jesko G. Lamm）
【美】斯蒂分·罗思（Stephan Roth）　编著
【美】马库斯·沃克（Markus Walker）

李浩敏　张莘艾　汤　超　等　译

上海交通大学出版社
SHANGHAI JIAO TONG UNIVERSITY PRESS

内容提要

本书主要介绍了系统架构的搭建理念、理论和方法，用以支持产品的生产制造，并使产品满足市场需求。书中介绍的方法实现了系统工程从以文档为中心向以模型为中心的转变，强调了模型在设计、分析、制造过程中的重要性，提高了基于模型的系统架构研究方法的完备性。本书希望让更多系统工程领域的人了解基于模型的系统架构的理论方法，从而将该方法运用到实际设计研究过程中，使系统架构设计上升到新的台阶。

图书在版编目(CIP)数据

基于模型的系统架构／(美)蒂姆·威金斯(Tim Weilkiens)等编著；李浩敏等译．—上海：上海交通大学出版社，2021 (2023 重印)
(大飞机出版工程)
ISBN 978-7-313-23114-7

Ⅰ．①基… Ⅱ．①蒂… ②李… Ⅲ．①系统工程 Ⅳ．①N945

中国版本图书馆 CIP 数据核字(2021)第 055928 号

Model-Based System Architecture by Tim Weilkiens, Jesko G. Lamm, Stephan Roth and Markus Walker, ISBN: 978-1-118-89364-7

基于模型的系统架构
JIYU MOXING DE XITONG JIAGOU

编　　著：[美] 蒂姆·威金斯(Tim Weilkiens)　[美] 杰斯克·G. 拉姆(Jesko G. Lamm)
　　　　　[美] 斯蒂芬·罗思(Stephan Roth)　[美] 马库斯·沃克(Markus Walker)
译　　者：李浩敏　张莘艾　汤　超 等
出版发行：上海交通大学出版社　　地　　址：上海市番禺路 951 号
邮政编码：200030　　电　　话：021-64071208
印　　制：上海万卷印刷股份有限公司　　经　　销：全国新华书店
开　　本：710 mm×1000 mm　1/16　　印　　张：19.25
字　　数：327 千字
版　　次：2021 年 4 月第 1 版　　印　　次：2023 年 7 月第 3 次印刷
书　　号：ISBN 978-7-313-23114-7
定　　价：158.00 元

译　者　序

商用飞机的研制是一项大型且难度系数高的系统工程。在研制初期为满足需求需要搭建一个完备的系统架构，然后实现从产品系统的研发设计向生产制造过渡。随着信息技术的高速发展，基于模型的系统架构由于其结构化和可视化等特点，能够极大地提高设计效率，已经备受业界关注。国内企业对系统架构的重视程度越来越高，但是在构建系统架构模型领域尚处于探索阶段，尤其面对高度复杂的系统，如何形成一个成熟的系统架构是一件极具挑战性的事情。

翻译本书的目的，一是介绍国外有关基于模型搭建系统架构的理念、理论和方法，为我国航空领域科研人员提供一套系统的、全面的教材，满足各类人才对系统架构搭建知识的迫切需求；二是将国内民用飞机研制的重要成果和宝贵经验与本书的建模思想相结合，形成一套科学化、系统化的理论和知识体系；三是提供一套通用技术，促进一系列技术标准的制定，推动系统架构技术体系的形成，促成整个民机产业的体系化和信息化的深度融合。

本书的作者之一蒂姆·威金斯(Tim Weilkiens)是德国 Oose 咨询公司执行董事会成员、顾问和培训师，硕士课程讲师，出版商，以及 OMG 和 INCOSE 社区的活跃成员。他曾撰写了最初的 SysML 规范，并仍活跃在使用的 SysML V1 和下一代 SysML V2 的编写工作中。他还参与了许多 MBSE 活动，在多个有关 MBSE 主题的会议中都能看见他的身影。作为顾问，他曾为许多来自不同领域的公司提建议。在本书中作者深入浅出地介绍了如何搭建一个明确的、可持续的系统架构以支持产品的生产制造并且使得产品更加满足市场需求。本书内容有利于实现系统工程从以文档为中心向以模型为中心的转变，体现了模型在系统工程中的重要地位，使得模型成为设计、分析、研究系统的不可或缺的工具。当前，有关研究模型的理论知识、技术方法多种多样，本书针对基于模型的系统架构提出了一套系统完整的研究方法。为了能够很好地解决现实出现的复杂问题、紧随时代潮流，针对基于模型的系统架构研究已经有了明显的研究进展，这在本书中有所体现。书中介绍的模型表达方法涵盖了许多标准和框架，能够有助于研制出更为优质的工业产品。在此希望通过此书的翻译，能够让越来越多的人参与到基于模型的系统架构研究当中，在实践中对系统架构进行完善，促进国内系统工程领域的发展。

《基于模型的系统架构》是由李浩敏、张莘艾、汤超、王健、陈冬生、周梦倩、何燕、詹超、邬昊�、牛威、张峻、王红兵、樊利利、胡仞与、康文文等翻译、编辑和校对的，感谢他们在百忙之中对本书所做的工作。

前　言

与普遍的看法不同，模型对于系统工程而言并不是新事物。模型是工程师们分析问题和寻求解决方案的良好途径，因此系统模型与系统工程本身一样早已得到应用。传统的方法重视书面说明并视之为“真理之源”，而模型则被视为次要的和描述性的，有时以简图形式反映，有时以正规图表形式示出，一部分在分析软件包内捕获，并且常常只是留存在总工程师的头脑中。将系统工程从以文档为中心的实践方法转换为以模型为中心的实践方法，关键并不在于模型的导入，而在于使模型明晰，并将其推至“前台”，使之成为设计、分析、沟通和系统描述的权威工具。

当前，众多组织大力研究模型表示法、标准、方法论和技术，希望借助模型驱动的范例来变换系统工程的实践方法。为了管控当今问题的复杂性，为了与当今快速发展的技术保持同步，为了获取与问题、解决方案和基本原理有关的所需知识，为了有效应对变化，全都需要使系统工程与其他工程学科相结合，超越以文档为中心的技术，汲取基于模型的基础所带来的活力。在过去的十多年中，随着精力投入和重点关注，这方面已取得显著的进展。随着系统建模语言(SysML)发展为一组标准化图表，用于补充传统的系统表示法，使得业界在表示法领域取得较大进步。许多著作，包括蒂姆·威金斯经常引用的指南，阐述了使用该表示法获取和沟通系统设计以提高系统团队内部显性和一致性的细节。伴随这些表示法出现了为数众多的标准和框架，以帮助工程团队开发反映关键系统维度的高保真模型。

然而，对于业界就 SysML、表示法、标准以及工具所做的所有探讨，存有大量的疑惑。了解 SysML 符号，绘制 SysML 图表，并且不等于实施基于模型的系统工程。在系统工程中使用不相关的模型和模拟，也不等于对基于模型的系统工程进行集成。

为了有效地变换到以模型为中心的技术，需要我们后退一步去了解全局背景。图表和其他表示方法并不单独存在，而是相互关联和重叠，从特定的角度沟通系统模型的关键方面。系统架构模型和精细分析模型并不是不相关的，也不存在一个单一的大型统一模型来捕获所有系统问题的所有相关维度。为了向前发展，我们必须怀有全局性的系统观念，并将其用于基于模型的系统工程，寻求相互关系，并开发出一个支持系统工程实践的鲁棒性工具箱。

本书中，四位作者拓宽了我们的视野，并为我们揭示丰富的一组透视图、过程和方法，以使得我们能够为基于模型的系统架构开发出一个有效的统一框架。在业界现有论及 SysML 的教科书文库的基础上，本书明显超越表示法，将模型、视角和视图作为处理需求、行为和架构等等问题的现代方法的一部分。它与一个涉及过程、方法和工具的更大架构相连接，对于支持以模型为中心的实践方法是关键。本书超越技术空间看到了关键的文化维度，因为向以模型为中心的技术转换远不是一项技术挑战，而是一次组织变革。

本书的四位作者在论述这个更大的框架时，将以模型为中心的实践方法结合在一起，以帮助从业人员开发有内聚力的系统架构——这是我们在项目全生命周期中的一次机会，借此管控问题复杂性、开发可恢复性以及完成关键问题(诸如系统安全性)设计。

毫无疑问，系统工程的未来应是以模型为基础。以文档为中心的技术显然不足以应对当前和未来的挑战。在开发含过程、方法和工具的以模型为中心的有内聚力框架方面，那些属于早期采用者的从业者和组织，无论是自己生产产品，还是为他人提供系统服务，都具有一定的竞争优势。作为一名专业人员，如果我们能够从以文档为中心的系统工程转换为基于模型的系统工程，并且坚持实现“基于模型的系统工程”愿景，我们就能够帮助转换更大的产品生命周期，在质量、成本以及上市时间方面给予重大改进，从而使所有各方都获益。

戴维·朗(David Long)
Vitech Corporation 公司总裁
INCOSE 会长(2014—2015)

序　言

以优异质量和适销成本的系统及时地响应市场需求是一种强大的竞争优势。一旦认同市场需求，运用多个学科来开发针对该市场需求的系统，各学科需要紧密配合，并且每个人都要精确地理解每个学科对系统开发的贡献。有效的沟通以及建立对整个相关系统的理解是成功的关键。组织正在面临越来越动态的环境，同时，面对日益增加的分散式团队和利益攸关方的组织复杂性，面对日趋增加的系统组件及其环境之间更多相关的技术复杂性。在这一背景下，需要有一个可持续的显式系统架构。

每一个对系统开发有贡献的工程学科都需要特定的视图，以便获取所需的洞察力。系统模型能够创建一致性的利益攸关方特定视图集。人们可以利用系统模型快速全面地了解正在开发的系统，这有助于人们选择适当的解决方案，以满足市场需求。所有视图都基于相同的数据基线。无须做任何努力来整合冗余数据、澄清矛盾信息造成的误解或承担产生错误的代价。

要实现一个成功的系统，系统架构师需要合理地塑造系统架构。必须执行多项任务，并且每一项任务都要使用一种有效的方法。本书为系统架构师提供应对日常挑战的工具箱。本书的范围是一个基于模型的环境，无论是已创建且在运行的环境，还是在规划中的环境。本书阐述如何使用 SysML 建模语言来获得基于模型的架构描述。然而这些概念并不依赖 SysML，也可以使用其他建模语言来执行。

本书是关于人员、模型和更好产品的著作，基于我们的信念，通过为参与系统开发的人员建立沟通和洞察能力，基于模型的系统架构就能产生更好的产品。本书提出很多方式和方法，我们将其视为成功完成系统架构工作所需的配料成分；本书陈述基于模型的系统架构，我们将其视为与利益攸关方一起构建优良系统架构工作所需的主干材料。我们将表明，让利益攸关方参与的意义远大于一次正式的评估过程。

系统架构的基本原则是简化。与利益攸关方缺乏简易的概念沟通，系统架构师就无法得到应有的理解，因此系统开发将是失败的。我们向你——亲爱的读者——提出建议，采用简化原则，并将其用于本书陈述的众多方法中。你可自由地仅选择对你的日常工作为最适合的方法，至于其他方法，在你发现它们有用之前，先予以忽略。对于系统架构师而言，本书是一个内藏丰富的工具箱，并且不是一种严格的全用或全不用的过程。

经验告诉我们，每个组织将有不同的侧重领域，并且需要不同的方法。鉴于这个原因，我们将已观察到的在业内正在成功应用的多种方法"捆绑"在一起，希望你能从中发现确实适合你当前活动的某些信息。我们业已选择在日常工作中易于使用的并对一般的基于模型的系统架构是重要的那些方法。我们并不苛求提供一整套方法。每一系统架构师都热衷于硬件储备，以拓展其工具箱。而随着时间的推移，当他的某些工具不再适用时，他不得不将其丢弃。

本书的阅读对象为系统架构师、架构师经理以及从事系统架构或对系统架构感兴趣的工程师。本书是一部综合性著作，首次将系统架构这一新兴学科和基于模型的方法以及 SysML 结合在一起，组成一个完整的框图。最重要的组成部分如下：

(1) 功能架构以及拉姆和威金斯提出的从通用案例分析中导出架构的"系统功能架构法(FAS)"。

(2) 在系统架构上下文中综合来自软件学科的分层架构概念。

(3) 对系统变量建模。

(4) 不同架构类型(如功能架构、逻辑架构和产品架构)的完整框图以及它们的关系。

(5) 关于 SysML 的简要说明。

(6) 附录中给出 V 模型的历史综述和关于 V 模型的最新设想。

作为本书的一位典型读者，你可能没有时间从头至尾读完所有各章。因此我们尽可能使每章之间相互独立，为的是当你对某主题产生灵感时，你可单独地或不按某个特定顺序来阅读它们。你可根据需要找到关于特定主题的参阅内容并获得启发，以便在你的日常业务中直接使用所陈述的方法。书中使用一个基于机器人的虚拟博物馆参观方案作为示例系统，演示各个主题。

我们喜欢使用中性语言来成文。由于我们尽量避免在同一个句子中使用两种性别称呼来扰乱阅读的流畅性，因此在不适合使用中性语言之处，我们只使用一种性别称呼。凡合适之处，可随意用“她”代替“他”，或用“他”代替“她”。

我们要感谢 INCOSE 的德国分会（GfSE）的 FAS 工作组和 MkS 工作组。这两个组的工作为我们提供了新的观念，现在就可在本书中读到这些。我们感谢 NoMagic 公司在采用 Cameo 工具系列进行工作时所提供的支持，我们用以创建了 SysML 模型和图表，并已在本书多章中使用。我们还要感谢埃里克·索达（Erik Solda）允许我们使用机器人示例，感谢马丁·鲁赫（Martin Ruch）有关组织界面评估的建议。感谢在工作中影响我们思维方式，帮助我们用外文进行阅读与写作以及为本书推荐参考文献的所有同事，这些参考文献现已成为本书基础的一部分。另外，还要感谢读过或听过本书部分内容后向我们提出建议和补充性意见的各位人士。

我们感谢所有 MBSE 支持者，他们相信 MBSE 可以为成功开发复杂系统提供支持。特别感谢杰出的 MBSE 专家戴维·朗，他自始至终地提供了帮助，并为本书撰写了前言。

最后，感谢威利出版社编辑布雷特·库兹曼（Brett Kurzman）和助理亚历克斯·卡斯特罗（Alex Castro）、凯瑟琳·帕格利亚罗（Kathleen Pagliaro）和巴加维·纳塔拉詹（Bhargavi Natarajan）的大力支持。

蒂姆·威金斯
杰斯克·G. 拉姆
斯蒂芬·罗思
马库斯·沃克

资助人
马赛厄斯·迪恩策（MATTHIAS DÄZER）
瑞士 Bernafon AG 公司
2015 年 2 月

关于合作网站

本书附有一个合作网站：

www.mbse-architecture.com

网页包含：

- 高分辨率版本的本书中所有插图。

目　　录

1 引　　言

基于模型的系统架构(model based system architecture，MBSA)将基于模型和系统架构这两种关键技术合二为一。两者都是系统工程未来发展趋势的重要组成部分[57]①。

许多系统都是渐进发展而来的。它们由内部组成部分驱动，而非由架构驱动。这些组成部分可以组合起来形成人工技术系统的任何要素。系统架构由一个完整的体系来展示。从软件架构的角度来看，系统架构通常是指与硬件或软件密集型系统相结合的架构[20]。我们知道系统架构更具整体性，并且也考虑到没有任何软件的系统。尽管像本书描述的那样，没有使用任何软件处理的系统工程过程和未采用基于模型的系统架构概念的系统都是非常少见的，但系统架构总是存在的。在当今和未来的系统工程中，应用显式系统架构设计对于系统项目的成功至关重要[57]。第 4 章在上下文中定义了术语“系统架构”。

研究工作清楚地表明，系统架构对于系统的性能和成功至关重要[34]，对于要求巨大架构设计工作量或返工工作量的项目尤为如此。由于市场和环境日益多变和复杂，系统架构必须益加能承受不断变化的需求和要求，甚至是根本性变化。第 3 章列出了系统架构设计的益处。

系统架构的目的在于：创建经相关专家核准其可行性的解决方案；设计出双方都同意的接口；确保所有应知晓系统架构的人员对系统架构拥有共同的理解。MBSA 利用模型，以便能够创造围绕系统架构的健全沟通，并确保从不同的角度确认架构。模型是能够以可行的质量按时实现复杂系统开发的关键工具。第 5 章定义了模型和 MBSA 这两个术语的含义，并讨论了相关术语。

模型不仅仅是图形。甚至存在没有用任何图形表示的模型。图形不是建模，而是制图。要创建模型，就需要可从建模语言中寻求这些语义。我们使用国

① 原文如此。本书参考文献编号不按顺序。——编注

际标准系统建模语言(systems modeling language, SysML)作为描述系统需求和创建架构模型的语言。附录A给出关于SysML的概述。虽然在本书中大量使用SysML,但是我们的方法和概念并不依赖SysML,也可使用其他的建模语言。

系统架构师是负责塑造系统架构的人员,他承担巨大的责任并面临巨大的挑战。该系统所属的组织应认真挑选系统架构设计人员,设计人员的工作成果应受到组织内各环节利益攸关方的严密监控。第19章阐述了如何将系统架构设计嵌入组织中。第10章讨论了系统架构设计各利益攸关方的接口。第8章特别介绍了与系统架构密切协作的相邻学科的需求工程。第7章中呈现的SYSMOD"Z"形图表明需求与架构之间的关系,清楚地说明了学科之间需要密切协作。基于模型的需求和举例分析两者所形成的过程产品是系统架构师的重要输入内容,在使用系统功能架构(functional architectures for systems, FAS)方法阐述功能架构时尤其如此。

第14章全面介绍了FAS方法。功能架构仅由功能构成,与执行功能的物理组件无关。与物理架构相比,功能架构更稳定,因为前者要依赖不断变化的技术。第7章"架构模式和原则"中论述了如何区分稳定部件与不稳定部件。

除了功能架构之外,还定义和讨论了更多的系统架构类型:基础架构,其固定预先确定的技术并调整创新范围;逻辑架构,其规定技术概念和原则;产品架构,其最终确定具体系统。这三种架构类型都是物理架构。分层架构是这些架构类型的正交架构,相关内容将在第9章中予以介绍。

另一个正交架构是变体建模。易变性日趋重要,市场不再满足于商品化的产品,而是需要满足客户个性化需求的定制产品。此外,地方环境和政策各不相同的全球市场需要不同的系统构型。第15章提出了一个基于模型的概念,以详细说明不同的产品构型。

对于架构概念,通过一个始终一致的示例系统来陈述。"虚拟博物馆参观系统"借助配有摄像头的机器人游览一个真实的博物馆。该系统易于理解,同时也非常复杂,足可演示系统架构设计概念。

如果系统架构师认为他的工作无非是制图并将其保存在共享网络驱动器上,那么他很有可能是一个失败者。如果系统架构师认为自己是开发人员的上司,并且可以指挥其他工程师,他同样也很有可能是一个失败者。它既不是一项考古工作,也不是一个总教官职务。系统架构设计是一项需要沟通和软技能的协同工作。一门通用语言和信息传递媒介是良好沟通的基础。第6章介绍了架构文档生成产品。在第 16 章中,我们将研究范围扩大到系统之系统和架构框架的体系。

工程师通常关注的是工作中的技术挑战。如今,沟通能力和一般软技能变得越来越重要。各类工程学科正在齐头并进。例如,现代机电一体化学科就是一个很好的说明。由于互联网、其他通信和交通技术的发展,全世界的人们正在共同成长。

因此,工程师面临越来越多的沟通关系。如果他还是只处理自己的技术工作,那么就无法取得成功。与团队成员、利益攸关方和社团等进行良好协作也很重要。第 20 章介绍了工程师的软技能。

2 示例：虚拟博物馆参观系统

我们需要一个示例系统，用于演示本书中所陈述的各种技术。我们选择的示例基于机器人研究工作，本书作者之一杰斯克在大学期间按照同学埃里克的初始构想，共同以课外活动的形式开始这项工作。在此工作过程中，他们制作了各种机器人，其中一款如图 2.1 所示。正是这款机器人启发了本书作者开发出下面所述的虚构示例系统。

我们构想了一个如图 2.2 所示的机器人。这个机器人能穿行于整个博物馆，机器人上的摄像机可视频直播。人们可以通过视频直播观看展品，即使博物馆闭馆时也可游览。

图 2.1 杰斯克和埃里克在机器人研究工作期间制作的一款机器人©（2007，2014 Jesko G. Lamm，转载已取得许可）

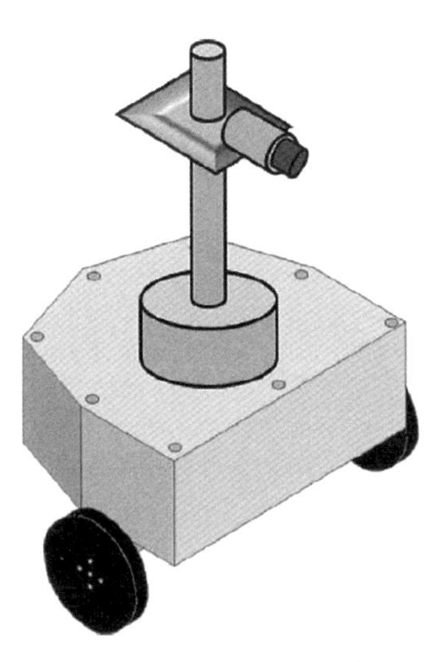

图 2.2 实现博物馆虚拟参观的博物馆机器人

根据这个示例完成本书的前几章时，我们注意到并非只有我们有这个想法，实际上有个名为“工友会”(The Workers)的组织先于我们提出过这个想法，并发明了一个取名为“天黑之后”(After Dark)的博物馆机器人系统，预期在博物馆闭馆时以及夜间使用。“工友会”提出的“天黑之后”系统概念获得了“IK 奖”和一笔预算，因此他们搭建了实际系统，并于 2014 年 8 月 13 日在英国泰特美术馆(the Gallery Tate Britain)实现了首次虚拟参观[74]。

由于在本书写作过程的后期才发现“天黑之后”系统的，所以本书中用作示例的系统主要基于我们自己的设想，因此可能与“天黑之后”系统有很大的不同，例如关于系统的架构。尽管如此，在我们中的一位作者发现泰特美术馆关于“天黑之后”的新闻发布稿[17]后，“天黑之后”系统就成为一个重要的灵感来源。

在虚拟系统中，用户可以登录计算机或手持设备(如智能手机)上的网络应用程序来控制如图 2.2 所示的机器人。多个用户可以通过一个网络应用程序从摄像机观看视频直播。摄像机可以缩放和上下移动。简言之，关注系统是由机器人、基础结构以及操纵机器人所需的遥控软件组成的。我们称这个系统为“虚拟博物馆参观”(virtual museum tour, VMT)系统。第 9 章将给出示例架构的描述，其提供了更精确的系统定义。

下面的一则小故事有助于了解示例系统的功能。当前约翰正操控一台博物馆机器人在艺术博物馆内穿行。他有一份家庭作业要写一篇关于现代艺术的报告，但是他没有时间在博物馆开放时间去参观。约翰在他的智能手机上输入“安迪·沃霍尔”，机器人开始驶向博物馆的流行艺术区。到了之后它在展厅中央停了下来。约翰现在选择了一幅画有一个汤菜罐头的油画。机器人朝这幅油画走去，并停在它面前。然后，机器人上的摄像头把这幅画传送到约翰的智能手机上。智能手机上出现了一个小通知框，显示了这幅画的名称。由于约翰需要更详细地分析艺术家的绘画方法，于是他在智能手机上输入命令，向下移动摄像头。然后他放大这幅画的一个特定区域。现在他可以通过智能手机上的视频直播看到想要的细节。这样约翰就完成了学校布置的家庭作业。

3 更好的产品——系统架构设计的价值

当我们开着一辆漂亮的新车驰往海滩，我们会享受到汽车如此美妙的抓地性能。如果我们尚未准备好去海滩，心里可能会嘀咕：汽车公司的哪个部门负责解决驾驶者对汽车抓地感的问题？是负责悬架设计部门，还是转向系统设计部门的各位专家？我们相信，单靠这些部门并不能让我们享受到汽车的"抓地感"，为了做到这一点，汽车制造商必须"把汽车看作是一个系统，看作一个既有内部相互作用又与驾驶者和道路相互作用的众多因素的集合"[93]。系统架构设计应确保以适当的方式控制组件之间的相互作用，并确保所设计的组件相互匹配。

3.1 系统架构设计对制造更好产品的贡献

汽车抓地性能的示例最早由 J. N. 马丁(J. N. Martin)提出[93]，我们对这个示例进行了扩展。设想一下，如果询问不同的汽车零部件开发人员，良好的汽车抓地性能是谁的功劳？作为答案，或许汽车制造商的悬架部门、转向系统专家和轮胎公司都会声称是自己的功劳，因为他们制造出了性能最好的悬架、转向系统和轮胎等。但是与此相反，拉塞尔 · L. 阿科夫(Russell L. Ackoff)举了下面这个例子："假设将多款现有汽车运到一个大型车库，每款一辆，然后聘请数位优秀的汽车工程师来测定哪款汽车的化油器性能最佳。完成测定后，记录结果，然后测定发动机。继续此过程，直至一辆汽车的全部零件都完成检测。然后让工程师把最佳的零件拆卸下来重新组装。我们能够得到一辆性能最佳的汽车吗？当然不能。"[2](第 18 页)

由于系统架构设计关于的是将各组件组装成一个整体，而不是寻求每一组件本身"最佳"。因此我们认为系统架构设计方法将有助于一个组织去构想如何组织、开发、生产和维护更好的产品。

3.2　可以实现的益处

在提及更好的产品时，“更好”一词可以有两个不同的含义：

(1) 让客户更加满意或者更加享受（如“汽车抓地感”的示例）。

(2) 让企业更多获利。

当然，第一个含义可能引发第二个含义，因为深受客户欢迎的产品可能成为畅销产品，从而为企业创造利润。

不能笼统地说“开发成本和生产成本最小化、用户满意度或某些质量措施最大化就对企业最有利”。最终，权衡研究将在这些或许更多不同判据之间确定最佳权衡。系统架构设计活动将引出有依据的权衡研究，因为它恰好处于需求分析工作与由不同系统要素开发所框定的空间之间。图 3.1 根据跨子系统的系统级权衡研究示例对此做出图解说明。系统架构设计可以自上而下将业务目标、需求、质量判据和产品策略纳入解决方案。这几乎与以下两种情况无关，即是否开发一个全新的系统（一种很少见的情况），或是否需要通过在现有解决方案中增加架构设计来进一步发展现有系统。唯一的区别在于，对后一种情况，在系统架构设计时，借助于系统开发时得到的专业知识，将来自现有解决方案的约束纳入权衡研究。

正是通过这种自上而下的方法可将可用性、可维护性和可靠性等要素设计

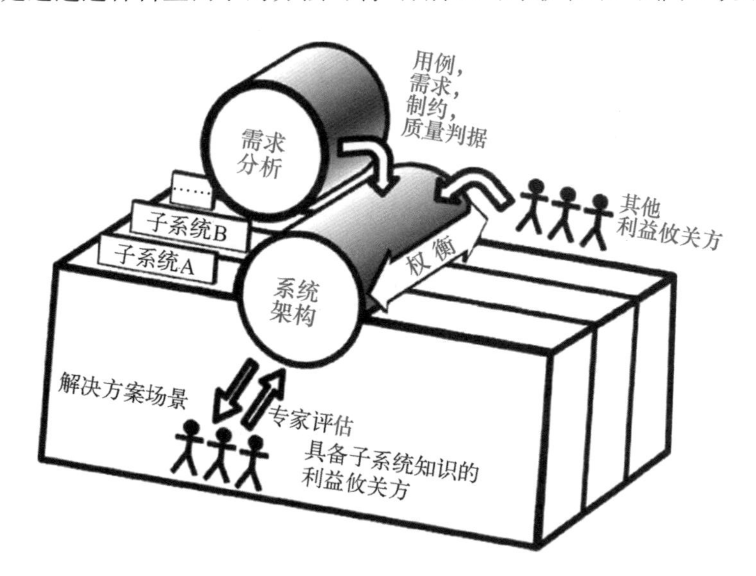

图 3.1　寻求良好权衡的示例。系统架构设计在将需求分解到解决方案时以及在优化解决方案时发挥着重要作用

到系统中，并可实现诸如用户体验设计[51]或面向市场设计[142]这样的概念。

3.2.1 对客户的益处

不同类型的企业有不同的客户：消费品行业的目标客户是数以百万计的个人消费者，而分包商则以供应商所在行业为目标。尽管不同行业面向的客户各不相同，但我们相信任何系统开发者都将通过对系统架构设计的投入来提高客户的满意度。

分包商的各行业客户的好消息如下：我们预料期望在架构描述正确、架构设计合理的系统上很顺利地进行变更请求和风险管理工作。例如，我们曾见过这样的情况：基于架构描述，我们可以很容易地分析某项变更所产生的影响，并且由于系统架构捕获了系统内部的相关性，我们还预料这有助于分析系统某个领域内的不确定性如何导致其他领域内的风险。如果我们相信 J. P. 莫纳特(J. P. Monat)在“消费者为何购买产品”[97]一文中给出的一项结论，即“消费者的风险认知似乎是影响其采购决策的一个重要因素”，那么能够依据系统架构知识来管理风险确实是一个潜在的销售驱动因素。

大宗产品用户的好消息如下：我们预料一个架构设计合理的系统会按预期在市场上有良好的运作机会，因为系统架构设计允许考虑不同的运行模式，而不只是利用市场对这些运行模式进行测试，定义明确接口的描述可以为如下工作提供基础，即规划系统性评估或组件交互测试，以求发现缺陷。这对于发现未拟定接口的罕见情况尤为重要。文档完善的架构还支持不断地进行质量复查(例如借助评审的方法)，因此，这是预防产品在改进过程中因不断更改而带来缺陷的良好依据。反过来，这可以降低不断更改产品的门槛，从而达到不断改进产品的目的。

最后重要的一点是，架构设计合理的系统有良好的机遇实现有吸引力的成本-效益比，因为开发系统的组织可节省开发成本，而系统的生产企业可以节约生产成本，具体说明请参见 3.2.2 节。

3.2.2 对组织的益处

每个系统展现一个架构(ISO/IEC/IEEE 42010：2011[64])，换言之，每个系统开发都会产生系统架构。问题在于系统架构是隐式进化，还是显式定义。

要讨论这些益处，前提是系统架构设计方式为显式定义，此时系统开发明确包括系统架构过程。假如这些前提尚未具备，在组织能够获得预期收益之前，应该对架构工作进行初期投入。

一旦组织将系统架构设计确定为系统开发的一个组成部分，应可看到系统开发的可预测性和效率增大，并应可看到成本降低。

应该获得可预测性，因为系统架构支持规划和风险管理，表述如下：

(1) 支持规划。因为有关系统架构的知识，使得针对开发工作的一次工作分解的完整性检查以及工作包之间的相关性识别成为可能。因为依据有关系统架构的知识，可以规划和优化系统集成顺序和所需的验证，这也使规划得到支持。

(2) 支持风险管理。例如，因为系统架构决定了子系统对系统性能的贡献，因此需要知道如何量化子系统开发中的风险对系统开发总体风险状况的影响。

应可提高效率。系统架构设计可以缩短系统开发时间，甚至还能导致生产成本降低。可实现较短的开发时间，因为系统架构设计可确保在成熟的接口规范的基础上开发子系统，降低系统集成过程中的失败风险。如果从系统开发之初就考虑到生产，则可以降低生产成本。只有使用系统级的方法，才能有效地避免在装配线上犯错，如装配步骤混乱无序。例如，若把系统所有的生产用编程接口都设计在机壳内，一旦系统组装完成，就无法接近这些接口，对生产步骤的顺序形成制约。如果在完成最后一个组装步骤之后，生产工程师可使用编程接口来节约成本，则也许会引发此类系统的一次重新设计。系统架构设计应确保在系统生命周期的早期就考虑可制造性，这样，上述的重新设计要么根本不必要，要么在早期概念阶段就出现在“纸面上”，从而避免为建造重新设计部件而向工程投入资金。

应能降低成本。系统架构设计允许从一开始就把系统开发引到一个合适的方向，由此可集中力量投入开发。再来回顾本章开头关于阿科夫的汽车例子，人们可以算一下，为汽车每个零部件生产最佳可能变体有多么昂贵。这是一项成本非常高昂的尝试，尤其是因为阿科夫的例子告诉我们，生产出来的汽车是相当差的，这意味着要使汽车整体性能更好，甚至还需要投入更多成本。只要确保按如下原则开发和生产子系统，系统架构设计可帮助降低成本：

(1) 按照正确的规范。

(2) 质量恰好满足需要，既不差，也不过于好(更昂贵)。

我们预料系统架构设计还会降低成本，因为它可以促进开发团队内部和开发团队之间的沟通，传播知识，易于获取知识，从而确保降低协调工作量。因此，投资系统架构设计不但可以降低成本和获取投资回报，而且可以缩短上市时间，这又可促进投资回报，例如，如果在与对手的竞争中胜出，则成为市场上拥有某种资源的第一人。当然对尚未开展系统架构设计工作的企业来说，对系统架构设计的投资，首先成为成本的驱动因素。必须通过代价高昂的变革过程确立新的工作方式。因此，基于对该方法的信任，为了能够有所收获，有必要接受早期阶段的较高成本。

最后，对于一个组织中工程师们而言，基于一个定义明确的系统架构而工作，并且首先尽力运用自己的智能做好架构设计，这也许比跟在系统里内所有交互（尽管它们是及时发现的）之后运行更令人满意。如果处理得当，系统架构设计对所涉及的所有利益攸关方来说都是一大乐事。

3.3 可在企业内部传递的益处

为了努力争取预算和资源，企业中的不同实体都会努力把他们对业务成功所做的贡献透明化。这对系统架构师来说是一个难题，因为他们所做的通常是间接贡献。除非公司决定出售系统工程咨询服务，否则不能把架构描述卖给客户。因此，系统架构师必须让公司相信他们对生产更好的产品做出了重要贡献。

前文中提到，汽车公司的悬架设计部门声称自己对所售汽车如此优越的抓地性能做出了主要贡献。如果公司说这是系统架构师的功劳，可能会让悬架部门的专家感觉被轻视了。因此简单地说“只有系统架构师才真正关心如何让产品更好”可能并不准确。

根据经验，系统架构设计对组织带来的益处最终会让其他人相信其价值。在这种情况下，只把这些益处写到大幅标语上或演示在幻灯片上肯定是不够的。必须要让公司的不同部门“感受”到系统架构设计的积极效果。系统架构师可以得到的最好反馈是来自一位核心工程师的积极评价，例如，他说某个接口定义活动如何成功地使不同工程领域达成共识及完善了接口协议。

在系统架构设计工作中，我们还经历过系统架构设计的意外的正面效应带来企业内部的肯定评价。我们多长时间会遇到一次下面的情形？我们召集了几个开发利益攸关方，开展了一次小型的详细讨论。在讨论中发现，开发组织的内部有两个或多个部门之间存在根本性误解。一些召集者不止一次收到积极的反馈：“这次讨论很好，要不然我们会在错误假设的基础上继续犯错。”

我们建议记录这些反馈并传播积极评价，因为只有在系统架构设计的益处得到合理认识以及各个部门都支持系统架构设计的企业当中，才能为客户和公司带来巨大利益。

3.4　系统架构设计的有利方面

系统架构师应该了解来自系统架构设计中哪些可交付成果可以为组织及其客户带来益处。有些可交付成果本身不能带来益处。

例如，系统架构本身不一定能给客户带来益处。它是系统呈现的东西而并非客户的明确要求，至少不是其全面的要求。但是在系统架构中实现的概念可以使客户满意或者缩短产品上市时间，这些分别为客户或公司带来益处。同样，架构描述本身也不带来益处，因为它存在于某些存储库中，只是消耗内存。系统架构师只有通过使用架构描述提高手头开发任务的清晰度，才能避免错误的开发方法和避免生产有缺陷的产品。因此，系统架构师必须与系统架构利益攸关方进行沟通，创建系统架构描述，使公司获益。

总之，我们是从围绕系统架构及其描述所做的工作来获得益处。反过来，这意味着系统架构师在某个系统架构设计任务中投入一定时间之前，都应该评估如何处理这项任务的工作成果。只有在系统架构设计任务的工作成果可用于有益的活动，且只有在这些活动符合公司的时间安排时，才应该启动给定的任务。

3.5　基于模型的系统架构设计的益处

关注系统都会呈现为一种系统架构（ISO/IEC/IEEE 42010：2011[64]）。系统架构设计工作的目的是塑造所开发系统将要展示出的架构。这项工作不能由系统架构师单独完成，而是需要借助系统架构师与架构利益攸关方（特别是工程领域的）及其代表，以及开发人员之间的密切合作才能完成。如果上述人员按照约定的架构描述开发系统，那么所述系统架构和所呈现的系统架构就会一致。

为确保架构利益攸关方对系统所呈现的架构有一致的了解，必须通过适当的架构图向架构利益攸关方传达架构的描述。基于模型的系统架构设计允许创建一个模型，从中生成不同的视图来解决不同利益攸关方关心的问题。后台模型可以确保不同视图的一致性，并能在有重大变更后重新生成视图。

在基于模型的环境中，架构师系统可以专注于为架构利益攸关方找到正确的视图和合适的可视化效果，而不必担心视图不一致。模型成为唯一的数据来源。

一旦创建或更新了模型，就可以按照需要生成视图。例如，如果要对系统结构建模，可以随时利用模型创建所有系统要素清单，并针对某些方面进行筛选。例如，可以创建系统所有用户接口清单，支持可用性测试的系统规划。

基于模型的系统架构设计的另一个方面是通过模型验证是否可以实现某些设想。C. 亚历山大(C. Alexander)曾写道,在设计师的心目中,改进一幅设计图的办法就是绘制一幅更加抽象的图[4](第 77～78 页)。就基于模型的系统架构而言,模型就是亚历山大所说的这幅更加抽象的图。这一思想的最佳应用是创建用于模拟的可执行模型,还是根据明确定义的判据对模型进行严格的(人工或自动)审查,这取决于当前的任务。

4 系统架构的定义

鉴于现有的大量解释，似乎很难对“架构”做出定义。这些定义有某些共同点，但是细节方面有明显的差异。有趣的是，人们对不同领域的定义存有争议。例如，一些企业的系统架构师拒绝接受 ISO/IEC/IEEE 42010：2011 的定义[64]，理由是他们认为企业并非属于软件密集型系统。软件密集型系统在标准 IEEE Std 1471－2000[65]范围内，该标准是 ISO/IEC/IEEE 42010：2011 的前身，系统架构师们所拒绝的定义即出自它。然而，开放组架构框架（the open group architecture framework，TOGAF®）版本 9.1[136]中的“架构”定义与 ISO/IEC/IEEE 42010：2011 的非常接近。在国际标准化组织（International Organization for Standardization，ISO）在线浏览平台[58]的“术语与定义”栏精确检索“架构”一词，可得到 30 多个搜索结果。如果把包含“架构”一词的术语考虑在其中，比如“逻辑架构”，会有 120 多个搜索结果。卡内基·梅隆大学软件工程研究院（Software Engineering Institute，SEI）另有一个长长的定义清单[128]。后者列出的是“软件架构”的定义，但在定义“系统架构”时可用做参考。

本书很难就“架构”提供一个全球公认的定义。仅仅另外增加一个架构定义也不会给系统工程业界增添更多益处。由于本书主张基于模型的架构设计，所以下文提供的定义也应该基于模型。这要遵循迪克森（Dickerson）和马维斯（Mavris）在《系统工程的架构和原则》一书中提出的用模型语句得到形式化定义的方法[29]。上面提到的方法应扩展到具有相同要素的一组定义，以得到“系统架构”“系统”和“架构描述”的完整定义。

4.1 什么是架构？一些现有定义的讨论

究竟什么是哥特式教堂？它的建筑风格是什么？电梯或助听器系统的构造是什么？是什么使它合用、耐用和美观？最后一个问题是老生常谈了。罗马建筑师维特鲁威（Vitruvius Pollio，公元前 1 世纪）在他的第一本建筑学著作中写道：建筑应该耐用、合用和美观[119]。

术语“architecture（建筑/架构）”的词源是“architect（建筑师/架构师）”一词，即实现某种建筑风格的职能角色。根据《牛津词典》[112]，“architect（建筑师/架构师）”一词源于希腊语 arkhitektōn，由 arkhi-（总和）和 tektōn（建造者）两个词组合而成。

如果按诸多定义所言，架构是系统的一项属性，我们就须区分系统描述和架构描述。尽管架构的属性与系统的属性可能会重叠，但是必需要将它们区分开来。例如，一个系统的结构既有系统属性，也有架构属性。但架构应运用一些原则（如组织原则）驱动系统结构，以得到想要的系统特性。因此所运用的原则就成为该架构的一部分。这就是说，只与系统结构有关的架构的定义就只与架构的一部分有关。与行为类似，架构利用交互原则来驱动系统内部的交互以及与系统上下文的交互，以按照预期塑造行为。因此，如果我们要区分“系统”“架构”和“架构描述”，我们还需要区分“系统描述”和“架构描述”。综上所述，系统描述是描述系统本来的面目，而架构描述则补充说明系统形成的原因和方式。

架构设计的过程是由需求导出一个或多个的满足需求设计。系统设计包含多个系统要素。各系统要素可通过开发、生产或购买而获得（在 ISO/IEC 15288：2008 中命名为实现过程[60]）。根据系统设计，集成各系统要素，建成系统。这一顺序强调术语“架构”与“设计”是同义的。然而，人们对这两个术语之间的区别仍存有争议。我们查询了大量术语表，都认为这两个术语的确是同义词。术语“架构”常与高层次设计有关，通常必须涉及多个学科才能够实现系统要素。术语“设计”似乎只在所涉及的某一门学科就可实现一个系统的情况下使用。对于接下来的建模定义，我们把“架构”和“设计”这两个术语视为同义词。

如果架构设计过程是由需求导出架构或设计，这就在用需求语句描述的问题空间和构建系统所在的解决方案空间之间架起了一座桥梁。一些定义将架构的属性归为满足需求的必要和充分条件。某个只包含必要和充分要素的设计将是关注系统的理想解决方案。由于我们并不生活在理想世界中，比如时间、成本和其他因素会限制我们达成理想的解决方案。由于架构必须考虑限制因素，因此它具有非理想属性。因此，架构须包含除必要和充分条件之外的更多要素。

一旦我们开始分析和确认利益攸关方需求并将它们转化为系统需求时，架构就开始存在了。这里我们采用 ISO/IEC/IEEE 29148：2011 中的术语[63]来区分利益攸关方需求和系统需求。前者尽可能中立地获取利益攸关方的需要；后者遵循一种设计假设，将以利益攸关方为中心的定义转化为该设计假设的技术特性。

最初的决定通常非常含蓄，并且与各自公司的业务模式有关。例如，利益攸关方需求可能要求从一层楼进入另一层楼。可以通过设计楼梯来满足需求。如果该公司想要销售电梯，则应采用电梯设计。

大量的定义将"架构"与原则联系在一起，如参考文献[48]。原则应促使结构和行为的发展，因此是架构的重要支柱。原则是指导创建架构的可接受的或公认的规则。例如，哥特式大教堂遵循的原则是引导参观者的目光沿着建筑物的设计线条移动，从而引导参观者仰望天空。这一行为结果可能是利益攸关方当时的一项需求，要使参观者感受到教堂是尘世和天堂之间的一种联系。如果在开发后期更改原则，很可能会导致巨大的工作量和开支。将架构与原则关联，证实了一种定性描述，即架构涵盖有关开发后期如要更改则是困难或昂贵的所有内容。

艾米斯(Emes)等人在《系统架构解释》[36]中断定，在定义什么是"系统架构师"时，某个根定义的单句表达式很难涵盖与众多领域有关的各种观点。这一结论同样适用于"系统架构"的定义。同时对系统架构的定义和相关定义建模，既可以确保一致性，还可以增进所涉及领域之间的了解。

4.2　对"系统"和"系统架构"的定义建模

"系统"和"系统架构"的定义有着紧密的联系。因此应该同时对它们建模。我们将迪克森和马维斯[29]对这两个术语的定义作为出发点表述如下：

"系统是为实现属性、行为和能力从而完成一项或多项用途而安排有序的各交互要素的一种组合。"

"系统架构是由系统组件、组件相互关系、组件与环境关系以及组件设计和演化指导原则而构成的组织。"

生成的定义如图 4.1 和图 4.2 所示。

若要将这些定义合并到一个模型中，须重新考虑如下术语或短语：

(1) "要素"或"组件"：根据 ISO/IEC 15288：2008 [60]中的定义，应将构成系统的要素称为"系统要素"。某些"系统要素"本身可能是一个"系统"。图 4.1 和图 4.2 省略了这一关系。

(2) "组织"或"有组织的"：系统的组织应遵循一定的原则，使形成的系统组织或结构合理。"组织原则"支配系统与系统要素之间的关系。

(3) "交互"或"相互关系"："系统要素交互"获取系统要素协同工作以实现

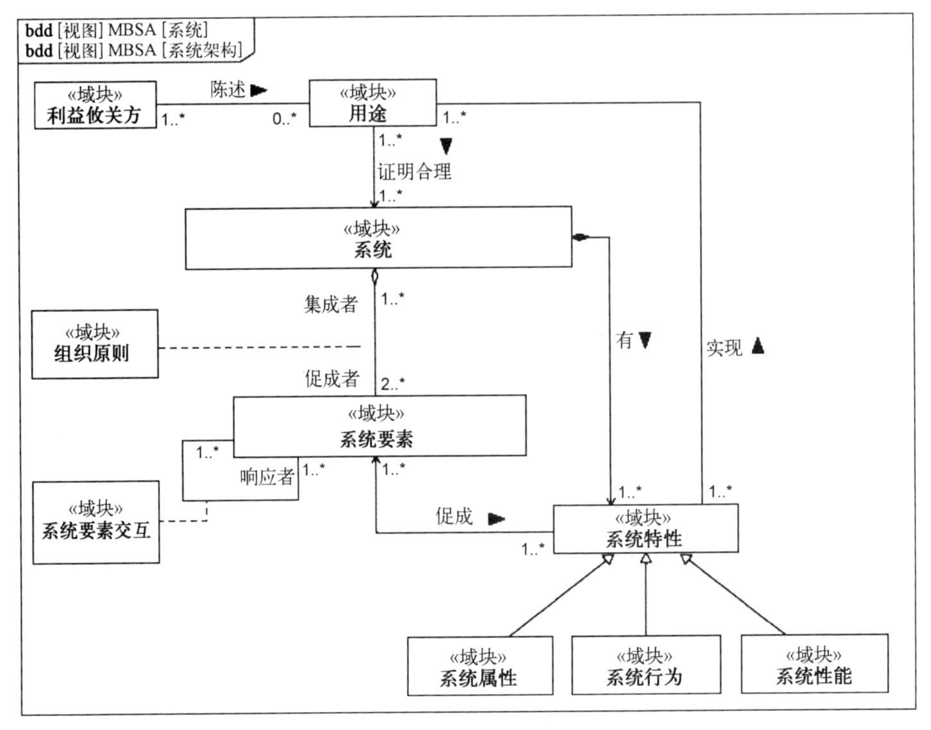

图 4.1 “系统”的定义

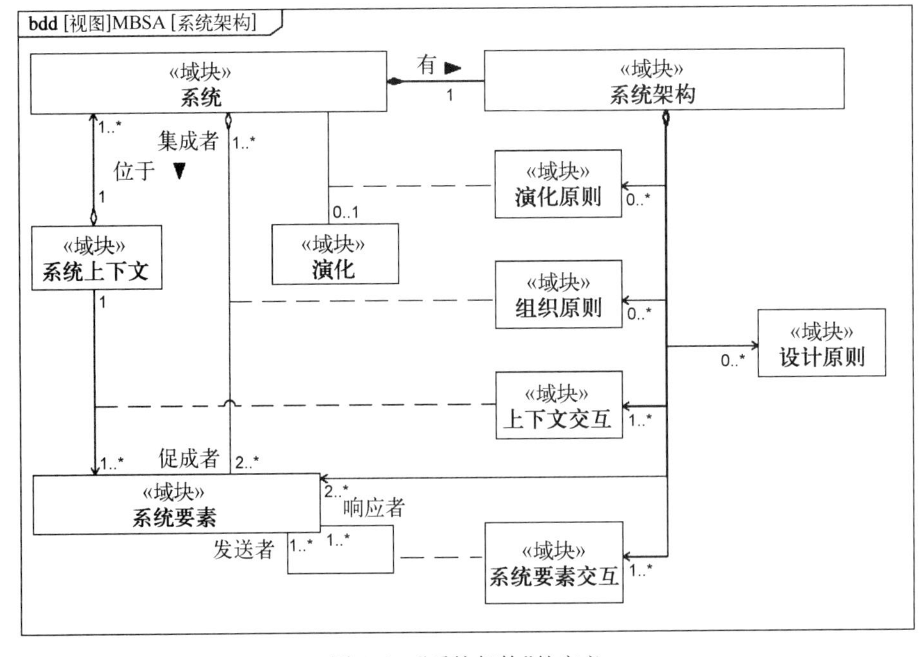

图 4.2 “系统架构”的定义

系统特性的信息。

(4)"与环境的关系":系统处于一个具体环境中。与系统有关的那些环境部分称为"系统上下文"。这意味着环境的某些部分对系统的影响可以忽略不计。某些系统要素将呈现在该系统的上下文中,并与之交互。"上下文交互"描述系统边界外部对系统的每一刺激或影响,或者系统对系统边界外部的每一刺激或影响,包括与不被视作系统组成部分的用户的交互。

(5)"设计原则":"设计原则"捕捉在系统要素交互和上下文交互定义(即交互原则)以及系统要素定义中使用的规则和最佳实践方法。既然认为"架构"与"设计"是同义词,那么"设计原则"也可以称为"架构原则"。

迪克森和马维斯在统一建模语言(unified modeling language, UML)类图中提出了上述定义。下面我们使用 SysML 的模块定义图(见图 4.1 和图 4.2)并调整迪克森和马维斯完成的一些模型以合并这两个定义。为了清楚区分产品模型,我们使用了相关实体的系统建模(systems modeling, SYSMOD)概要文件中的版型«域块»。

4.2.1 "系统"的定义

我们并非按参考文献[29]中所述,将术语"系统"与术语"组合"联系起来,而是使用与关联模块的聚合关系来描述"交互要素的组合,形成……"关联模块定义组织原则,而系统要素根据这些原则构成系统。"聚合关联"强调系统与系统要素之间是"整体与部分"的关系。我们现在可以讨论这是否更应该是"组合关联"的关系。实际上,对于某些系统而言,"组合关联"是更合适的一种关系。对于依赖系统而存在的系统要素,上述表示稍显不准确,但是并没有错。对于许多系统来说,系统要素的存在并不依赖各自的系统。如《系统景观通览》[86]中的论述,一些系统仅存在于某些视图中。

不论系统要素是否依赖系统而存在,我们都建议使用组合关联关系来构建产品结构模型。事实证明,这样更便于利益攸关方理解。

系统要素的作用是成就系统,而系统负责集成系统要素。虽然这是日常工作中经常争论的问题,但是需要不时地强调这些作用,从而得到有价值的解决方案。

系统要素数量的下限值为 2。即一个系统需要由一个以上的系统要素组成,否则区分系统与系统要素就没有任何意义。上限值可以为任意数值。为了便于理解系统,系统架构师应该考虑 7 ± 2 的上限值。这与人为处理数据的能力有关[96]。如果系统架构师根据这一规则设计系统,那么在向利益攸关方解释系统时可能面对的困难要小一些。由于这并非硬性规定，所以特意用“应该”一词来陈述。系统架构师可能希望根据不同的系统类型使用不同的数值。对于未经专门培训的人员来说，在构建系统模型时使用较大数值比用绘图表示系统可见部分更合适。

由于系统由实现系统属性、行为和能力的多个系统要素组成，所以每个系统要素与另一个系统要素至少存在一种关系。系统要素交互详细规定了所涉及的系统要素应如何互相作用。这些交互可影响系统的具体层次，因此在这些具体层次发生变化时可能需要更新交互。

各系统要素促成系统的一个或多个特性(属性、行为或能力)。系统特性要实现一个或多个目标、一个或多个目标以证明系统的存在。某一个目标可证明多个时有竞争的系统的存在。系统的用途应由利益攸关方陈述。有时利益攸关方可能会陈述需求而省略相关目标。为了让利益攸关方满意，应尽可能准确地了解目标。

4.2.2 “系统架构”的定义

为了表达系统与系统架构之间的密切关系和依赖关系，我们用组合关联来描述这种关系。每个系统只有一个系统架构，每个系统架构属于一个系统。此定义适用于系统的每个抽象层次的系统。也就是说，如果关注系统是功能系统，其系统架构就是功能架构。14.7 节提供了关于不同抽象层次的系统架构其定义和关系的信息。

系统架构可能取决于与组织、设计和系统演化有关的多项原则。每个原则数量的下限值为零，表示可以在没有预先确定原则的情况下进行开发。数量上限无特别限制，数值大不一定得到更好的架构，反而增加了找到有效解决方案的难度。这些原则可以根据以前项目的经验予以认定。省略一些原则将增加系统生命周期后期为重新设计而额外投入的风险。由于大多数系统将来都有演变，因此，着眼未来将有助于系统架构师选择适当的原则或反对强加的原则。

系统内部交互(系统要素交互)以及系统与其上下文的交互(环境交互)构成架构的组成部分。不同的系统要素之间存在至少一种交互关系。而且系统要素与系统上下文之间也存在至少一种交互关系。系统要素需要相互作用创建系统。而且至少一个技术系统需要从其上下文到功能的转换。

一个系统处于系统上下文中。系统上下文可能会不断变化，而且不同系统实例的上下文也不相同。并非每个系统要素都会显露在系统上下文中，具体取决于系统要素的组织，但是至少有一个最外面的系统要素会显露出来。

5 基于模型的系统架构

近年来，基于模型的系统工程(model based systems engineering, MBSE)在系统工程领域内备受推崇。国际系统工程协会(International Council on System Engineering, INCOSE)将MBSE定义为："从概念设计阶段起到开发阶段和生命周期后期阶段的全过程用以支持系统需求、设计、分析、验证和确认各项活动的正式建模应用程序。"[55]最新的"国际系统工程协会愿景2025"[57]提到系统架构是确保系统工程未来取得成功的关键学科。基于模型的系统架构将两者结合在一起。

虽然"模型"这一术语非常重要，但是在MBSE上下文中，对"模型"这一术语并没有通用定义。斯塔克维亚克(Stachowiak)在其关于模型通用理论的书中将模型的三个特性[130]定义如下：

(1) 映射——模型是其他事物的映射。

(2) 缩减——模型只反映原物的一部分。

(3) 实用——模型实现了特定功能，因此可用来替代原物。

映射和缩减特征暗含另一个经常提到的模型特征：抽象。"抽象"是为特定目的将有关某一概念的信息缩减为相关部分的过程。一个抽象物是某一抽象过程产生的结果。有关系统架构师的抽象技能，请参见11.1.5节。

我们赞成斯塔克维亚克提出的特征概念，并增加了一些特征，按照我们在MBSE上下文中对术语"模型"和"系统模型"的理解和使用给出了如下定义：

"系统模型"(在MBSE上下文中)是真实系统或待实现系统的一个抽象物。系统模型具有如下特征：

(1) 整个系统模型可由多个存储库组成，但是从用户的角度来看，它的行为必须像是一个单一的和一致的模型。

(2) 模型语言的抽象语法涵盖了需求、行为、模块和测试等工程学概念。

(3) 模型支持不同类型的视图。

这一定义区分了模型和存储库。“存储库”是类似文件或数据库的数据存储器,即是模型的供给工具。例如,系统建模语言(SysML)模型可以存储在文件中,需求模型可以存储在数据库中。可以运用某种方法(例如使用 ReqIF 数据交换格式[107])将这些存储库联系起来。这种联系是不连续的,而且并不总是存在。因此对于确定有效的架构,追踪存储库的版本非常重要。这是构型管理工作的一部分。

从用户的角度看,这两个存储库(需求数据库和文件中的 SysML 模型)就像一个单一的模型。用户可以由需求找到满足这些需求的架构要素,反之亦然,并未意识到自己已经跨越了模型边界(见图 5.1)。

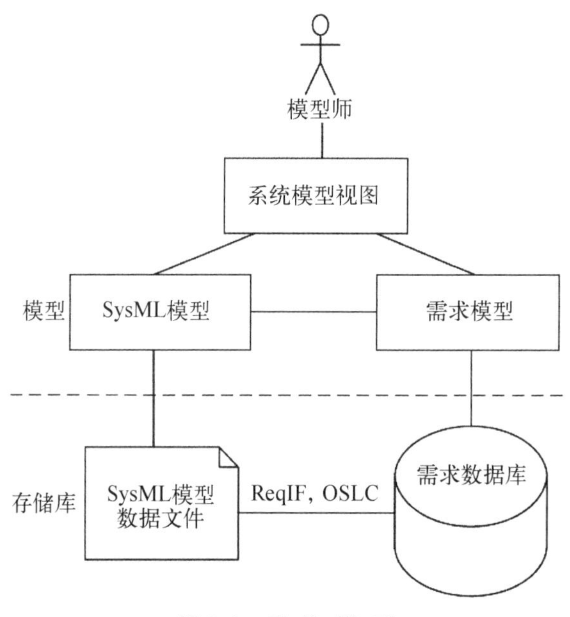

图 5.1　系 统 模 型

我们知道,这是一个具有挑战性的特征,而且尚未在当前的建模工具环境中实现。然而它被许多研究项目所覆盖,如 FAS4M① 项目或者 CRYSTAL② 项目,前者缩小了系统和计算机辅助设计(computer aided design, CAD)模型之间的差距。用户没有意识到自己跨越了存储库的边界,这并非系统模型的强制性特征。用户能够跨越存储库的边界就足够了(见图 5.2)。

① 资料来源:http://www.fas4m.de。
② 资料来源:http://www.crystal-artemis.eu/。

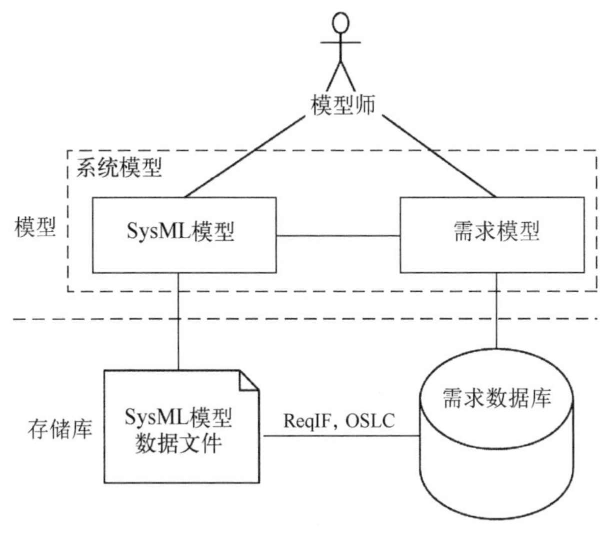

图 5.2　模型与存储库

抽象语法定义了模型要素和建模语言的结构。这与具体语法(见附录 A.1 节)的表示法不同。我们对系统模型的定义要求模型的抽象语法包含工程概念。例如,SysML 的抽象语法包含需求和系统模块要素,而文本文档的抽象语法则包含标题或段落等概念。例如,在 HTML 文件中:<h1>这是标题</h1>,<p>这是段落</p>。因此,文本文档中的系统描述虽然可以是系统模型的视图,但它并不是系统模型。

系统模型必须为不同的利益攸关方关注点提供不同的视图。通常情况下,至少要有一个视图是文本文档。其他视图可以是一组 SysML 图、电子表格或幻灯片演示文稿等。建模的一个优势在于模型可以提供信息一致的多个视图,从而促进不同类型利益攸关方之间的沟通。

尽管建议将 SysML 作为整体系统需求和架构模型的建模语言,然而一个系统模型可能不只是一个 SysML 模型,甚至不必要为了系统模型使用 SysML。

在术语 MBSA 中,“基于模型”意味着系统架构的关键生成物存储在系统模型中。在基于文档的方法中,关键生成物存储在文档中,模型仅用于向文档提供信息,例如文本文档中的 SysML 图。

还有一个术语“模型驱动”。这个术语没有通用的定义,关于“基于模型”和“模型驱动”的区分存在歧义。有人说“基于模型”是“模型驱动”的委婉说法,即模型是一个重要资源,但不是来源。还有人说这两个术语同义。在本书中除了

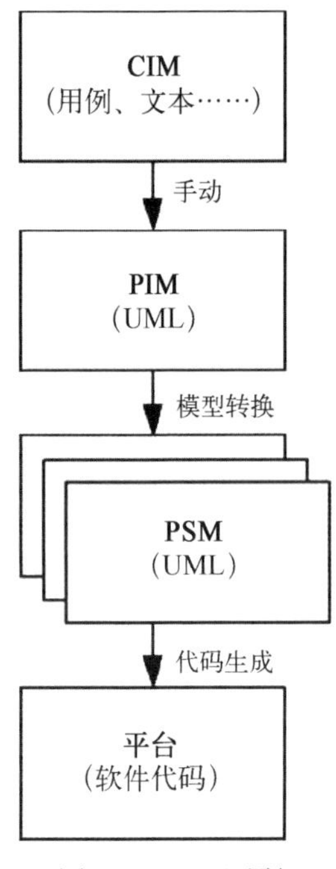

图 5.3 MDA 层级

简要解释另一个术语“模型驱动架构(model driven architecture, MDA)”之外,我们不使用“模型驱动”这个术语。

在建模上下文中经常提到的另一个术语是“OMG 模型驱动架构®(MDA®)”[103]。MDA 是软件工程学科的一个概念,其中模型是开发过程的核心资源。简言之,MDA 定义了 CIM、PIM 和 PSM 三个模型层次(见图 5.3)。所有三个层次是对整个系统的一种描述,但处于不同的抽象层次。

计算无关模型(computational independent model, CIM)表示其注重利益攸关方的领域和语言。CIM 的典型生成物是用例和文本;平台无关模型(platform independent model, PIM)以技术为中心,而且比 CIM 更加正式,但仍与特定的软件工程平台[如 Microsoft. NET®或企业版 Java2 (J2EE®)]无关;平台相关模型(platform specific model, PSM)将 PIM 规范与平台特定信息相结合。某个 PSM 可能是来自 PIM 的一次自动模型转换的结果。

MDA 的基本概念对于 MBSA 而言也很受关注。不同模型层次的概念部分体现在逻辑架构与产品架构的分离上,这些概念可以分别与 PIM 和 PSM 进行粗略比较。有关逻辑架构和产品架构的定义,请参见 14.7 节。

我们根据上面所给出的 INCOSE 对 MBSE 的定义,对基于模型的系统架构做出如下定义:

基于模型的系统架构(MBSA)是支持系统架构活动的正式建模应用程序。

你可以在不同强度级别下应用建模。例如,图 5.4 给出了 SYSMOD 强度模型[145,147]。三个主要层次定义各自的主要建模目标:

(1) 沟通——建模工作的根本目的是支持和促进项目利益攸关方及开发团队之间的沟通。在这一层次上须重点关注视图,即模型图。模型数据本身并不太重要。

(2) 可追溯性——建模的主要目标是实现工程生成物之间的可追溯性。例如,将系统的物理块链接到由该物理块满足的需求集。拥有结构良好的模型对于实现有价值的追溯非常重要。

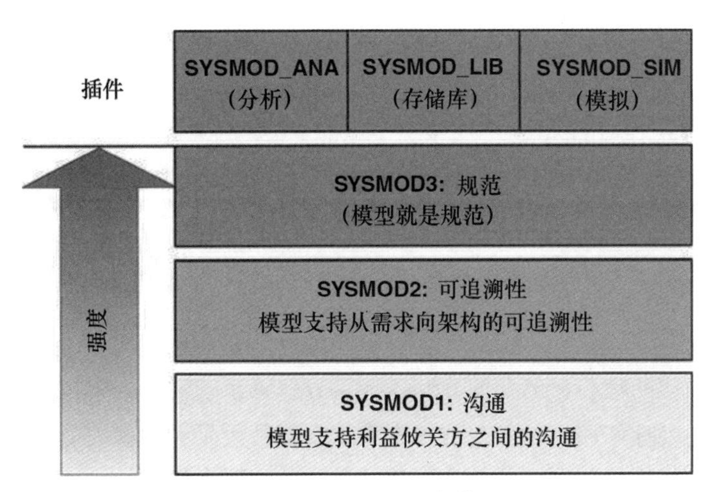

图 5.4　SYSMOD 强度模型

(3) 规范——该层次为真正的 MBSE。模型主导系统需求和架构的关键生成物。

6 架构描述

架构描述的唯一目的是向其利益攸关方解释系统架构。架构描述应该用文档表明某一设计如何满足利益攸关方需求或者甚至是利益攸关方的需要。架构描述为系统架构师与利益攸关方对关注系统的沟通提供支持。架构描述阐明系统架构的基本原理和架构决策，两者均可通过架构评估得到（见第 18 章）。因此，架构描述至少需要向利益攸关方说明，他们与系统的成功息息相关。

6.1 为什么要花费精力来描述架构?

在分析和确认利益攸关方需求时，架构便开始与最初的设计假设一起存在。如同第 4 章中所述，表明公司打算如何赚钱的公司经营理念（concept of operation, ConOps）①，可能会对基础架构施加影响。这种强加的架构通常没有明确细致的描述。通常这种架构对有关各方来说显而易见，不值得花费精力对导致该设计的架构或设计决策进行更细致的描述。这未必错误，可能具有经济合理性。然而，没有对架构的具体描述，各利益攸关方或许就不清楚导致解决方案的相关基本原理和原则。缺少明确的架构描述可能会导致将当前架构译定为不可修改的，进而可能承担错过更具创新性或更经济的解决方案的风险。不仅基础架构如此，普通架构也是如此。

因为架构描述应支持沟通，所以要用各沟通方都能理解和接受的语言来描述。不应低估各利益攸关方对架构描述语言的接受程度。如果利益攸关方不喜欢某种表达形式，那么他可能也不赞成表达的内容。

在理想的情况下，每个利益攸关方都应参与这种沟通。现实世界主要受经济因素驱动，所以系统架构师将根据利益攸关方对系统成效的影响程度而予以

---

① 这里，我们采用 ISO/IEC/IEEE 29148：2011 中的术语[63]来区分 ConOps 和 OpsCon。前者的用意是如何经营某个企业或公司，后者的用意是如何运行关注系统。其他文献未进行这种区分。例如，INCOSE 系统工程手册[56]明确表示不予区分。

权衡。因此在很多情况下架构描述并不完整。

每一利益攸关方对关注系统至少有一个关注点。这些关注点来自关注系统对该利益攸关方工作过程的影响。例如,消防员的工作过程是救人和灭火。高层建筑中的电梯可能对消防员的工作过程产生有利或不利影响。普通电梯可能会由于火灾或消防行动造成断电,导致人员被困而带来更多的工作头绪。但是消防电梯可以提供运输能力,改进消防工作。因此消防员对电梯有兴趣,而且成为利益攸关方,尽管他们确实不是主要的电梯用户或乘客。

利益攸关方的工作过程还包括系统生命周期的过程。除了用户和客户等类型清晰的利益攸关方之外,系统架构师还应考虑开发此系统的组织内的人员、供应商和需求方。这意味着即使是非常简单的系统,也要考虑相当多的利益攸关方。系统架构师必须分析这些利益攸关方对一个系统是否成功的影响,并决定向他们提供什么质量和数量的架构描述。图 6.1 说明了某人如何成为利益攸关方,并因此成为架构描述的潜在用户。

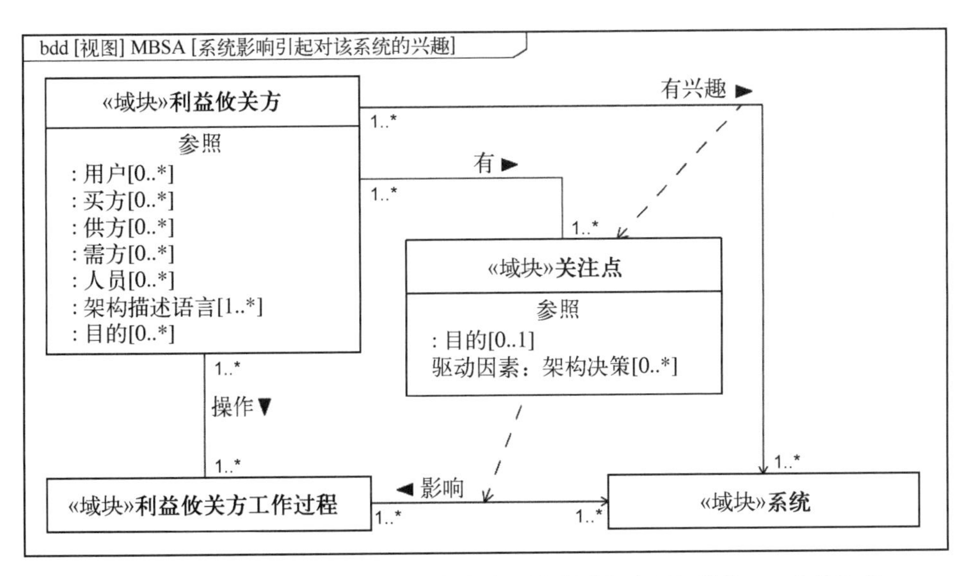

图 6.1 对利益攸关方工作过程的任何类型的影响都会引起关注。一个关注点就可引起对系统的一个兴趣点

6.2 架构描述

本节中的定义和解释基于“架构描述”的概念以及 ISO/IEC/IEEE 42010:2011[64] 中所述的相关术语。它们与第 4 章中所提供的“系统”和“系统架构”的

定义有关。

架构描述应帮助解释是如何考虑关注点的。也就是说，架构描述应形象地说明关注系统如何提供益处，或关注系统如何使利益攸关方工作过程的头绪减至最少，或者解释为什么不能消除这些头绪。为此架构描述应包含如下四个架构描述要素(AD 要素)：

(1) 架构视角。

(2) 架构视图。

(3) 架构决策。

(4) 架构基本原理。

理想的是，架构描述包括全部四个要素。出于经济原因，可能会省略其中一些要素。架构描述至少应明确如下要点：

(1) 系统。

(2) 系统上下文。

(3) 涉及的利益攸关方。

(4) 所包含的关注点。

(5) 考虑的系统要素。

图 6.2 描绘了“架构描述”的定义。该定义强加一种观点，即根本不需要架构描述，尽管这几乎是不可取的，但是它还认为一个系统可能存在多种架构描述。这两种情况在实际工作中都有可能遇到。后者提出了同时保留不同架构描述的一些措施和建议。将系统架构数据保持在一个模型中，按需要减少架构描述的生成，并且只需有限的额外工作就可使它们保持同步。

6.2.1 架构视角

各利益攸关方会从自己的角度关注系统。一旦系统架构师决定向利益攸关方提供架构描述，他就须了解相关的观点，并从架构视角捕获此观点。一个架构视角支配一个架构视图的创建。架构视角充当沟通要素，解释有关架构视图中包含的内容及其呈现的形式。

这规定架构视角先于相关的架构视图而存在，因此可以在没有相关的架构视图的情况下存在。

架构视角框定一个或多个关注点。架构视角定义一种或多种架构描述语言，在描述与所框定关注点有关的系统方面时使用。这意味着架构视角将架构描述语言与关注点结合在一起。因此，它只对至少共享一些框定关注点并理解

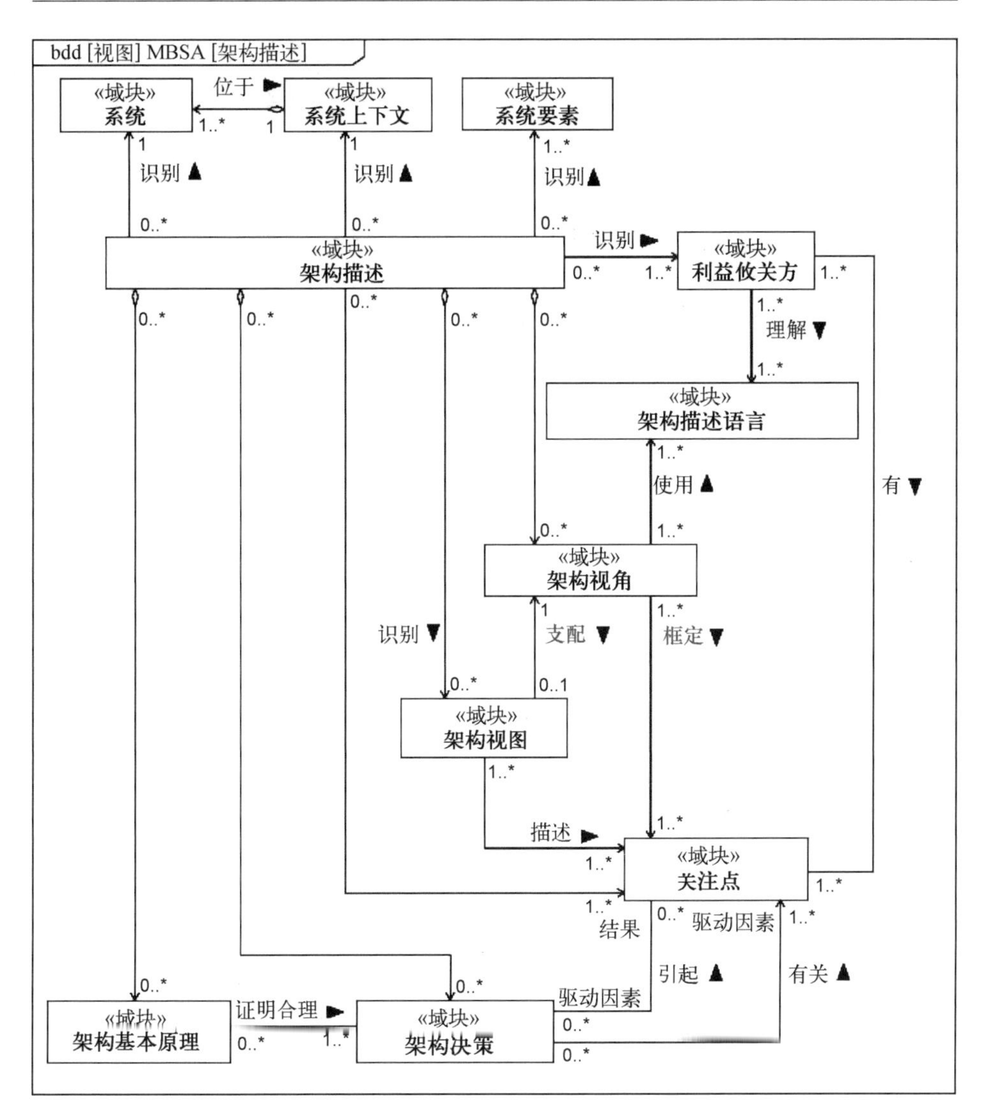

图 6.2　架构描述包含架构视图、架构视角、架构决策和架构相关的基本原理。它将系统、系统上下文、利益攸关方及其关注点和系统要素视为系统的构建块

所用架构描述语言的利益攸关方是有用的。

架构视角汇集若干选定的可视类架构描述语言，它们用于创建相关的架构视图。ISO/IEC/IEEE 42010：2011[64]标准将这些可视化语言称为“模型类”。各种可视化语言是各自的架构描述语言的组成部分，它们规定了应如何使架构的某些方面应实现可视化。示例包括如下定义：

(1) 关于如何构建 N 号方图的定义。

(2) 以自然语言表述的追溯表的定义。

(3) 关于如何创建结构图的定义,如以 SysML 表述的模块定义图和内部模块图。

(4) 关于如何构建功能模块图(如 IDEF0)的定义。

显然,架构视角的描述通常会引用所用的可视化语言,而不是全文描述。

架构视角可成为架构框架(architecture framework, AF)的一部分,具体论述见第 16 章。

图 6.3 描述了"架构视角"的定义。

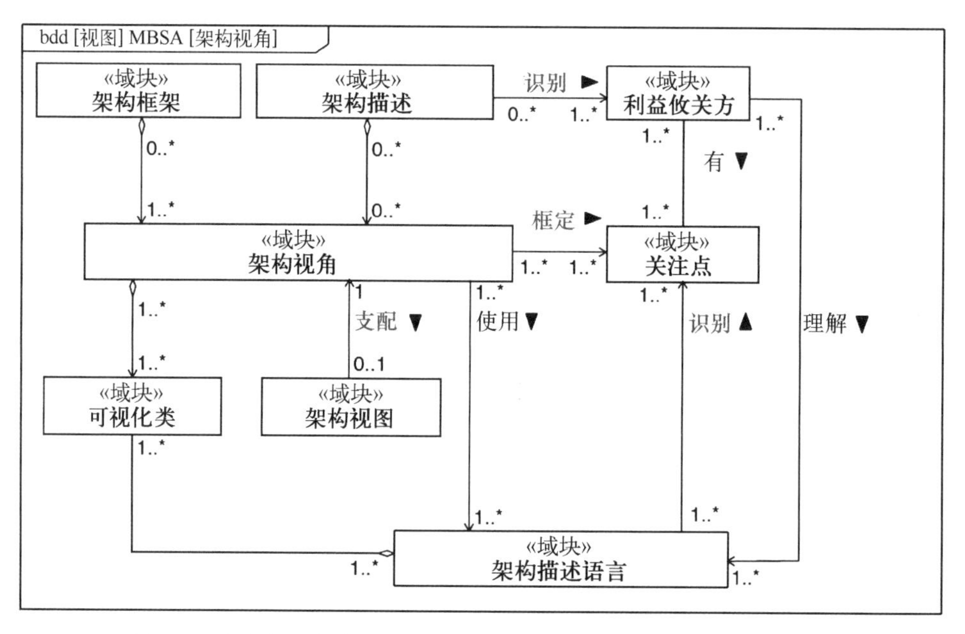

图 6.3 架构视角包含多种可视化语言,定义要使用的架构描述语言,并框定关注点以支配架构视图的创建

SysML 规范声称其视角要素[105]与 ISO/IEC/IEEE 42010: 2011 标准一致。但它没有文件明确说明提供这两个定义之间的任何映射。一个 SysML 视角要素应映射到上文定义的架构视角中。SysML 的 1.3 版本在"视角"版型中提供了捕获可视化语言的属性"方法"。该属性旨在指定用于构建相关视图的方法。可视化语言可作为这些方法的一部分。SysML 的 1.4 版本对"视角"版型定义做了修改。派生出"方法"属性,并且不再用于获取可视化语言。新引入的属性"表达"规定了所支配视图的格式和样式。因此,在 SysML 的 1.4 版本中,"视角"版型中的属性"表达"捕获本节所述的可视化语言。SysML 图表类型可以映

射到可视化语言中。

6.2.2 架构视图

架构视图是架构描述的重要组成部分。它们使用经过定义的可视化语言从相关架构视角把系统形象化。它由一种或多种可视化语言构建而成,用于描述各个要素以及它们之间的关系。可视化语言是架构视图的构建块。ISO/IEC/IEEE 42010：2011[64]标准将这些构建块称为“架构模型”。这一概念的主线是“一个插图就是图示项目的一个模型”。但是这个模型与我们在基于模型的系统架构中所思考的模型不同。

可视化语言揭示出系统要素、系统要素的行为以及相互关系和相互作用。可视化是可视化语言与架构视图之间的中间概念,能够重复使用。可视化可在一个或多个架构视图中使用。可视化应识别其支配的可视化语言。

作为关注系统可视化的一个架构视图,可描绘一个或多个关注点。一个关注点可由多个架构视图来描绘。如果用一个架构视图尚不能完整地描述一个关注点,或者因为需要从不同的架构视角来描述一个关注点,即出现所述的这种情况。如果多个利益攸关方拥有同一个关注点,但是需要用不同的架构描述语言来描述,即出现后一种情况。

严格定义架构视图和架构视角的多重性(0..1：1)将会产生大量的架构视图。它们有一部分是重叠的,并涉及相关问题。铁路架构框架(TRAK)[116](见16.3.7节)引入的“透视图”允许对架构视图进行分类和分组。一个架构视图可能属于多个透视图。

图6.4描绘了“架构视图”的定义。

与视角要素一样,SysML规范声明其视图要素[105]与ISO/IEC/IEEE 42010：2011标准一致。一个SysML视图要素可映射到上文定义的架构视图中,SysML图可映射到可视化语言中。因此,架构视图可用一个或多个SysML图表示。一个SysML图可代表部分或整个架构视图。

6.2.3 架构决策与架构原理

架构设计过程是一系列决策的结果。在关注系统生命周期的后期,根据基本原理为架构决策提供证明文件非常重要。文件证明为什么要开始实际设计关注系统。在利益攸关方对某项设计的理由有所了解后,可能更容易接受和理解关注系统。在对未来的更改请求做决策时,架构设计的综合推理能力将支持影响分析并将风险减至最小。此外,为根据适当的原理而拟定的决策编制合适的

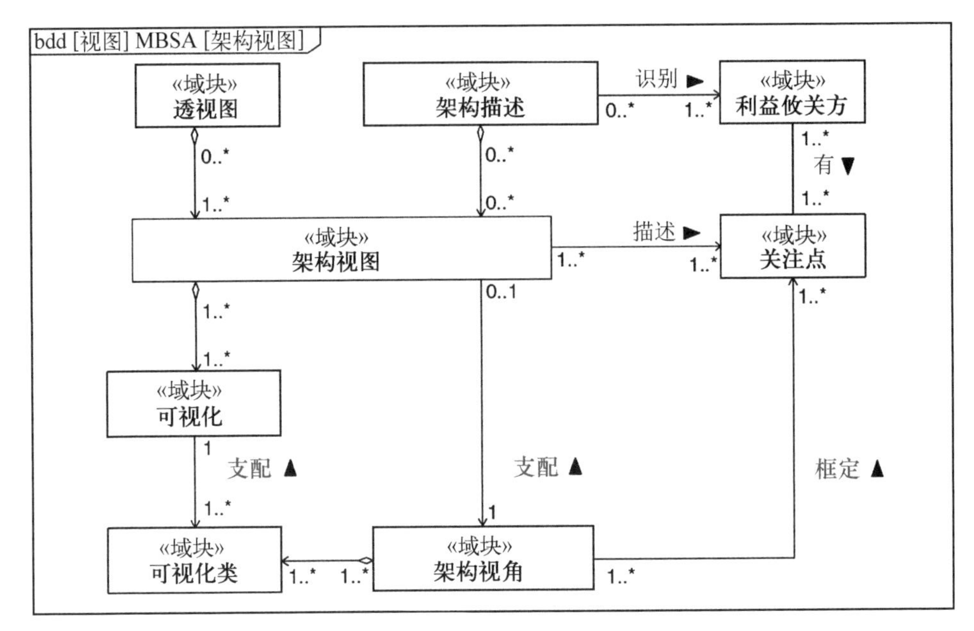

图 6.4 架构视图用可视化语言来描绘关注点，并通过架构视角来支配架构视图的创建。架构视图可组合构成透视图

文档也是一项有益的工程实践工作。

至少应在需求矛盾或权衡研究无果而陷于困境时为架构决策形成文档。架构决策应包括决策内容、决策人、决策人职务和决策日期。可追溯到一个或多个架构原理即可证明此决策正确。

系统架构师应该明白架构决策不仅与已有的关注点有关，还可能引起新的关注点。架构决策可能对已确定的工作过程或对其他利益攸关方产生新的影响。当然一个架构决策可能取决于另一个架构决策。

架构决策还应可追溯到受影响的架构描述要素（AD 要素）。ISO/IEC/IEEE 42010：2011 [64]标准将 AD 要素称为架构描述的最基本结构。架构描述包含系统要素及其行为、相互关系和相互作用，还包括系统、系统上下文、利益攸关方、关注点、架构视角、架构视图、可视化语言、可视化、架构决策和架构基本原理。总之，架构描述中所描述的每个实体均可视为架构描述要素。

通常架构的基本原理可通过运用一些原则证明有关架构决策的合理性。这些原则如设计原则、架构原则（包括组织或交互原则等）或演化原则等均可视为架构原理的一个类型。其他类型的架构原理包含为某项决策提供依据的权衡研究、仿真结果、风险分析或其他方法。在出现责任争端时，一个全面的架构基本属性就变得最为重要。架构基本原理通常捕获数据,形成公司核心知识文件。

图 6.5 描述了架构决策与架构基本原理的关联关系。

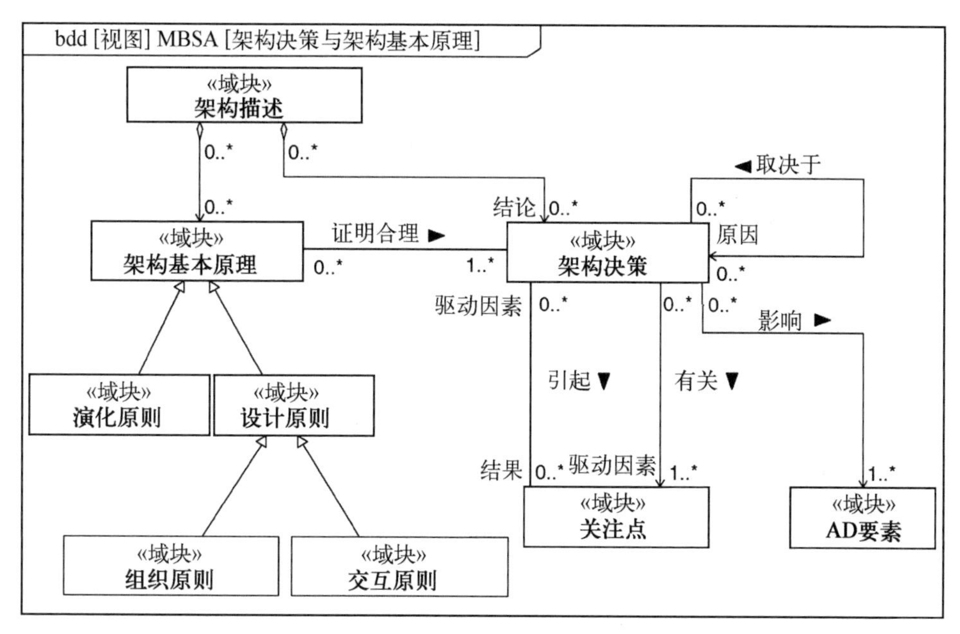

图 6.5 架构决策与架构基本原理及相互关联

SysML [105]仅定义了基本原理的一个要素,架构决策并无专用要素。由于 SysML 可扩展,因此,系统架构师可定义一个“架构决策”版型,从而可以形成明确的文件并追踪上述架构决策。图 6.6 描述了这一新定义版型以及新要素的应用。

6.3 如何获取架构描述?

按下“打印”按钮,建模工具即可创建全部所需文档。这是许多系统架构师的美好愿望。按照软件工程的传统,建模工具并不总是具备经优化的创建系统架构描述的能力。基于模型的方法通常仅限于特定领域或学科。许多类型的数据交换仍需要文档,甚至指定文档。可以预料,其中一些文档将在今后很长一段时间内存在。另一个问题是在文档中使用的某些架构视图并非原始架构描述。例如,需求工程标准 ISO/IEC/IEEE 29148: 2011 [63]描述了五类文档。其中四类,即利益攸关方需求说明、系统需求说明、运行原理和系统操作原理,都含有一节关于关注系统架构的内容。这个示例表明,架构描述,或者至少其中一部分须嵌入在其他学科的文档中。因此,一个全面的架构模型需要以广泛多样的方式

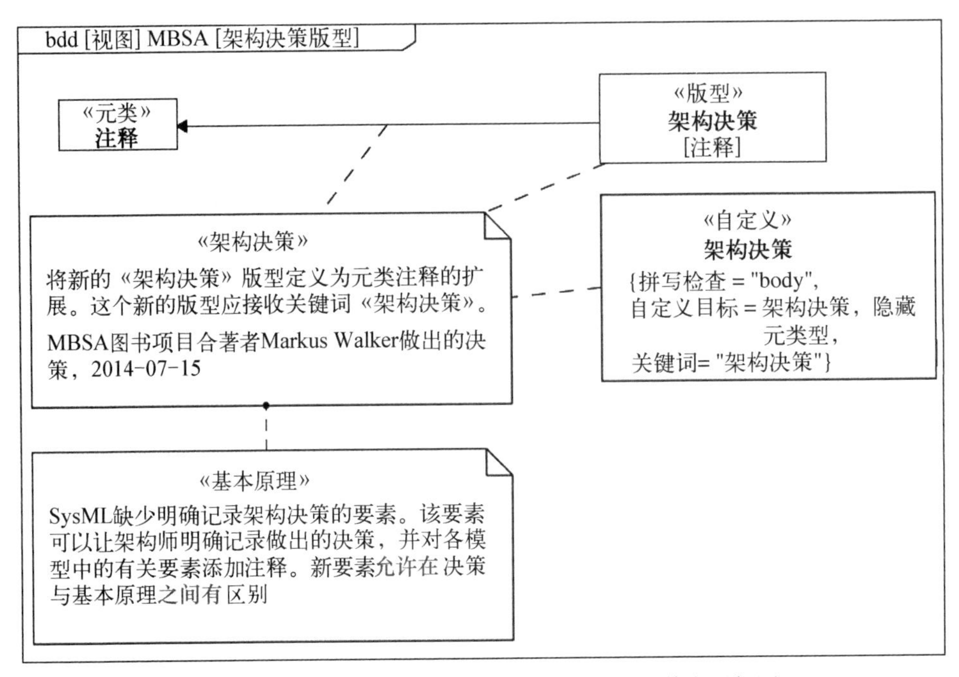

图 6.6 作为 SysML 扩展的架构决策版型定义及其应用与原理

支持文档资料。也就是说，在创建文档时，必须以支持各自学科①的方式补充全部架构文档缺失的内容。

6.3.1 插件

INCOSE 和 OMG 发起的 MBSE 项目“望远镜建模挑战小组”提出了一种有趣的方法[94]，并在这方面已得到演示验证。他们开发了一个插件将文档托管在架构模型包中。包中的结构定义了意欲创建的文档结构。它包括在架构模型中要素的说明，并为附加文本提供储存器。他们称其为基于模型的文档生成。虽然只被视作一种概念验证，但是它展示了改进文档发布一种可能的方法。

6.3.2 表单与模板

存在一些架构描述表单和模板，通常来自软件工程，包含不适合系统工程的部分内容。与 INCOSE 德国和瑞士分会两者有联系的中等复杂系统工作组(working group on moderate complex systems，AGMkS)在 2014 年“德国年度

① 这里，我们指的是主要在同一架构层次上使用的、与需求工程和验证有关的学科。

系统工程大会"发表的论文《系统工程时代》(*Tag des Systems Engineering*)提出了该模板[3]。图 6.7 描述了其标题结构,表 6.1 解释了该模板的计划内容。

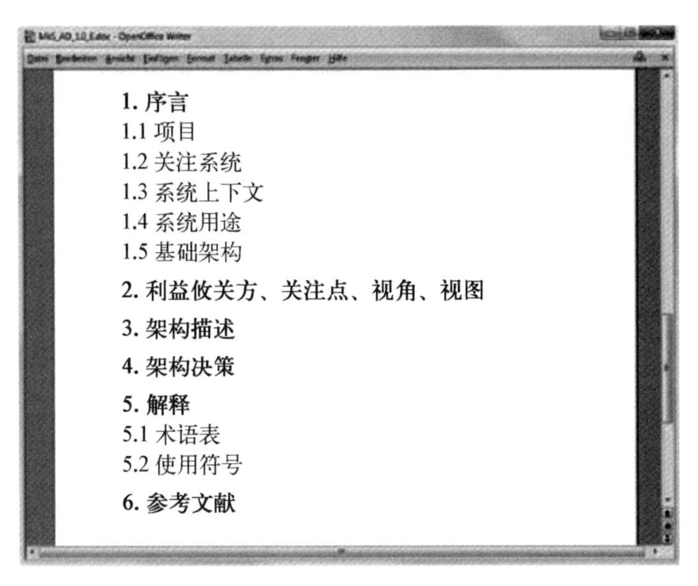

图 6.7 电动汽车系统工程协会(INCOSE 德国分会)"中等复杂系统工作组"提出的架构模板 1.0 标题结构。经 INCOSE 德国和瑞士分会许可转载

表 6.1 中等复杂系统架构描述模板的内容说明

标 题	计 划 内 容
1. 序言	关于文件内容的简要说明
1.1 项目	架构描述的所属项目说明。本节记述了创建工作成果的上下文
1.2 关注系统	关注系统简介
1.2.1 系统上下文	系统上下文包含每个以不可忽略的方式与系统交互的实体,本节应识别这些实体。因此本节定义了系统边界。ISO/IEC/IEEE 42010:2011 标准将系统上下文定义为环境
1.2.2 系统用途	详细说明为何要构建系统,可能需解释为何对用户有益以及客户为何愿意为它买单。ISO/IEC/IEEE 42010:2011 将系统用途定义为关注点专门化
1.3 基础架构	利益攸关方提出约束条件,用以限制解决方案空间。这些约束条件可能与开发关注系统的公司业务有关。规定基础架构是一项架构决策。有关基本原理常与公司的商业模式或习惯有关

（续表）

标　题	计　划　内　容
2. 利益攸关方、关注点、视角、视图	一份列有经认定的利益攸关方及其关注点以及相关视角和视图的表单。根据各自的观点引用文档中的这一节。这是一种文档映射，指导每一已认定的利益攸关方关注感兴趣的各部分。这解决了文档的顺序性问题，允许仅按一个视角来优化文档顺序。表述这些数据的最简单的一种方式可能是一份表格。如果拥有很多利益攸关方，应考虑除表格外的其他表述方式。
3. 架构描述	描述上述视图中关注系统的结构和行为。有专门章节对各视图做详细说明。显然，这是文档的核心。本章中的结构可对相关视图进行分组
4. 架构决策	每个架构决策分配一个唯一标识符，例如，采用编号列表形式。每个决策都对应有决策人姓名、职务、决策日期和做出该决策的综合理由
5. 解释	本文件包含具体使用的词汇表说明。说明所使用的架构描述语言，或解释有关术语表或标准
5.1　术语表	自然语言的术语表及相关解释，对于理解文件内容非常重要
5.2　所用符号	图形语言所使用的符号及有关解释列表
6. 参考文献	参考文献清单

其目标是确定一个5页以内、足够中等复杂系统使用的模板。工作组参考了大量的资料以促使该模板与ISO/IEC/IEEE 42010：2011[64]标准保持一致。后者不是硬性要求，而是依靠经验制定的描述性标准。该模板的目的是得到一个对少数利益攸关方有用的单一文档。

比斯利(Beasley)等人[12]在EMEASEC 2014中提供的另一个表单。提出了一种与成熟需求文档的结构相类似的结构。这一方法可以帮助先前读过需求文档的读者轻松地理解由需求向架构的转变。

7 架构模式及原则

你知道自己每天都会用到各种架构模式吗？这是一种非常强大的机制，如果它们清晰详尽地为人所知，它们的功能会更加强大。架构模式要描述一个经过证明的问题解决方案。每一位资深工程师都有一大套架构模式。想想自己每天的工作，如果必须要解决一个先前成功解决过的问题，你就会想起之前的解决方案并再次用它。如果你对解决方案的描述和概括全面且可重复使用，那你的经验就会令人印象深刻和持久有用。看！你找到了一种模式。

架构设计工作不能简单地通过检查单和预定义过程就能完成，它在很大程度上依赖系统架构师的经验和才华。架构模式是把系统架构知识从模糊变清晰的好方法。尽管如此，检查单和过程仍然能够为系统架构师提供支持，在他的工具箱中也占有一席之地。

架构模式和原则是系统架构师最佳实践和成熟经验的证明文件。建议考虑使用架构模式和原则，除非你有非常充分的理由给予否定。

你发明不了架构模式，但是你可以发现和描述一个架构模式。C. 亚历山大(C. Alexander)就是其中一位先行者，他的著作《模式语言》引爆了模式社区[5]。那不是关于软件或系统工程模式的书，而是一本关于建筑物架构模式的书。当然，各个学科都可以通过著书立说来证实自己的最佳实践。

本章列出了我们认为有用的、并在本书其他章节中提及的一些架构模式和原则。列举内容并不完整，请自行定义架构工具箱的个人设置。如需了解有关模式和系统工程的更多信息，建议阅读克劳帝亚(Cloutier)和维尔玛(Verma)的论文《将模式概念应用于系统架构》[21]。

7.1 SYSMOD“Z”字模式

参考文献[145,147]中将模式描述为 SYSMOD 方法的一部分。它描述不同抽象层次(级)的需求与架构的关系。

需求说明系统应该做什么(what),系统架构和设计说明系统怎么(how)满足需求。这个规则看似简单,但是仔细研究就会发现它其实是一个很具挑战性的问题。哪些属于架构?哪些又属于需求?

假设你有完全无解的需求(虽然其中大部分需求在实践中不可行)。现在你导出一个满足需求的系统架构,得到一对典型的"什么-怎么"(what/how)。例如,思考一下我们借助虚拟导游参观真实博物馆的需求。你导出一个系统架构,其中的移动博物馆机器人可以满足给定的需求(见图7.1)。该解决方案产生了一些包含解决方案各个方面的新需求,例如,博物馆机器人与博物馆内物品或人的碰撞检测和避碰需求。如果导出的系统架构不采用移动机器人,而是采用静态摄像系统,则不需要上述需求。

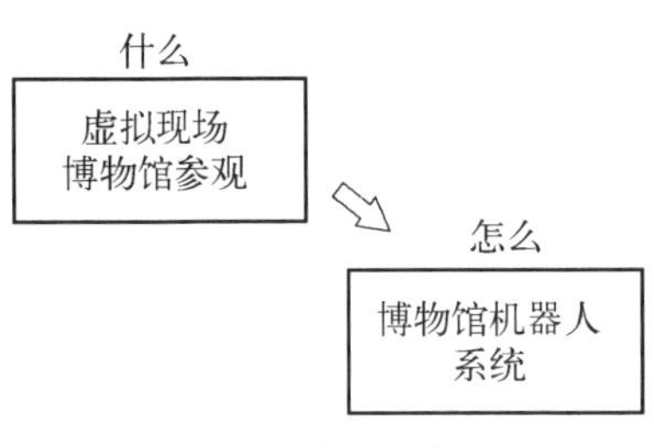

图7.1　什么和怎么

需求取决于给定的架构,并不是没有任何解决方案。它们处于另一个抽象层次,从该层次角度看的确是没有解决方案,但它们却包含前一个抽象层次的解决方案。

根据各项需求,你又导出了一个解决方案,例如基于摄像头的碰撞检测系统。该解决方案会产生新的需求,依此类推(见图7.2)。整体来看,逻辑步骤呈

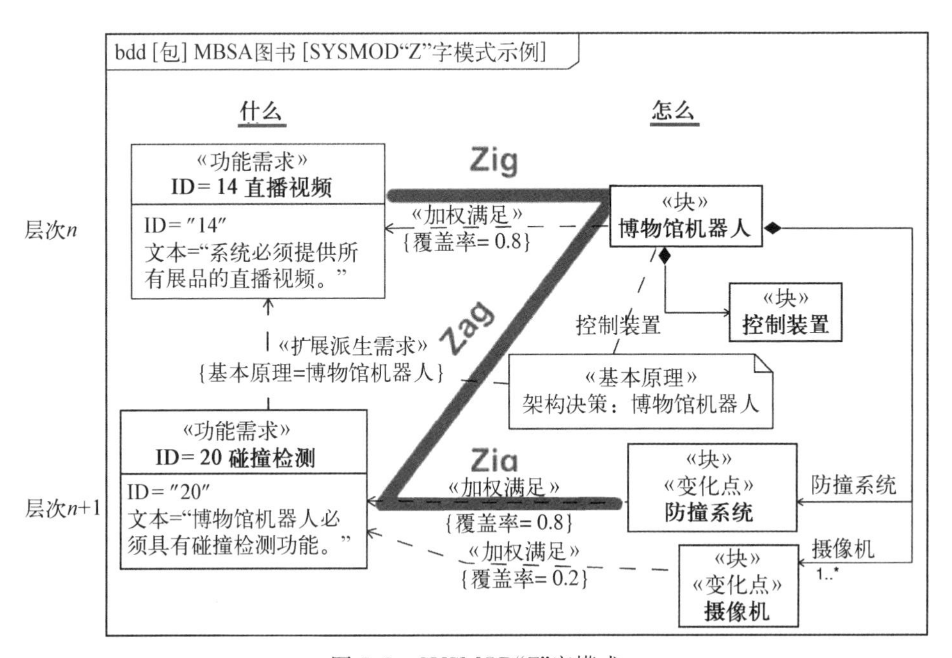

图7.2　SYSMOD"Z"字模式

“Z”字模式。“向右急转”表示从需求转向系统架构,“向左急转”表示从架构转向派生需求的“什么”(what)一侧。然后再“向右急转”表示从派生需求转向架构,依此类推。

“Z”字模式还反映出不同的需求说明书与架构类型之间的关系(见图 7.3)。“利益攸关方需求说明书”是项目中的顶层规范,具体说明利益攸关方的需求。接着导出满足需求的系统架构。这是一种逻辑架构,具体说明技术概念,但未说明技术细节。该架构是“系统需求说明书”的基础。“利益攸关方需求说明书”从利益攸关方的角度明确系统应该做什么,而“系统需求说明书”则从工程师的角度明确系统应该怎么满足利益攸关方需求。

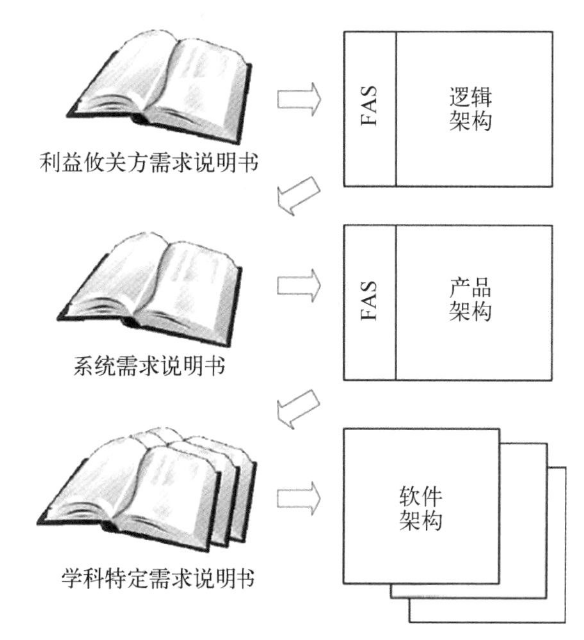

图 7.3 需求与架构类型之间的关系

接下来根据“系统需求说明书”导出产品架构。产品架构满足系统需求,包含构建系统所需的系统级的所有细节。

在下一个层次上,可以推导出软件、机械及电气等组件的学科特定需求。功能架构作为另一种架构类型而存在于各个层次。

这可能会让你想起 V 模型[①]。如图 7.4 所示,“Z”字模式就是 V 模型的左侧部分。

① 不熟悉 V 模型的读者可在附录 B 中查阅关于 V 模型的说明及其简要历史。

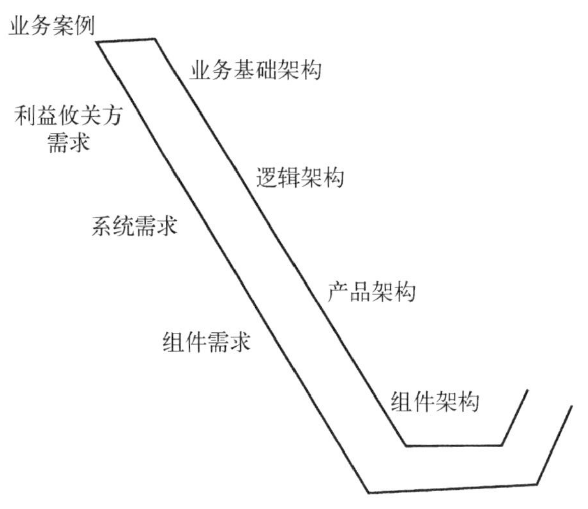

图 7.4 V 模型中的“Z”字模式

重点研究图 7.3 的左侧是实际工作中的一个常见问题。利益攸关方、负责人和其他人员主要沟通讨论需求问题，而不是背后的架构。上一层次需求及其架构，即所谓基础架构，应视为工程过程中的一个生成物。有关基础架构的更多信息见 7.2 节。也有些特别注重图 7.3 右侧的项目，即后台需求较多和依靠技术推动发展的项目。我们认为最好的选择是始终坚持中间道路。

“Z”字模式不依赖 SysML 或其他任何需求和架构建模语言及方法。它是一个通用模式，描述了跨抽象层次的需求与架构要素之间的关系。类似的方法还有安迪森(Andreasen)[9]开发的功能方法树和公理设计[132]。另一个方法是迪克(Dick)和查德(Chard)[28]描述的“系统工程三明治”。它们都描述了功能与解决方案之间的共同演化。

若想要明确地使用 SysML 创建“Z”字模式模型，需要如下关系和模型结构：根据 7.9 节给出的模型结构模板，系统需求位于一个称为“<系统>_需求”的顶层包中。

通常可使用子程序包进一步组织需求。满足需求的架构要素位于一个称为“<系统>_逻辑架构”或“<系统>_ 产品架构”包中。同样，还有更多地用于组织架构的子程序包。架构元素满足与适当需求的关系。该结构对“Z”字模式的一个层次进行建模(见图 7.5)。

在下一层次，需求导出与来自上一层次的一项或多项需求的关系。它们基

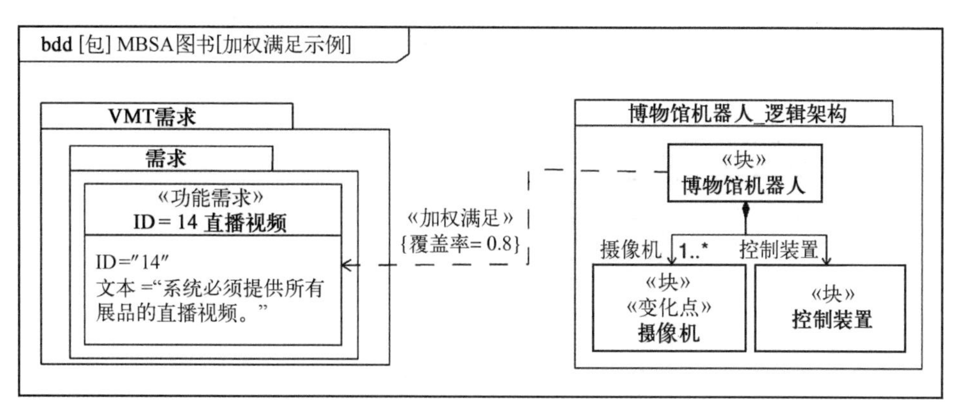

图 7.5 模型中一个"Z"字模式级

于在架构中做出的架构决策。SysML 派生关系本身的特性不能储存为什么和如何导出需求的基本原理。我们提供了如下两个选项,可将基本原理和架构要素与派生关系关联起来:

(1) SysML 提供基本原理要素。它是一种特殊注释,为建模的基本原理提供了文档证明。将基本原理与派生关系相连,基本原理发出的模型锚(虚线)与架构要素相连(见图 7.6)。

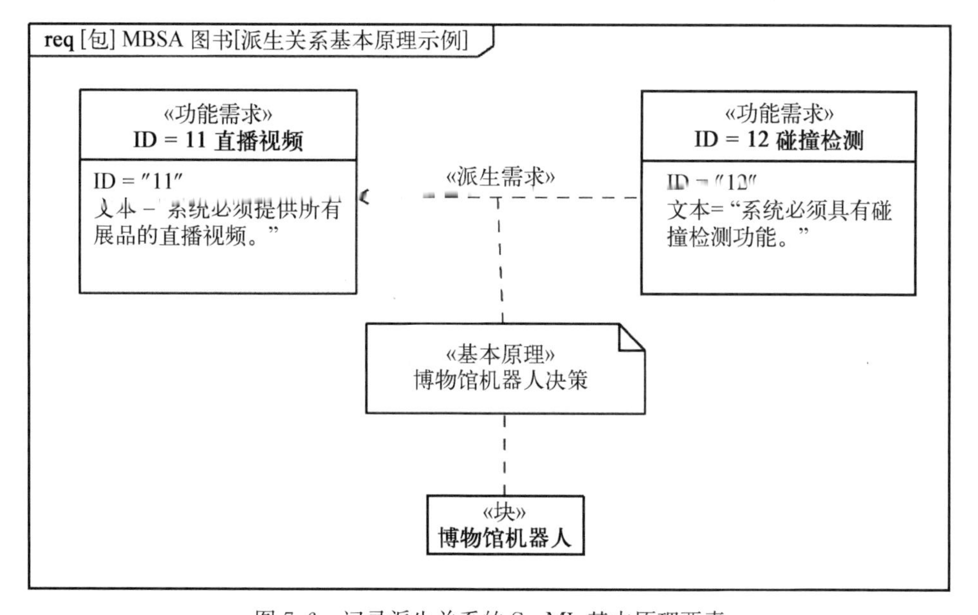

图 7.6 记录派生关系的 SysML 基本原理要素

（2）为已扩展的扩展派生关系引入一种新的版型，其使 SysML“派生需求”版型专门化，并增加一项属性，用来存储产生派生需求的相关架构要素信息（见图 7.7 和图 7.8）。

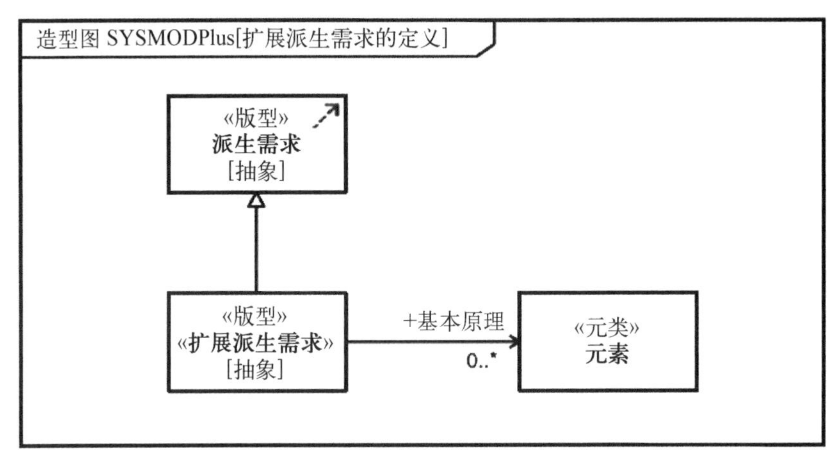

图 7.7 扩展派生需求关系的定义

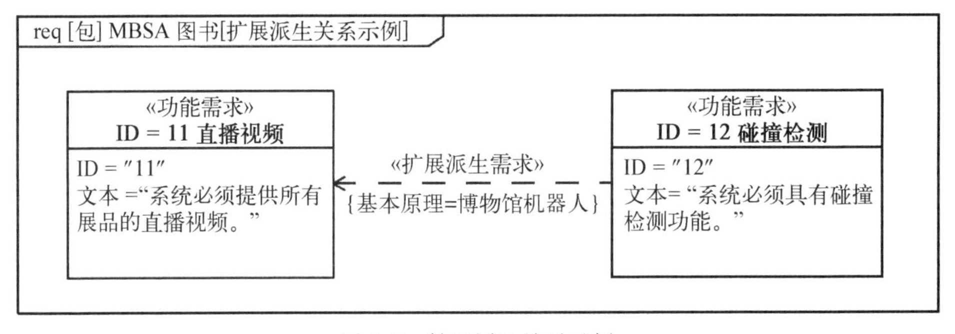

图 7.8 扩展派生关系示例

最佳选项取决于你的需求。第一个选项有最清晰的关系可视化描述。第二个选项可方便地借助工具访问，以进行关系分析。

从博物馆机器人模块到防撞系统的组成关系如图 7.9 所示。这种关系从相反方向跨过“Z”字模式各层次的边界。下一层次必须依赖上一层次，而在这里上一层次却依赖下一层次。从严格意义上来讲这是不允许的。然而如前文所述，没有必要对“Z”字模式进行严格建模。严格划分层次需要花费精力，只有在能够获得收益时才值得付出。为严格划分“Z”字模式各层次的元素，可引入专用版博物馆机器人“Z”字模式，如图 7.10 所示。

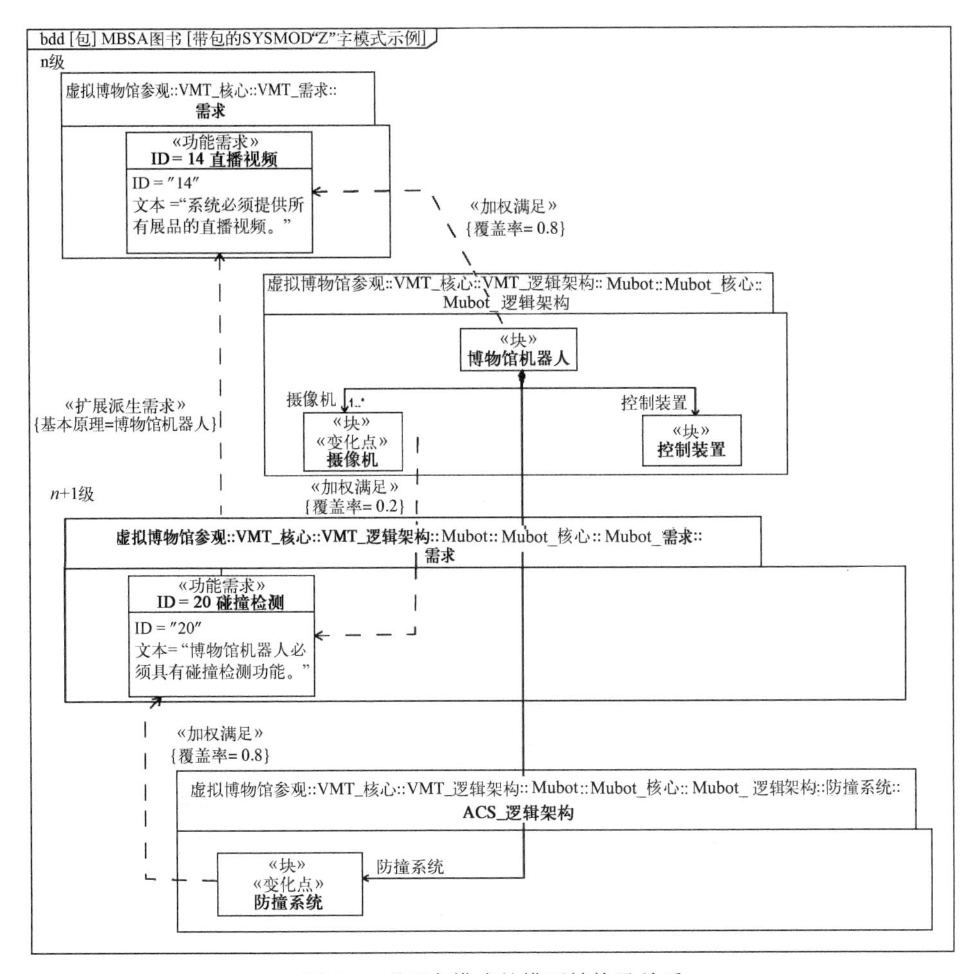

图 7.9 "Z"字模式的模型结构及关系

"Z"字模式在沟通和建模中具有一定的应用价值。即使未明确对模式结构进行建模,它也可演示需求、系统架构和抽象层次之间的关系。它提供了一个词汇表组织有关需求的论述,使论述更具建设性。

有了正确的词汇表就可以决定用 SysML 模型覆盖哪些层次的需求或架构,以及在建模过程中忽略哪些层次。

若要对模式进行明确建模,它可以在多个抽象层次中提供从系统架构到需求的追溯路径。它清楚地表明了需求工程和系统架构的分离,同时也表明需求工程师和系统架构师之间需要密切协作,这一内容将在 10.1 节中详细论述。

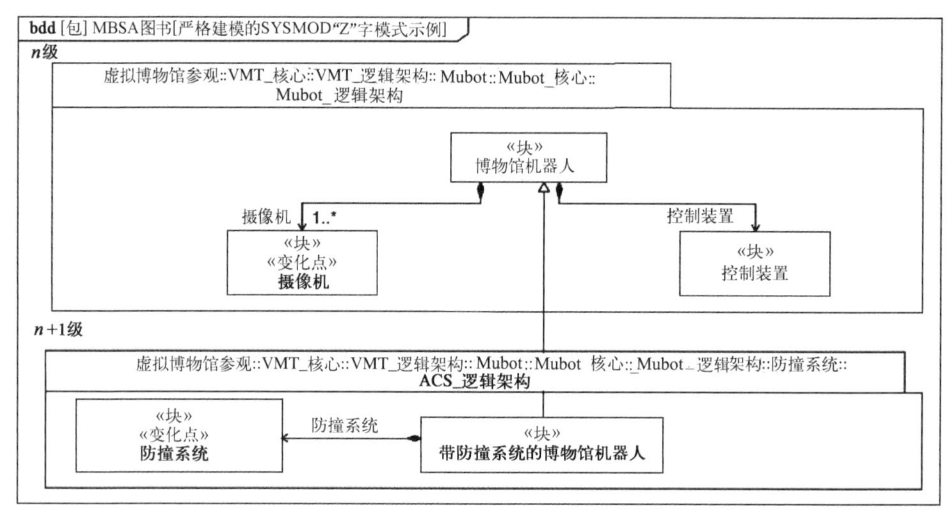

图 7.10 严格划分的"Z"字级别

7.2 基础架构

系统需求通常不会从"Z"字模式的顶层开始(见 7.1 节),也就是说它们已经包含了一些技术决策。航空公司对飞机有需求,汽车公司对汽车有需求,并非对一般运输系统有需求。

有些架构决策显而易见,有些则隐约含蓄。这就是为何需求成为许多项目痛点的原因之一。项目成员之间对于隐含架构决策的了解和设想各不相同。

"Z"字模式表明,架构决策作为工程项目的输入,须在比顶层需求高一级的架构中描述。从需求的视角看,将该架构称为基础架构。VMT 基础架构的摘录如图 7.11 所示。

VMT 基础架构明确地说明,系统从博物馆的电气装置接收电力,它应有带脚轮的机器人、电机以及由中央控制服务器控制的摄像机。VMT 的顶层需求依赖于基础架构并直接使用这些要素。这些需求是否无解取决于它们在"Z"字模式中的层次。例如,在决定使用机器人的前提下,我们才有"机器人距离"和"机器人质量"这些顶层需求。假如决定采用静态摄像系统,就不会有这些需求。图 7.12 表明需求与基础架构的依赖性。

基础架构限制解决方案空间,使隐含的技术决策变得明确。因此它也是发现颠覆性创新潜力的好地方。可对基础架构中的决策打个问号。

实际上基础架构描述就是一组框图加上附带的文字描述。它至少是一张上

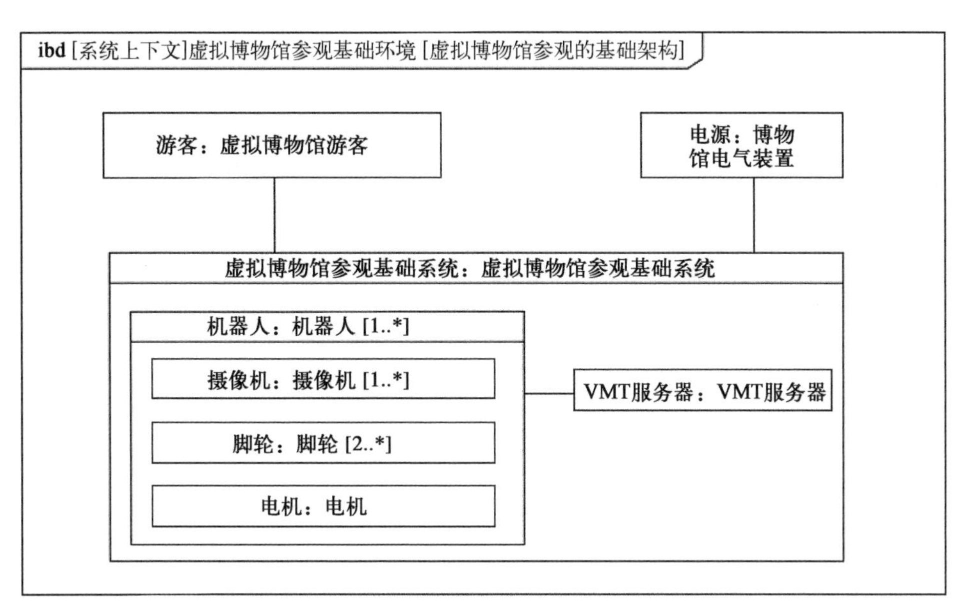

图 7.11　虚拟博物馆参观的基础架构

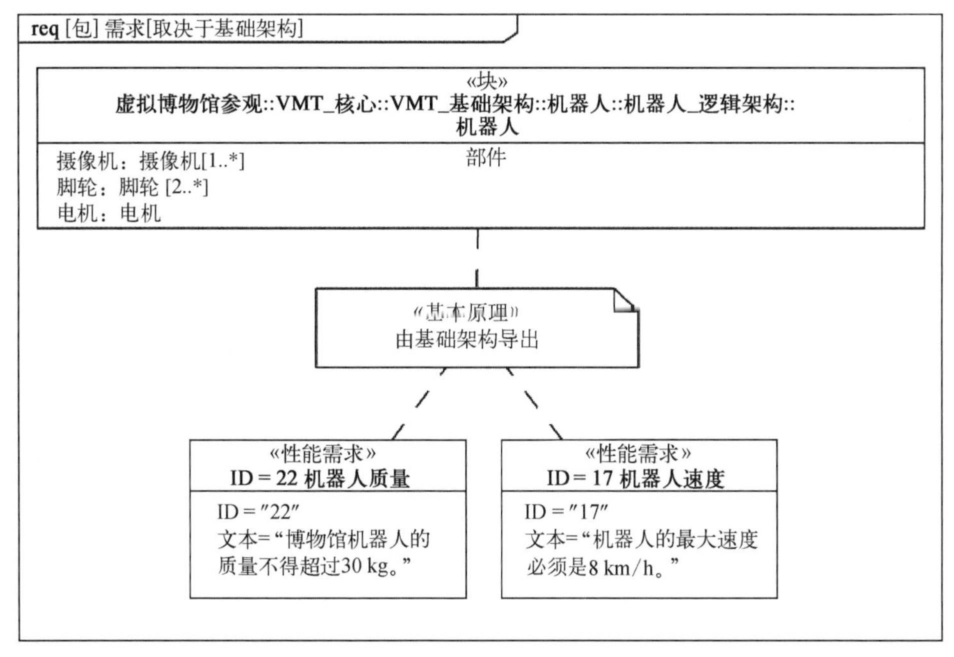

图 7.12　顶层需求与基础架构之间的关系

下文图、产品树和架构块图。图 7.11 描绘了上下文图。图 7.12 描绘了架构框图。图 7.13 描绘了产品树图。表 7.1 给出了有关各参与者和部分架构的简要文字描述。

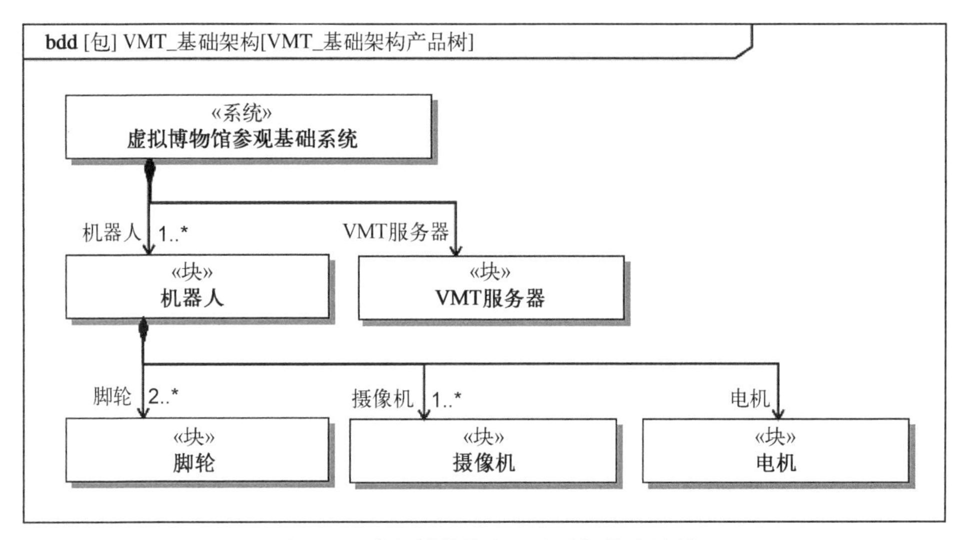

图 7.13　虚拟博物馆参观基础架构产品树

表 7.1　VMT 基础架构要素简要说明

属　性	简　要　说　明
机器人：机器人[1..*]	机器人是"虚拟博物馆参观服务器"或"虚拟博物馆游客"控制的物理系统。机器人用脚轮移动，并可使用摄像机
摄像机：摄像机[1..*]	至少一个摄像机，用于记录机器人的环境，并为用户导航
脚轮：脚轮[2..*]	至少两个脚轮，用于机器人在整个博物馆穿行
VMT 服务器：VMT 服务器	一个服务器，用于控制单次虚拟博物馆参观的所有机器人
游客：虚拟博物馆游客	虚拟博物馆参观的游客是人类用户

还可利用约束需求塑造基础架构。基础架构为开发中的系统提出了技术约束。根据需求工程过程，可以考虑将基础架构的约束转换为需求模型中的约束需求。否则，必须确保基础架构始终是需求模型及文档的一部分。

一种实际的方法是一个与基础架构的根要素有追溯关系的单一约束需求(见图 7.14)。

许多项目并未明确描述基础架构，而是将其暗含在需求描述中，因此可能导致误解，进而产生不必要的错误、工作量和成本。为基础架构形成文档可轻松避

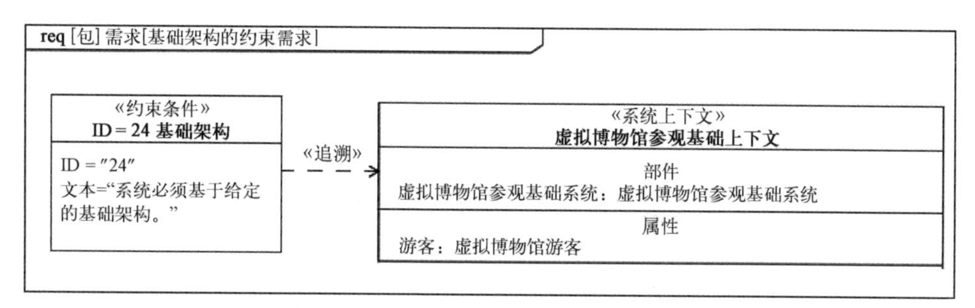

图 7.14 虚拟博物馆参观基础架构的约束需求

开项目中的障碍。

7.3 内聚与耦合

内聚与耦合是系统常用的一项原则。严格地说这是两个相互矛盾的原则（见图 7.15）。

1）内聚原则

一个系统的部件应尽可能地紧密内聚，即该部件的各种功能应密切相关。简言之，内聚原则是指将执行相似任务的部件放在一起。这是使它们更加有效，并将变化的影响限于局部的简便方法。

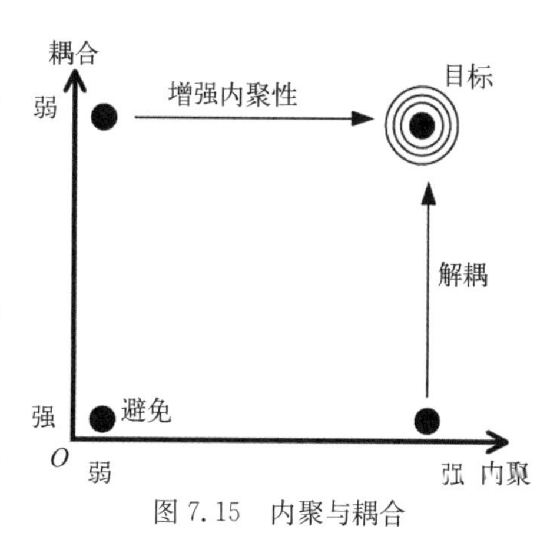

图 7.15 内聚与耦合

2）耦合原则

一个系统的部件应尽可能地松散耦合，即将它对系统的其他部件的依赖性降到最低。

各部件之间的依赖关系可能是显性的，也可能是隐性的。若多个部件的链接件为机械链接或 IT 数据交换链接，则它们为显性耦合。若与一个部件相链接的其他部件发生变化时，耦合性越强，则该部件必须更新的可能性越大。

若各部件在没有明显链接的情况下具有逻辑相关性，则它们为隐性耦合，例如在软件中实现的行为如果依赖某个部件的物理参数。这些隐含链接至关重要，因为它们很难识别，而且当一个部件更新而另一个部件不更新时，可能导致系统发生意外行为或故障。

耦合原则的概念是使系统更加模块化，可更新或更换各部件而对其他部件无(强烈)影响。

内聚原则与耦合原则相互矛盾。若增强内聚性,则耦合性也会提高。强内聚性会导致部件增加,每个部件具有的功能仅是总体功能的一小部分。单个部件的较少功能更符合强内聚性标准。因此,要有更多部件来涵盖所有功能。系统的部件越多,需要的关系就越多,也就是说,更具有耦合性。

若减小耦合性,则内聚性也会降低。由单个组件组成的系统属于特殊情况,在该具体层次上耦合性为零。但是它的内聚性非常弱,因为该组件提供了系统的所有功能,即便各功能之间没有密切联系,也没有任何共同之处。

请注意内聚与耦合原则出现在架构的不同层次。上面所提及的单个组件包含多个部件,这些部件在具体层次上可能有强耦合性和内聚性。多个部件中的每一个部件又可包含多个部件,以此类推。每个层次的内聚性和耦合性不同。

内聚与耦合原则源自软件工程学科。1968 年拉里·康斯坦丁(Larry Constantine)在《模块化编程的分割和设计策略》一文中提出了这些量度[25]。这些原则在非软件学科领域也众所周知。卡尔·乌尔里奇(Karl Ulrich)在《产品架构在制造企业中的作用》一文中论述了机械接口的耦合以及部件之间的相互依赖关系[139]。

7.4 定义、用途和运行时间的分离

所有要素的定义及其在特定上下文中用途的定义,以及运行时它们的结构和关系的定义都是独立的,应单独处理。

一项要素的定义是一个蓝图,即它定义了结构和行为。举一个简单的例子——螺钉。你可以定义螺钉的钉头、钉杆、材料、长度和直径等。对于类似螺钉这样的常用元件,定义可发布在零件目录中。它是该类型所有螺钉的蓝图,并不是现实中单个实体螺钉。对 SysML,我们在模块定义图中用模块详细定义螺钉(见图 7.16)。

螺钉用途定义了螺钉在特定上下文中的应用。例如,螺钉用于将图像采集设备安装在博物馆机器人的外壳上。螺钉的定义限制了螺钉的使用层次,只能根据元件的定义使用它们;反过来,使用层次对定义没有影响。在 SysML 中,我们用内部模块图定义螺钉在上下文中的用途(见图 7.17)。

运行时间层次具体说明元件在系统运行期间的某个具体时间点的链接和属性(见图 7.18)。

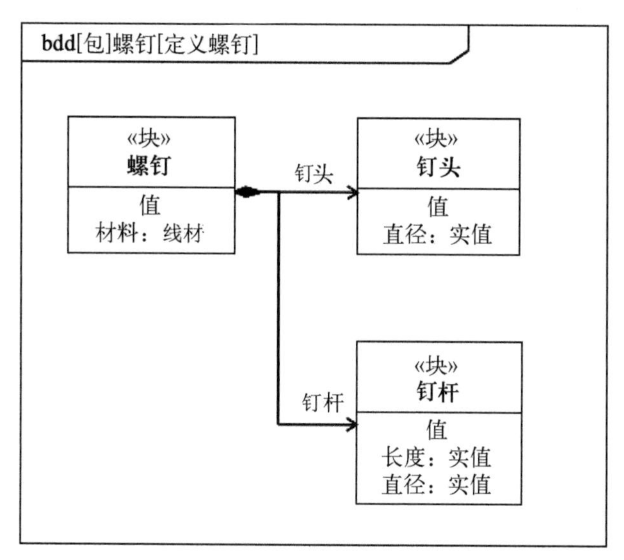

图 7.16 在 SysML 中用模块定义螺钉

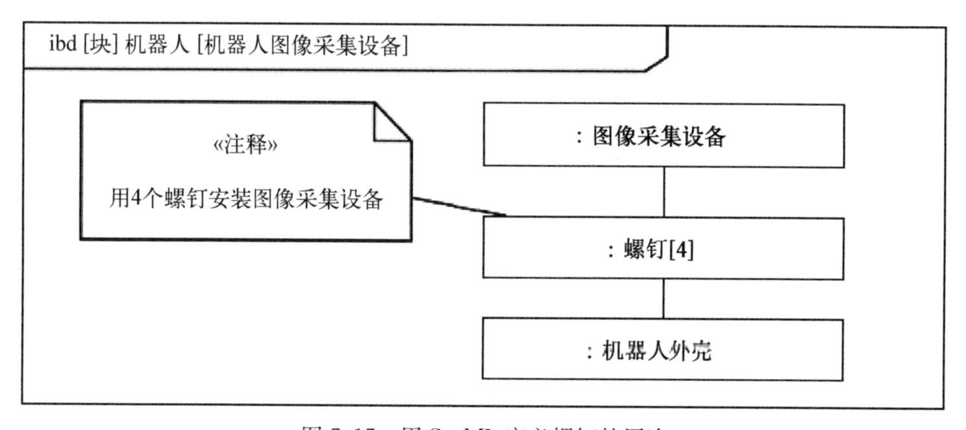

图 7.17 用 SysML 定义螺钉的用途

要注意不同的层次，它们之间易于混淆。例如，用途层次还可能是元件定义的一部分。图 7.19 所示为螺钉的内部结构模块图。该图具体地说明了钉头和钉杆在螺钉上下文中的用途。

SysML 遵循定义、用途和运行时间诸方面分离的原则。模块定义图定义了各个模块，内部模块图详细说明了在界定的上下文中的用途。活动定义了行为、调用行为动作以及活动的用途等。重要的是了解这三个层次，对它们进行分别处理，并了解各层次之间的关系。

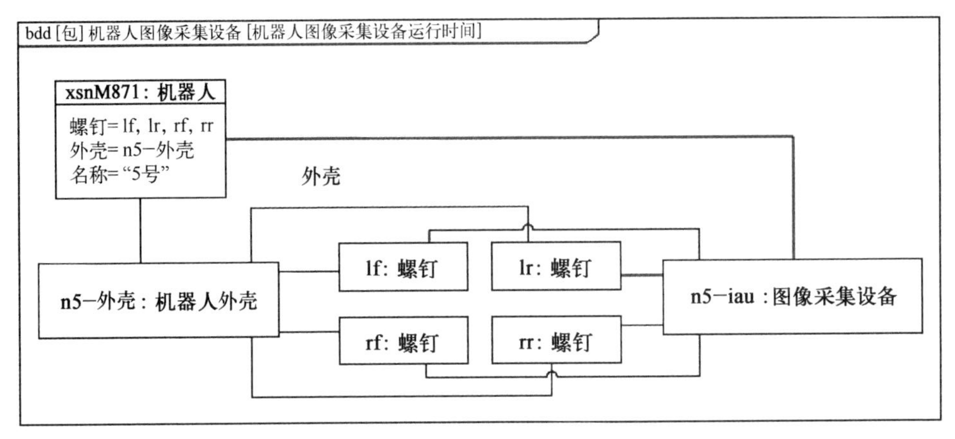

图 7.18 用 SysML 设置螺钉的运行时间

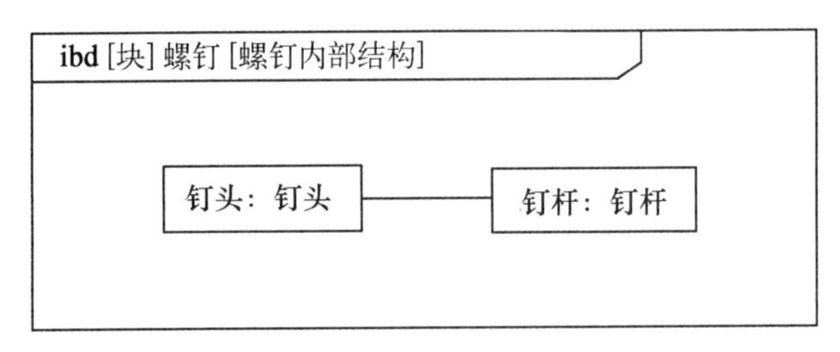

图 7.19 螺钉内部结构

7.5 将稳定部件与不稳定部件分开

任何模型、文档或实际系统都有稳定和不稳定部件，而稳定属性和不稳定属性是指它们的变化。稳定部件很少变化，而不稳定部件则经常变化。

最好的做法是将稳定部件与不稳定部件分开。稳定部件不应依赖于不稳定部件，否则它们也会变得不稳定。

在产品架构实体模型中，包含稳定的技术概念和不稳定的具体实体部件。若按照原则将稳定部件与不稳定部件分开，则可以创建一个明确的逻辑架构模型（稳定的技术概念）和产品架构模型（不稳定的具体实体块）。

另一个示例是用层次将关注点分开。关于层次架构，见 9.4 节。

注意这是一项原则而不是严格规定。只有在可以获益时方可采用该原则。不管怎样，都需要花费精力。

7.6 理想系统

理想系统是个工具，用来缩小解决方案的探索空间，以找到可真正满足用户需求的一套系统。理想系统甚至无须存在就能满足用户的需求。这听起来很荒谬，但这种思路确实很有帮助。思考这个明显难以达到的目标就会去限定解决方案的探索空间，并将系统开发重点转向成功的方向。

为此我们列举了参考文献[147,145]中的一个具体示例：思考汽车的门锁系统。让我们从把钥匙插入门锁，再转动钥匙打开车门的那一刻开始。这是用户所想要的吗？这种门锁的缺点是冬天会被冻住，车子的油漆会被钥匙刮掉。用户不希望出现这些问题。用户希望门锁保护车辆不被盗窃或盗用。

现在的汽车有中央门锁系统，可以用钥匙遥控器打开车门，一键锁住车门或使车门开锁。对用户而言，门锁系统的存在感较低，可以提供类似基于密钥的系统一样的功能。但是它仍然不是理想系统，具有一定的不便。如你在系好安全带之后发现钥匙还在口袋里，而你需要钥匙来启动汽车。

最新技术已经非常接近理想系统。一旦你拉动汽车的门把手，汽车就会识别附近是否有无线射频识别(radio frequency identification, RFID)钥匙，并在检测到钥匙后打开汽车。通过变速杆上的指纹扫描就可以启动发动机。对于用户而言，系统几乎不存在，但是可以提供所需的功能。

想想你周围的系统，思考一下这些系统近年来的变化。它们大多朝着理想系统的方向发展。用户需要的是功能而不是系统本身。该原则适用于大多数系统。

指导原则是：重点开发对用户来说尽可能不存在的解决方案。

理想系统是 TRIZ 方法论中的一项原则[7]。TRIZ 是俄语 теория решения изобретательских задач 的首字母缩写 триз 的英文译名，意思是“创造性问题解决理论”(theory of inventive problem solving, TIPS)。这一理论基于创新过程的系统方法论。TRIZ 之父阿奇舒勒(Genrich Soulovich Altshuller)(1926—1998)相信发明不是巧合。他分析了数千项专利，并根据自己的见解得出了 TRIZ 理论。理想系统是他观察到的一种模式。

7.7 视图与模型

建模中的一项重要原则是视图与模型的分离。模型是信息的来源，建模语言定义了模型要素的数据结构和语义。数据结构也称为抽象语法，图 7.20 的左侧部分为 SysML 用例的抽象语法，包含模型要素关系。抽象语法不是符号，而是数据结构的定义。存储格式可以是 XMI，一种用于 SysML 和 UML 模型的 XML 语言[109]。

视图是模型的文本或图形表示形式。通常建模语言为模型要素提供一种符号，即所谓的具体语法。图 7.20 的右侧部分为 SysML 用例的具体语法，包含了相互关系。然而并不是每种建模语言都会提供视图。例如，业务动机模型(business motivation model, BMM)[101]不提供符号，只提供抽象语法和语义，BMM 是 OMG 为企业制订建模愿景、任务、策略、目标等而提供的一项标准。

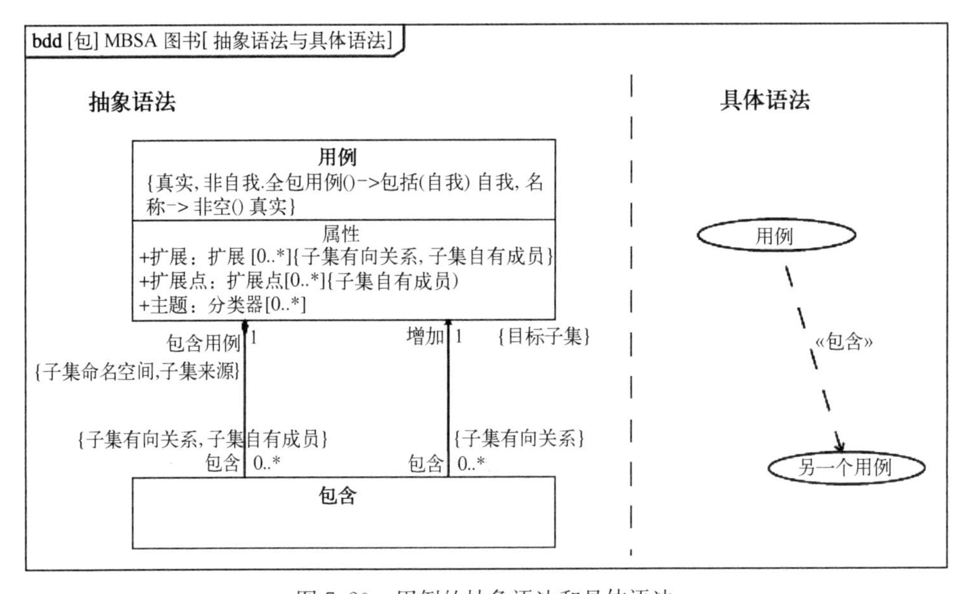

图 7.20 用例的抽象语法和具体语法

视图不应包含任何不属于模型部件的额外语义。这意味着可在不丢失相关信息的情况下删除所有视图。关于 SysML 中视图与模型分离，请参见附录 A.1 节。

若初始建模重点在于开发团队成员之间的沟通，则视图比模型重要。甚至可以在没有真实模型的情况下创建视图，如在幻灯片应用程序中创建翻页挂图或图纸。这不是正常的建模而更像是绘画。若重点在于规范、分析或仿真，则模型比视图重要，甚至可以放弃视图只使用模型。

当然，人们观看的是视图制品而不是模型。如在 SysML 这样的建模环境中，视图也是创建或更改模型要素的编辑器。“真实”模型很容易超出范围，因此要注意并根据需要处理视图和模型。

7.8　图表布局

在系统建模中,模型数据的图形化表达是一个重要部分。它当然会影响数据的呈现方式。我们的大脑通常关注的是图形模式而不会深究所有的细节。这让事情变得更简单。例如,在保持模式结构不变时,可更改文本中的字母,并且仍然能够读出如下的文本内容。

基于“Setmsys Ennneigierg 模型的系统工程使我们的项目更有效”。

在查看模型图时也会发生类似的事情。你看到的是图形模式。遗憾的是你并不太了解这些模式,也没有相关描述。这里存在一个巨大的可能性,可以让工作更加有效。例如,当你在块定义图中采用自上而下、自下而上或网络布局风格来布局产品树时,将产生不同的效果(见图 7.21)。我们更倾向于自上而下的布局,它强调产品分解结构(product breakdown structure, PBS)。

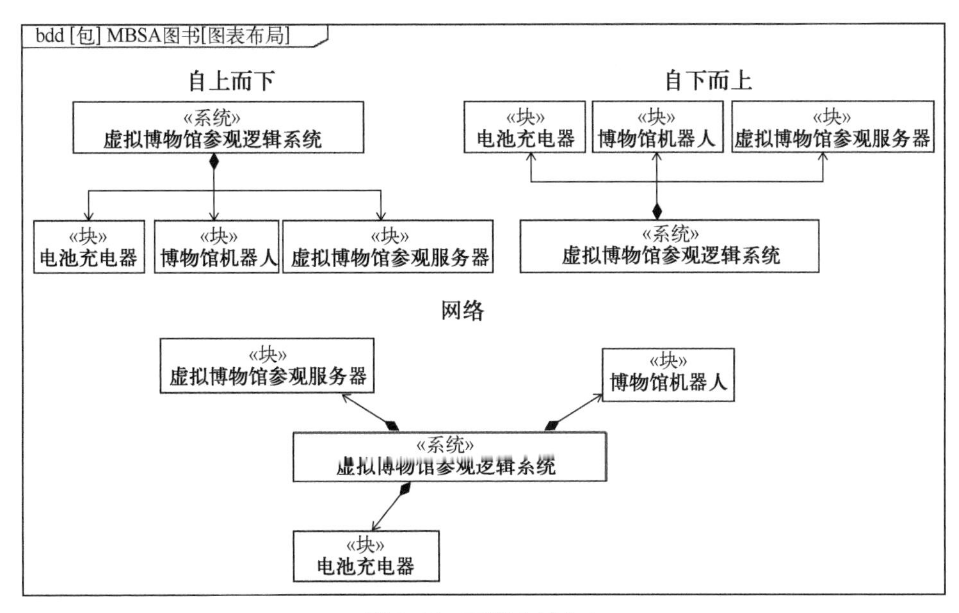

图 7.21　不同布局方向

图表布局注意事项如下:

(1) 在作者的文化体系中,阅读顺序是从上到下,从左到右。在其他文化体系中,可能会有不同。应按照利益攸关方的通常阅读习惯来布局图表。

(2) 图表包含的主要元素应不超过(7±2)个[96]。

(3) 图表应采用可打印布局(A4 或书信格式)。

(4) 在图表中少使用颜色。有些人是色盲，而且不同监视器、打印机和投影机呈现出来的颜色会有不同。若的确需要在图表中使用不同的颜色，可以用灰色来强调特定问题。

(5) 一个图表只用于一个目的。如需表达新的目的，须使用新的图表。

(6) 在创建图表时，应站在模型读者的角度而不是模型构建者的角度。

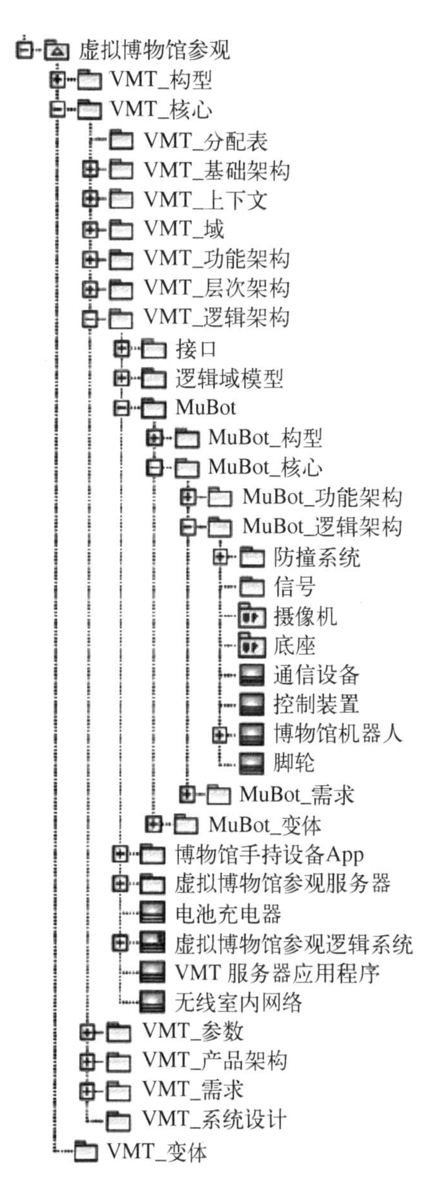

图 7.22　顶层系统模型包结构

(7) 明确区分图表创建与模型构建。另请参见 7.7 节。

7.9　系统模型结构

我们将从 SysML 模型的视角审视系统模型结构。这些基本概念适用于所有系统模型类型。

初看定义 SysML 模型的程序包结构似乎很简单。然而，隐性构建结构经常出现问题。模型有许多正交面和抽象层次，它们可以映射到程序包结构中，例如域、建模或组织因素。因此，很容易混淆这些正交面。如果你用复杂的目录结构组织过硬盘，可能对这个问题有所了解。

"MBSE 望远镜建模挑战小组 SE－2"在"MBSE 指南"中介绍了程序包结构的最佳实践[54]。图 7.22 为顶层系统模型包结构。

根程序包代表整个系统模型。若对系统的变体建模(见第 15 章)，则下一层次有三个程序包：一个构型包，一个核心包和一个变量包。若不对系统的变体建模，可以跳过这一层次的包结构，直接处理核心包中使用的结构。关于如何对系统的变体建模以及如何管理构型包、核心包和变量包，请参阅第 15 章。

在核心包的下一层我们将不同的建模点，如系统上下文、需求和逻辑架构等分开。图中的列表并不完整。具体的项目有各自相应的角度。每个包的前缀表示封闭的命名空间。通常模型中会有多个相同名称的程序包，例如，“需求”。前缀表示专用包的上下文。

逻辑架构包包含系统的结构要素，即物理块。每个有具体描述的模块在下一层次都有自己的程序包，例如，博物馆机器人(museum robot, MuBot)子系统。可将包视为系统的根程序包，并在包内部创建相同的包结构。图7.22中的包“MuBot_需求”包含与“MuBot”子系统直接相关的所有需求。同样，有一个逻辑架构包，它包含具有相同结构的其他包。若要严格划分所有MuBot具体要素，MuBot包是博物馆机器人的一个完整(子)模型，包含需求和架构。

包结构很简单。它适用于任何尺寸的模型，并为模型创建者和用户确定了很好的方向。该结构可用于任何尺寸的模型。“MBSE望远镜建模挑战小组SE-2”的望远镜系统模型是该概念一个良好的应用示例[54]。

7.10 启发法

7.10.1 启发法是系统架构师的工具

启发法是系统架构师的一个重要工具。梅尔(Maier)和雷克廷(Rechtin)[92]已经非常透彻地指出了这一点，他们解释了启发是用简单方式表达出浓缩的经验精华向他人传达。从这个意义上说，我们愿意把自己的经验以启发的方式贡献出来。但是，我们的启发不会试图像梅尔和雷克廷那样熟练和面面俱到，因为这种想法极有可能导致失败。

我们强烈地鼓励系统架构师使用“启发”这一强大工具，它与纯方程和其他演绎法不同。虽然纯方程和演绎法可以解决定义明确的问题陈述，但在解决系统架构设计中所遇到的多领域难题时可能很容易失败。积累自己的经验并把它们浓缩成“启发”，确保在需要时可以使用“启发”。对于想要了解更多内容的读者，我们强烈推荐梅尔和雷克廷的《系统架构设计的艺术》一书[92]。对于那些已经大致了解什么是“启发”的读者，我们现在开始自己的“启发式教学”如下。

(1) 可爱而不怪异：架构描述应既好用又好看。有时只需要做好上文提到的图表布局就可以了。有时还需要使用说明性图片或者有审美眼光的同事的评论才行。经验告诉我们，无论是对于让人信服的良好架构描述还是对于未能让人信服的用户不友好架构描述，让沟通材料美观的努力往往会有回报。

(2) 抽象概念可解决难题：用抽象概念来把握复杂性。若系统变得更大或更复杂，那么必须提高顶层架构视图的抽象层次。架构核心团队仅能处理有限程度的复杂性。一种可能的解决方法是选定一个与系统复杂性一样高的抽象层次，且在该层次上仍可支配系统的复杂性。

(3) 选择较高层次：如果不确定是在较高抽象层次上建模还是在稍低抽象层次上建模，就始终选择较高的抽象层次(这一启发也称为"杰斯克定律")。

(4) 建模者应坚持迅速结束的原则：永远不要深入建模，系统架构内容都是重复累赘的工程学科的工程文档。建模者应将这一原则坚持到最后，系统架构师应坚持系统层次。

(5) 找有钱的项目：要在有足够资源的项目中、不要在市场导向的活动之外对项目中现有系统架构进行架构开发和重构。业务案例预测利润高的项目也有资源实现架构改进。相比之下，一个独自坐在部门角落的系统架构师可能会发现很多天才的架构改进方案，但可能没有资金来实现这些改进。

7.10.2 简化、简化、再简化：优势与不足

最后让我们再次回顾梅尔和雷克廷的观点[92]。他们提到的一个非常重要的启发是"简化、简化、再简化"(类似常见的"保持简单"原则)。

这一启发应用于许多上下文中，通常应是系统架构师行为的推动因素。如果要在简单概念和复杂概念之间做出选择，那么简单概念往往较好。如果简单的草图就足以解决问题，就没有必要制作更详细或更复杂的草图。例如，如果已知预期新产品的外部系统接口比旧产品多50%，那么可能不需要编制详细的接口说明书就能确定给定产品的系统架构工作负荷高于旧产品。因此，负责着手粗略评估工作量的系统架构师应该着手制订一份所有接口的清单，而不是去钻研其中一两个接口。

然而"简化、简化、再简化"也有一点不足。如果系统很复杂，那么应该用简单的但又不是太简单的方法来处理。当系统必须满足复杂的需求时，它们就变得复杂。必须对复杂度加以控制。基于模型的系统架构设计的优势在于可在同一个复杂系统上创建不同的视图，其中每个视图只显示一个方面，从而对使用该视图的利益攸关方隐藏复杂性。然而模型在一定程度上相当于真实系统的复杂性，足以解决由复杂性产生的问题。

复杂系统的模型可能也会变得复杂。当系统架构师必须控制复杂性时，利益攸关方必须通过适当的视图关注那些与他们相关的系统问题。利益攸关方必

须信任系统架构师，相信他们会控制整个系统，并且能够接受他们对系统的有限看法。批评者声称系统架构师正在制造太多的复杂性，常常没有遵循这一信任原则。他们喜欢自己去了解完整模型，但对于复杂系统这通常是不可能的。

我们常说的爱因斯坦的一句名言包含了许多真理："凡事过犹不及，做事应该力求简单，但不能过于简单。"(Albert Einstein)[23]

8 需求和用例分析

需求和用例分析不属于系统架构师活动的一部分。然而，系统架构师在处理功能架构设计(见第14章)之类的工作时与这个学科有较深的关联。本章我们对需求和用例分析做简要描述，沿用 SysML 的“系统建模工具箱”(SYSMOD)[145]。该方法使用了需求和用例分析的常用方法，而不是一种特殊的建模工具。核心任务如下：

(1) 确定和定义需求。

(2) 详细地说明系统上下文。

(3) 确定用例。

(4) 描述用例流。

(5) 对领域知识建模。

下面简要阐述每项任务，重点关注与系统架构学科的联系。本章不涉及 SYSMOD 的架构任务。

在系统开发中，需求工程与系统架构之间的联系常被低估。通常关注如何根据需求导出架构。这需要系统架构师与需求工程师密切沟通，以解决不明确的和矛盾的需求。

此外，正如“Z”字模式中所述(见7.1节)，系统架构师的技术决策导致新的需求。因此需求工程师和系统架构师必须密切协调，而不仅仅是通过文档和模型进行沟通。

由于需求与架构紧密相关，且它们的生成物相互联系，所以我们建议将有相互联系的生成物放在同一个模型中。架构要素与它们要满足的需求相连，且需求与产生这些需求的基础架构要素相连。

图8.1(a)～(e)①给出关于需求分析任务主要生成物的综述。

---

① 原文为图8.1(a)和(b)，调整分图名后更改为图8.1(a)～(e)。

章节	名　称	文　　本
14	现场视频	系统必须提供所有展品的现场视频
14.1	分辨率	用户的视频分辨率必须至少为高清
14.2	服务器延迟	服务器向客户端发送视频时的延迟最长不超过 1 s
14.3	流媒体现场视频	博物馆机器人的视频通过流媒体技术传送
15	机器人防撞	博物馆机器人必须避免与环境中的物体发生碰撞
16	机器人的续航距离	博物馆机器人充满电后必须能够绕整个博物馆行驶两圈
17	机器人的速度	机器人的最大速度需达到 8 km/h
22	机器人的质量	博物馆机器人的质量不得超过 30 kg
24	基础架构	系统必须基于给定的基础架构

(a)

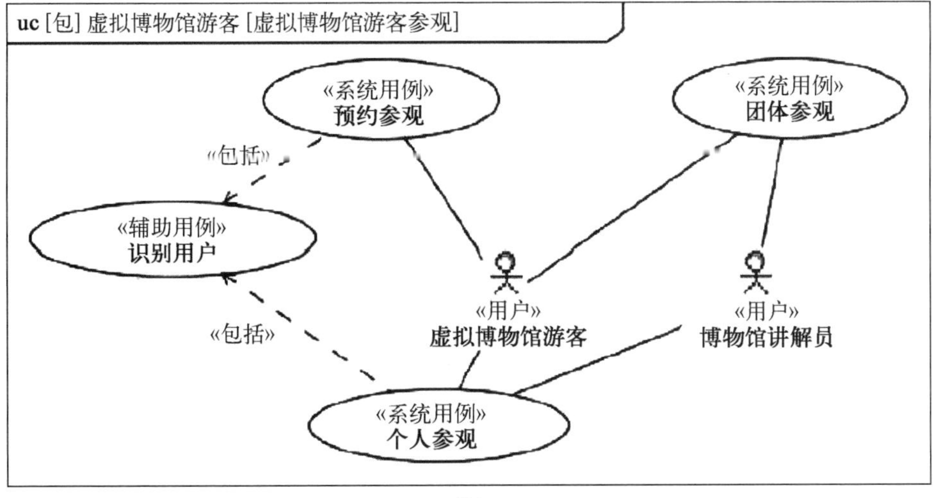

(b)

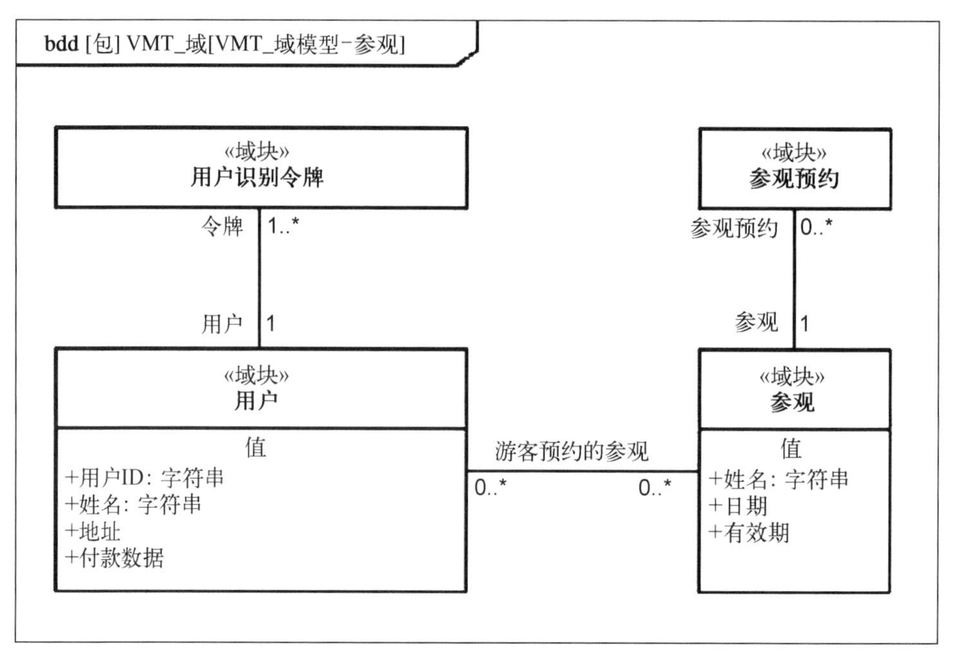

bdd [包] VMT_域[VMT_域模型-参观]
«域块»
用户识别令牌
令牌
1..*
用户
1
«域块»
用户
值
+用户ID: 字符串
+姓名: 字符串
+地址
+付款数据
游客预约的参观
0..*
0..*
«域块»
参观预约
参观预约
0..*
参观
1
«域块»
参观
值
+姓名: 字符串
+日期
+有效期

(c)

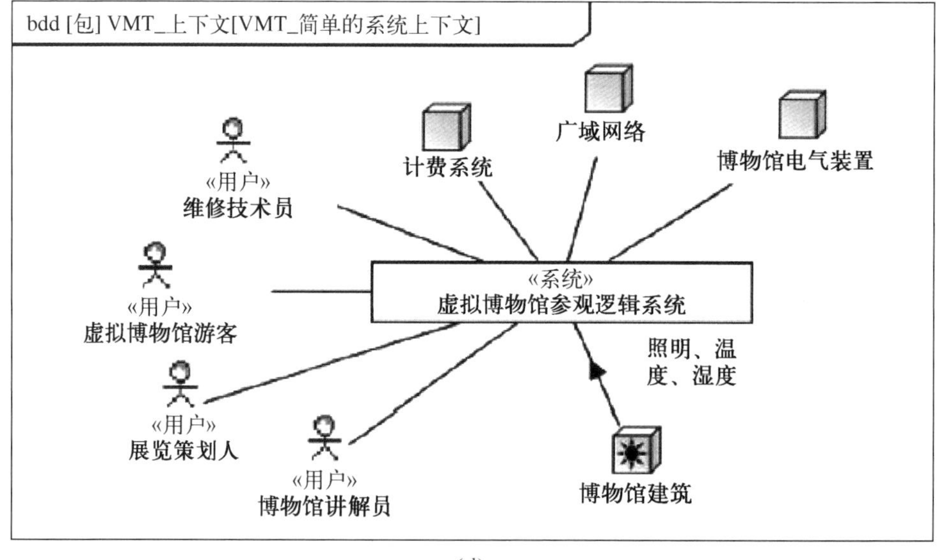

bdd [包] VMT_上下文[VMT_简单的系统上下文]
«用户»
维修技术员
计费系统
广域网络
博物馆电气装置
«用户»
虚拟博物馆游客
«系统»
虚拟博物馆参观逻辑系统
照明、温
度、湿度
«用户»
展览策划人
«用户»
博物馆讲解员
博物馆建筑

(d)

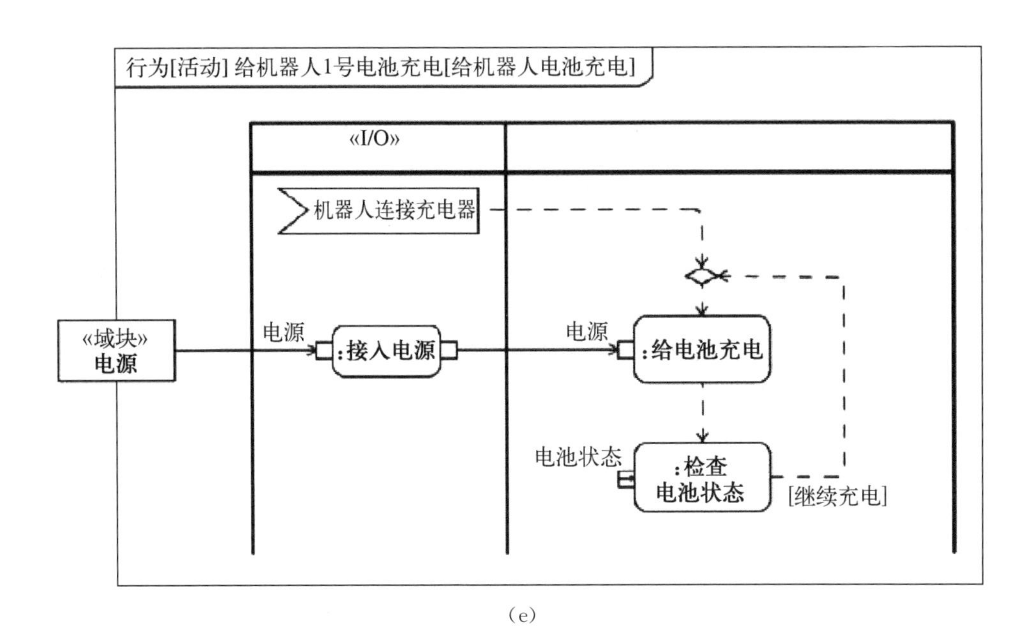

(e)

图 8.1 需求分析生成物概述

(a) 系统需求 (b) 系统用例 (c) 领域知识 (d) 系统上下文 (e) 用例活动

8.1 确定和定义需求

如何确定和描述需求是一个涉及面很广的议题，关乎需求的引出、需求的结构化、需求的文档化、需求的措辞和需求的管理等。这里不讨论这个议题，并假定你已有自己的流程来处理你的项目中的需求。其他书籍对需求工程已有详细介绍[122]。

在本书中使用 SysML 作为建模语言来详细说明系统模型，特别是系统架构。SysML 支持对需求建模(见附录 A.4 节)。值得注意的是，在 SysML 环境中，有如下三个链接需求与系统架构的场景：

(1) 场景 1。使用 SysML 并以相同物理模型的一部分作为架构对需求建模。使用 SysML 元素(如满足关系)链接各要素。存在一条从架构到需求的可追溯路径。

(2) 场景 2。在架构的 SysML 物理模型之外(如存储在由需求管理工具管理的单独存储库中)对需求建模。借助一个适配器，可将有关需求的信息从其原始模型传输到 SysML 的系统模型中。在 SysML 中的需求是原始需求在外部物理模型中的占位符。它们与系统架构要素在 SysML 方面有关系。存在一条从需求到架构的追溯路径。

(3) 场景 3。需求存储在 SysML 物理模型之外的模型或文档中。架构要素和需求之间的关系分散记录在架构文档中。例如,可使用文本电子表格中的矩阵来管理这些关系。虽然存在一条从架构到需求的可追溯路径,但由于该路径不是由模型要素建立的,因此不能自动进行分析。

我们更倾向于采用场景 1 和场景 2,因为追溯路径完全是由模型建立的。

图 8.2 显示了在 SysML 图中的一组需求。需求分为功能需求和非功能需求。非功能需求进一步分为不同的类别,如性能需求或物理需求。

关于使用 SysML 对需求建模的更多具体内容,请参阅附录 A.4 节。

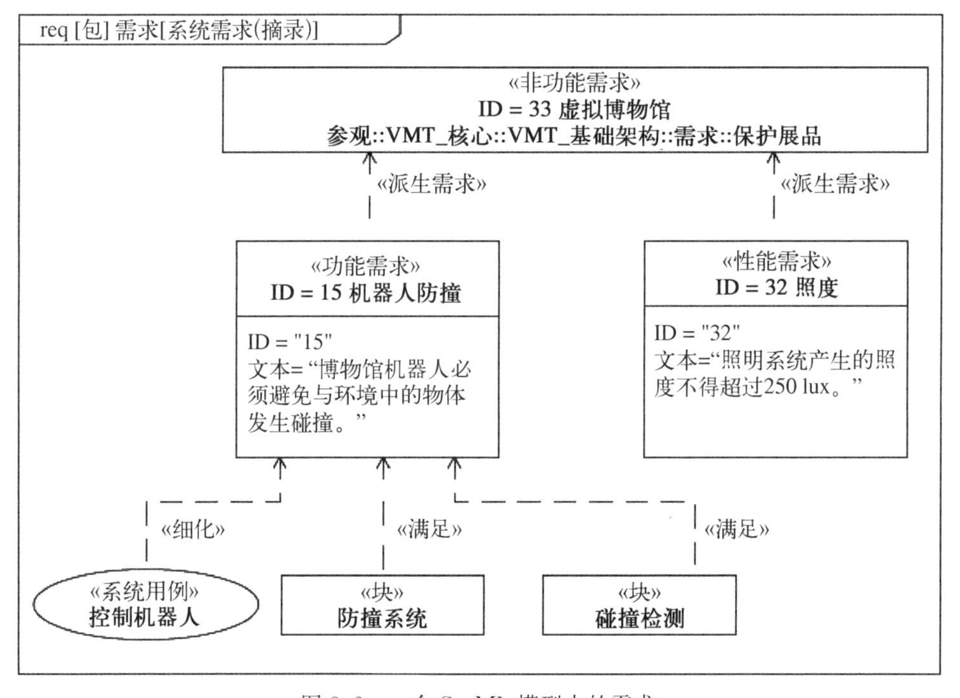

图 8.2 一个 SysML 模型中的需求

8.2 具体说明系统上下文

系统项目开发初始阶段,须确定系统边界、关注系统的外部接口以及交互系统或人员[56]。SysML 中的系统环境图可用来描述这些要素[145,147]。SysML 块定义图作为系统上下文图(见图 8.3),其中关注系统"虚拟博物馆参观逻辑系统”周围的黑线框表示系统边界，系统与所谓“系统参与者”的外部实体之间的实线表示系统与其上下文要素之间的交互。假设所有进一步分析和架构设计步骤都是为了在这一确定的系统边界范围内描述相关系统。

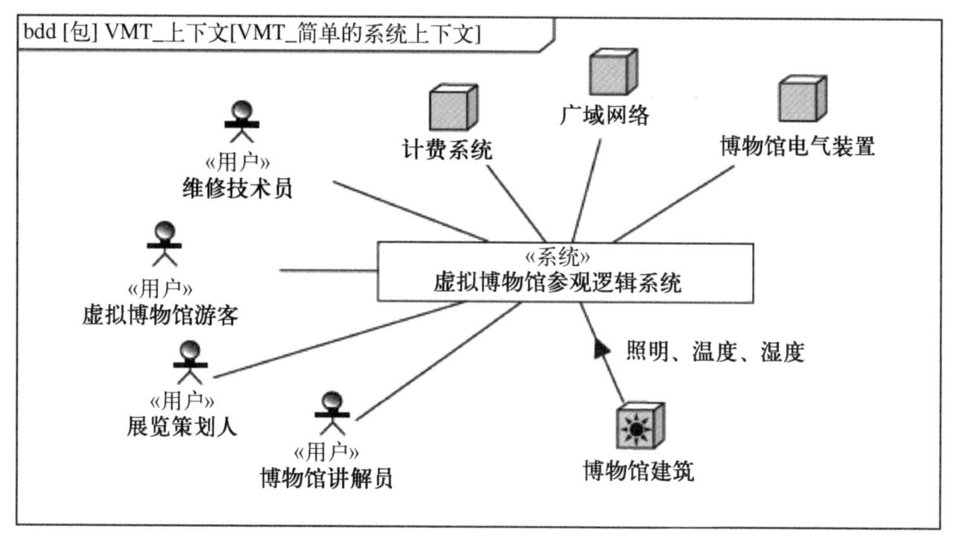

图 8.3 系统上下文

参与者可分为不同的类别：人类参与者（人形图标）和非人类参与者（盒形图标）。图 8.3 还显示了一种特殊类型的非人类参与者。标有太阳的盒形图标代表一种环境效应。在本图中它表示博物馆室内与关注系统交互的工况（温度、湿度和照明等）。

图 8.3 描述的是一种简单的系统上下文。它类似于以图标表示的系统参与者。扩展系统上下文更多细节，如系统接口、参与者接口以及关注系统的内部结构和参与者。通常，系统架构师的任务是具体描述简单的系统，使其成为扩展的系统上下文。一旦信息在模型中，简单系统上下文和扩展系统上下文就成为相同数据的不同视图。简单系统上下文适合非技术利益攸关方，而扩展的系统上下文更适合关注系统的工程师等技术利益攸关方。图 8.4 为 SysML 内部模块图中扩展的系统上下文（见附录 A. 2. 2 节）。

一个综合系统模型具有的上下文说明比系统的上下文说明要多，如 9. 7. 3 节所述的验证上下文。

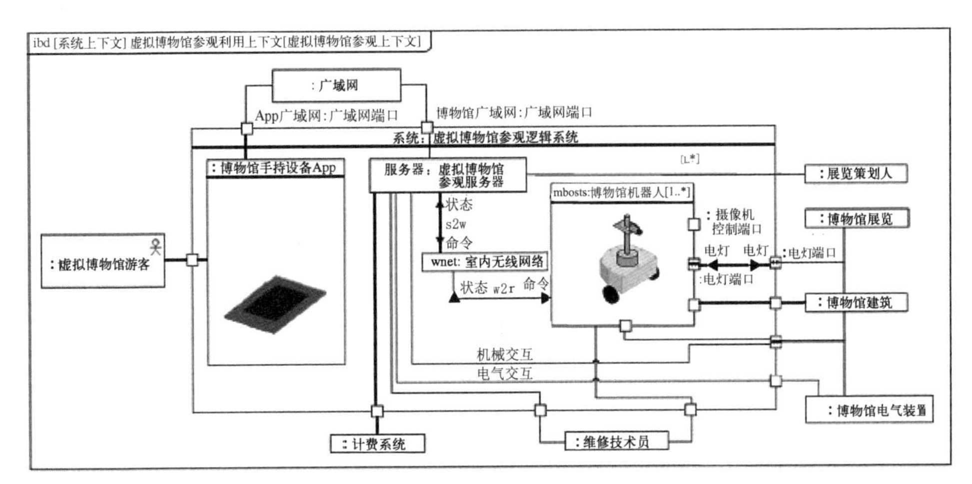

图 8.4 扩展系统上下文

8.3 确定用例

用例是系统开发中的一个重要生成物。它们的重点在用户的系统透视图。由外而内的视图支持开发真正满足用户和利益攸关方需求的系统，而与应用普遍的由内而外的工程系统视图相反。用例透视图对于所有利益攸关方（包括没有工程专业、背景的人员）都容易理解。

用例包含多项系统功能，规定了在系统边界上出现的用例前置条件、后置条件和触发事件，以及返回给系统上下文实体（通常是触发用例的参与者）的结果。用例在基于模型的软件和系统工程文献中广泛讨论过[67,145,147]。系统运行[11]或场景的文本描述[117]也可视为用例描述。

用例是从参与者的角度来表达的。例如，“预约参观”用例是从虚拟博物馆游客的角度来描述的（见图 8.5）①：虚拟博物馆游客想要预约参观。阅读模式如下：<系统参与者>想要<此处引述用例名称>。

UML 规范给出了用例的一种正式定义[106]：“当某一用例应用于某一主题时，它详细说明该主题所执行的一系列行为，产生对该主题的参与者或其他利益攸关方有价值的可观察结果。”该定义给出了模型要素“用例”，且不包含任何方法论的内容。SYSMOD 法对此做了补充[145,147]：总是有至少一个参与者借助来自系统上下文的一个触发事件启动系统用例，并以得到符合触发事件

① 原文及原图误为图 8.7，现已修正。——译注

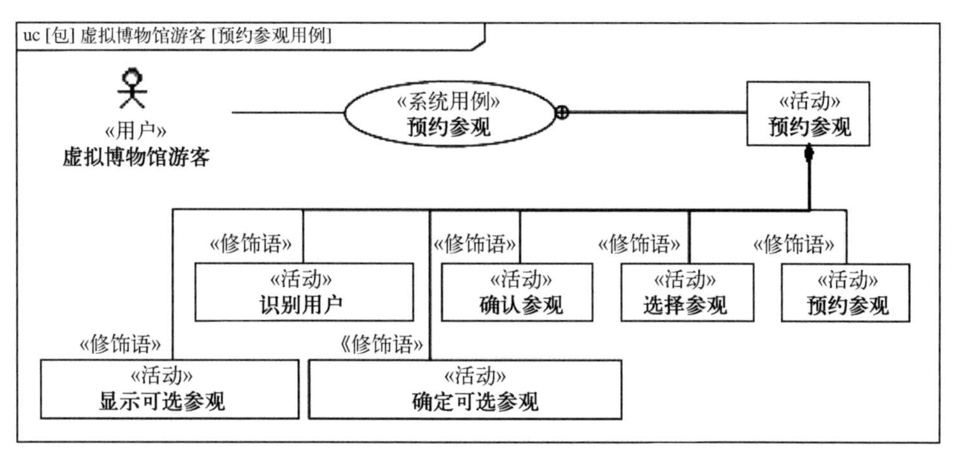

图 8.5 用例活动“预约参观”

意图的结果结束。触发事件与结果之间的行为在时间上是连续的，即系统不提供时间中断（时间内聚）。

系统用例最重要的需求是时间内聚。系统用例是参与者和系统之间完整合作的详细说明。例如，“预约参观”用例的结果是参观预约成功。这是参与者“虚拟博物馆游客”触发这个用例的原因。这个结果可满足参与者的需求并结束了交互。“选择可选的参观”之类的功能不是用例。参与者不会仅仅使用系统来选择可选的参观，选择参观后交互也不会停止。该功能只是一个更全面用例的一部分。

触发或参与用例的系统参与者不必是人类。总是结合人类参与者来描述用例有点过时了。现在系统与其他系统的沟通超过与人类的沟通。图 8.6 显示了

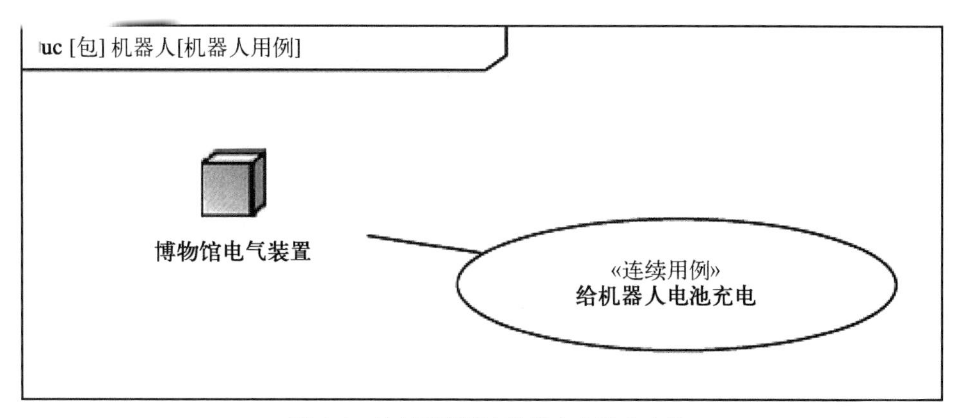

图 8.6 连续用例“给机器人电池充电”

一个仅与外部系统链接的用例。在实际项目中观察到当对非人员参与者应用用例分析时，将发现新的用例和需求。

为避免冗余，可创建抽象用例和辅助用例。抽象用例是系统和参与者交互的总体描述，包含了各个相似具体用例的共同部分。

图 8.7① 中的用例“修改用户数据”和“删除用户”类似，但不相同。通过抽象用例“管理用户数据”可具体说明它们行为中的共同部分。两个具体用例只是说明它们的不同之处。

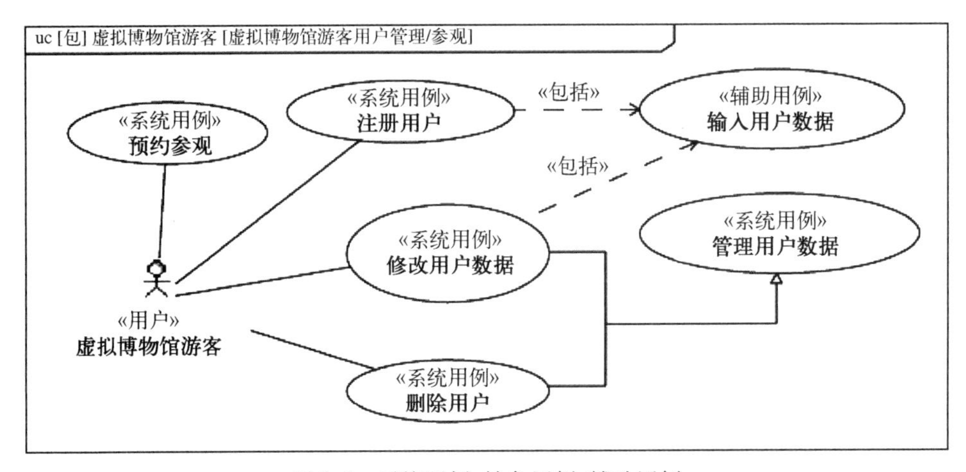

图 8.7 系统用例、抽象用例、辅助用例

辅助用例“输入用户数据”规定了用例“注册用户”和“修改用户数据”中所使用的行为。为避免冗余，仅由辅助用户做一次说明，并入“包含”关系中。

根据基于方法论的系统用例定义，辅助用例只是用例的一部分，不是完整用例。例如，缺少来自参与者的触发事件，或者用例不能根据触发事件提供结果。辅助用例的概念不是 SysML 的一部分，但在实践中经常会用到。

另一种特殊的用例类型是连续用例，是指一种连续交付成果的用例。触发事件可以是外部事件，也可以是内部事件，如状态转换。当博物馆机器人与充电器连接时，图 8.6 中的连续用例“给机器人电池充电”启动，当与充电器断开时，用例停止。充电器不是用例的参与者，因为其是系统的一部分。

可通过检查系统上下文的每个参与者来确定用例。大多数参与者会触发或参与一个用例。

① 原文及原图误为图 8.5，现已修正。——译注

8.4 描述用例流

用例可由单独步骤细化,我们称为用例活动或用例步骤。现从系统的角度描述用例活动,如“获取电量”而不是“注入电量”。请注意,从参与者角度和代表用整个用例的用例活动来表达用例本身(见图 8.5)。

控制流说明用例活动的执行顺序。对象流可说明单个用例步骤的输出对象与输入对象的关系。SysML 活动图(见图 8.8)展示了用例“给机器人电池充电”的控制流和对象流。控制流边缘为虚线,对象流边缘为实线。关于 SysML 活动图的描述,请参阅附录 A.3.2 节。

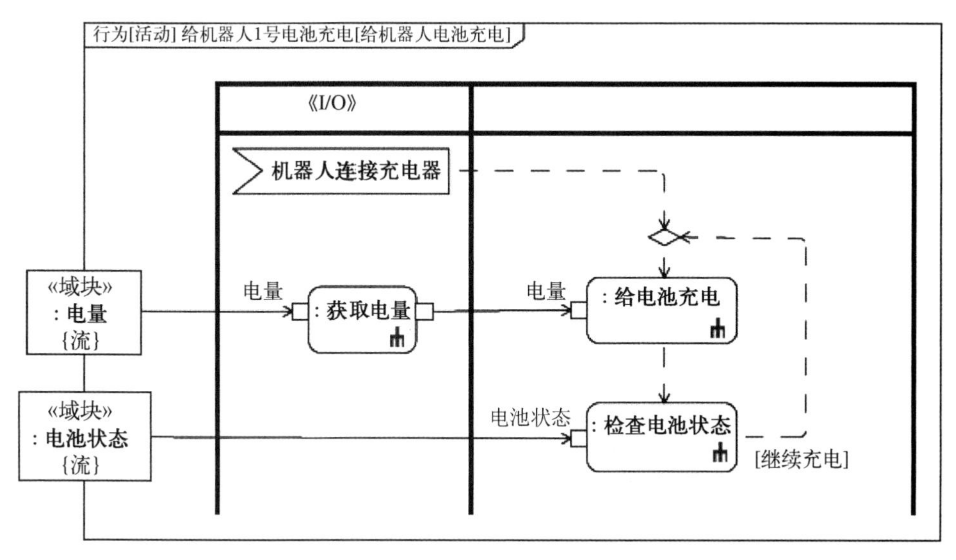

图 8.8 “给机器人电池充电”活动图示例

每个用例步骤均可用另一个 SysML 活动进一步细化。另一个活动图中描述的细化活动被用例步骤调用,这是所谓的调用行为活动,可通过用例步骤矩形框内右下角的叉形符予以识别。

我们建议用调用行为活动和适当的活动对每个用例步骤建模。如果不需要进一步细化,所调用的活动可以为空,只有名称和简短描述。这样,后续很容易进行细化,并使用活动树作为用例活动的另一个视图(见图 8.5)。活动树是系统行为的有价值的视图,也是创建功能架构的支持工具(见第 14 章)。

将处理系统输入和输出的行为与“真正的”系统行为分开是一种很好的做法。与系统行为相比,输入和输出行为更不稳定且通常与特定技术关系更密切。

应遵循原则将不稳定部分与稳定部分分开(见 7.5 节),并相应地分开用例步骤。我们分派这些用例步骤,以分隔出输入/输出(I/O)活动区,如图 8.8 所示。这也是 FAS 方法的一项重要准备工作(见第 14 章)。

威金斯就如何对带有活动的用例进行建模,给出了更详细的描述[145,147]。

8.5 对领域知识建模

领域知识代表来自系统领域的已被系统所使用的已知实体。可以在用例活动的对象流中发现这些实体。领域实体是用例活动的输入和输出的形式。使用 SysML 按块和块之间的关联对领域知识建模,并在块定义图中描述,常称其为简单领域模型。

图 8.9 所示图形摘自虚拟博物馆参观(VMT)系统领域知识。块具有来自 SYSMOD 配置文件的«领域块»版型[145, 147],可将它们明确标记为领域知识的域块。每个域块可有值属性。域块之间的关联指定具有其他域块的引用属性作为其类型。

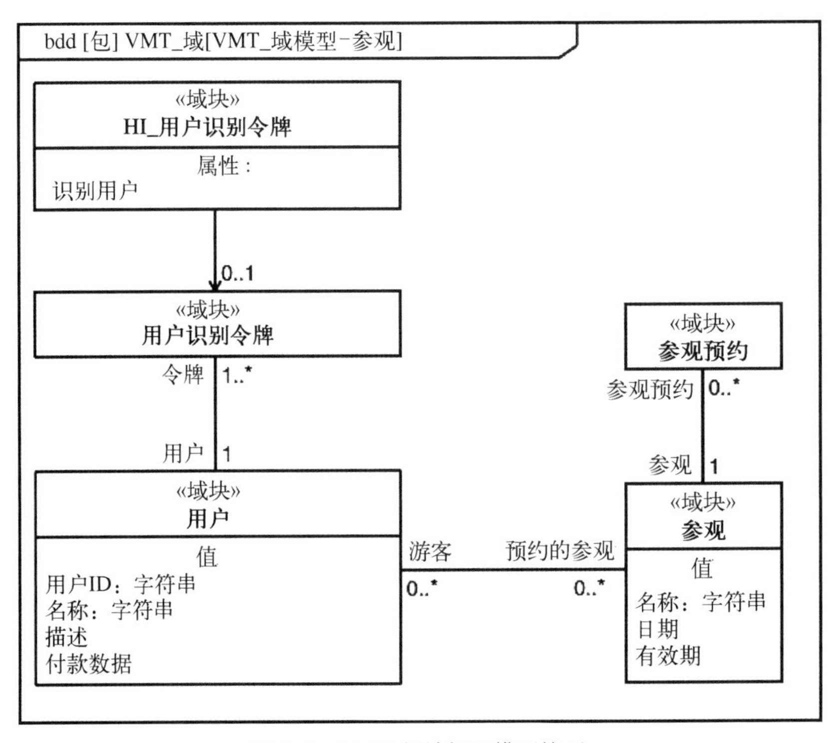

图 8.9 VMT 领域知识模型摘要

例如,“结束参观”的关联规定,在任何时候,一个“参观预约”实例总是与一个“参观”实例相关联。“参观:参观[1]”就是“参观预约”域块的引用属性。

在系统的软件密集部分,相关域块与概念数据模型有密切关系。然而领域知识并不遵循真实数据库模型的设计规则。此外领域知识还包含表示实际物体并且没有数据的域块。例如,望远镜模型[54]中的星光或图 8.8 中的“电量”。

域块是那些贯穿用例活动的对象的类型。输入和输出行为的分离会在领域知识中产生一个单独的层次。在图 8.9 中,“HI_用户识别令牌”域块表示上下文接口层中的用户识别令牌。关于层次请参见 9.4 节。

领域知识的另外一个组成部分是系统模型中使用的单元列表。大多数都是常用单元,理论上都可从模型库中检索,如“ISO 80000”模型库(见附录 A.6 节)。为关注系统规定的新单元是领域知识的一部分,可以提取到单独的模型库中,供组织的其他项目再次使用。

9　系统架构中的透视图、视角和视图

如果试图在一个图中显示太多方框和箭头，结果造成人们不易看懂，那么你可能遇到了克鲁森(PB. Kruchten)在《架构 4 + 1 视图模型》一文的开头就提到的这个问题[81]。他论述了架构表示问题，即过分强调开发的某些方面而忽略了其他方面。克鲁森的"架构 4 + 1 视图模型"是为解决这一问题而开发的。所依据的方法是用不同视图描述了不同利益攸关方的关注点。4+1 视图包含了逻辑视图、开发视图、过程视图、物理视图和场景，该视图将其他四个视图要素链接起来。克鲁森的著作聚焦于软件架构。然而正如第 6 章所述，通过不同视图分离不同利益攸关方关注点的观点也适用于系统架构。

我们在 7.7 节关于视图与模型的分离这一论述中已经了解了术语"视图"。从这个意义上说，视图是一种通用方法，只表示尽可能多的实际可用信息。为了将它与提供系统架构具体细节用以描述某个既定利益攸关方的关注点的那些视图区分开，将后者称为"架构视图"。在第 6 章中业已论述了它们在架构描述中的作用。

在寻找适合于特定利益攸关方的视图时，我们也许会发现很多不同的利益方，他们都对关于系统的同一类信息感兴趣，但是仍有不同的关注领域。例如，物流人员和维护人员可能都对系统的地域分布感兴趣，但是物流人员可能更加关注运送到不同地点的物体重量和最大尺寸，维护人员则主要关注不同地区仓库所需的备件。因此这两类利益攸关方需要不同的视图，但是他们都对地域信息感兴趣。

为了对同类信息进行分组，我们采用了 TRAK 架构框架的透视图概念，这将在 16.3.7 节中给予解释。如第 6 章中所述，我们可以利用透视图作为架构视图的分组或分类方法。在我们的示例中，从物流人员和维护人员的角度来看，两者都希望看到一个重点在于地域分布的系统，但是如同上述解释，其中每个人都想看到一个不同的系统视图。

由于我们对视图的定义与描述利益攸关方的关注点相关，希望能够为利益攸关方提供经过准确过滤的信息。因此，我们选择保留视图概念，用于呈现信息窄子集，人们通常希望预期会在系统“物理视图”之类的表达中看到这些子集。在基于模型的方法中，很容易维护这类窄视图的更大集合，因为模型确保了它们的一致性。

我们有可能使用所提出的这些窄视图以非常专注的方式描述利益攸关方的关注点，这样就可以排除“物理视图”之类因素的存在，因为到目前为止，我们还没有遇到任何利益攸关方希望一次就看到关于系统中所有物理要素的完整建模信息。因此，我们使用透视图概念以涵盖系统的“物理”表示之类的各方面。这样得到的透视图与在 TRAK 中提出的不同。虽然只是企业、观念、采购、解决方案和管理这样一些概念，但我们所提出的透视图确是受到参考文献标准分类的启发，如“功能的”“物理的”[79, 139]“行为”[53]“分层的”[91]或“部署”[123]。从而得到功能透视图、物理透视图、行为透视图、分层透视图或系统部署透视图。

最后一项由软件架构部署视图衍生出来，但为了用于系统架构而做了扩展。它可以容纳环境因素和空间信息，也可以容纳上述物流和维护示例中提到的系统地域分布信息。本章会分节讨论每种透视图。例如，9.5 节将提供关于系统部署透视图的更多细节。在本章的最后，我们将论述不同透视图之间如何相互关联，以及它们与在本书中讨论的其他概念之间如何关联。按照 8.5 节，每个透视图都可以有自己的领域知识模型。在 9.4 节中，我们将看到分层透视图的领域知识模型甚至可进行逐层再细分。

9.1　功能透视图

从功能透视图看，可以将系统看作是一系列相互关联的功能的组合，即系统本身的或系统内部要素的输入和输出之间不同关系的组合（另请参阅第 14 章）。

一种非常简单和抽象的功能表示方法是将系统功能逐级分解为多种功能及其子功能。霍华德・艾斯纳（Howard Eisner）介绍了一种可以表达这种分解的简单非正式图[33]（第 109 页）。图 9.1 展示了如何在该非正式图中对虚拟博物馆参观系统的各个部分进行功能分解。图中显示的要素称为功能块。还可用 SysML 对它们创建更正式的模型，后文有相关描述。

图 9.1 说明了功能透视图的一个重要概念：功能块是静态的。这意味着功能表述独立于使用该功能所需的前置条件或系统为该功能所提供的顺序约束条

件，后者属于行为透视图(见9.3节)。因而，功能块与第4章中所述的“系统要素”非常相似，它们之间的相互关系可以看作是系统要素之间的相互作用。因此可以采用与系统要素之间接口相同的方法对功能之间的关系建模。将在第14章通常称为FAS方法的上下文中对此做进一步的讨论。

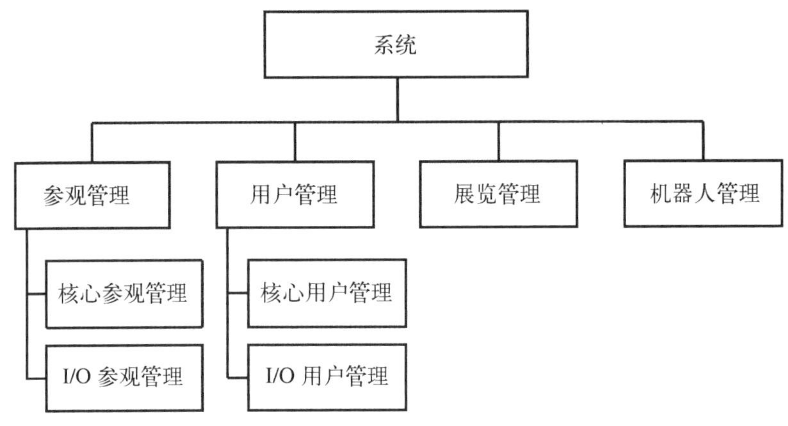

图9.1 虚拟博物馆参观系统功能分解摘要(以非正式形式呈现)

功能块的特点是它们可能不是物理系统的系统要素。例如，虚拟博物馆参观系统的功能组“参观管理”可以分散到位于博物馆、云端以及虚拟博物馆游客可连接的不同服务器、客户端计算机或手持设备上。从功能角度处理视图的人可能需要抽象思维，因为从功能透视图看到的系统与拆开后看到的实际系统之间可能会有差异。

即使尚不了解某些实施细节，功能透视图也可从概念上描述整个系统。它可以提供高层次的系统概述，不仅能够了解系统运行原理，还可远在确定实现细节之前，用于追溯功能需求的满足情况。后者可用于创建粗略的工作分解结构，以便在很早的开发阶段就可涵盖各项功能需求。因此不仅技术利益攸关方对功能透视图感兴趣，而且开发经理或项目领导也可能对其感兴趣。然而功能透视图的用户应注意这样一个事实：满足非功能需求所必需的解决方案和约束条件往往没有得到充分表达，甚至借助于功能透视图也不可见。

对于欲想非常详尽地了解工程问题的人来说，可能很难看到功能透视图的价值，因为它非常抽象，这是组织未能引入功能透视图的原因之一。实际上对于具有工程背景的人来说，从物理角度对系统建模更加直观。但是在省略功能透视图的情况下，我们确实看到了模型过于细致的风险，导致过度建模或者架构描述与所生成的开发文档之间的冗余，超出系统架构师的可承受范围。

一方面，功能透视图有助于保存概述，并确保架构描述保持适当的抽象层次；另一方面，它可能难以为部分组织所理解，或至少难以为它们所接受。正因为如此，我们向认为功能透视图对自己所在组织有价值的那些系统架构师提出建议让他们出面宣称，功能透视图是最重要的透视图之一。当然这样会有危险，如上面提到非功能需求的一些方面可能表达得不充分。通常还是可以直观地介绍更多物理透视图和行为透视图，而且可以在不需要太多论证的情况下完成。然而通过解释，表明我们已经有了功能透视图需要的经验，因此在系统架构顺利创建之前，功能透视图应是系统架构师的工作重点。

9.1.1　功能块的 SysML 建模

为反映功能块的静态特性，我们建议在 SysML 中将它们建模为块。拉姆(Lamm)和威金斯[83, 84]以及费尔南德斯-桑切斯(Fernández-Sánchez)等人[38]已经提出过这种建模方法。在图 9.2 给出的 SysML 块定义图中示出图 9.1 中相应的表达内容。

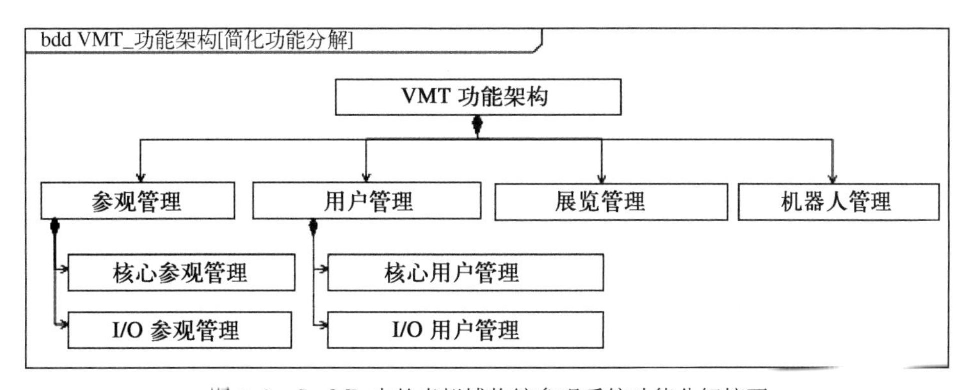

图 9.2　SysML 中的虚拟博物馆参观系统功能分解摘要

可通过端口和连接器对不同功能之间的信息(信号、数据)流、材料、力或能量进行建模。第 14 章在通常称为 FAS 方法的上下文中详细阐述了这种建模方法。

9.1.2　系统架构师的视图

系统架构师须创建某些视图来完成自己关于系统架构的工作，例如：

(1) 仅显示功能架构摘要的一组视图，如围绕某些系统功能的视图。可以创建一个包含所有功能要素的视图集合。作为示例，可将这些视图用于对不同系统特性的工作状态进行粗略评估。

(2) 显示系统中下至某一层次的所有功能块的视图。有待使用这样的视图进行评估的系统架构师的典型的关注点是一个由转变请求触发的影响分析。其中一个选项是只在需要时生成这些视图，用后丢弃，以免需要维护太多的细节。例如，假设需要修改虚拟博物馆参观系统以符合针对特定博物馆的新隐私保护策略，该政策要求将存储用户数据的计算机锁在封闭房间内。当然，并不能将所有的系统组件都锁在一个封闭房间内。“影响分析”的典型过程如下：

（1）生成系统所有功能列表。

（2）系统地浏览列表并加亮标出用于处理用户数据的所有功能。

（3）评估哪些子系统提供已加亮的那些功能，并查明是否需要对可能被锁在封闭房间中的子系统重新分区。

（4）评估与重新分区任务有关的工作量与风险。

有更多的视图可能都是系统架构师想要以特定方式或者预先计划好的方式创建的。前文列举的是我们已看到的最常见的例子。

9.1.3 不同功能的利益攸关方的不同视图

本章开头阐述了对系统的同一个透视图感兴趣的各利益攸关方可能仍然希望从同一个透视图上得到不同的视图。基于模型的系统架构能够为不同的利益攸关方创建和维护非常有针对性的视图。

功能透视图可用于为专注于某项系统功能的研发活动确定范围[82]。执行此类活动的团队可能希望从功能透视图中看到自己的系统视图。通常是当前活动所专注的功能及其相关功能的视图。在这种情况下，系统架构师可创建一个围绕有关功能块而构思的视图。

假设在虚拟博物馆参观系统开发过程中，某团队负责对博物馆不同机器人的使用情况进行追溯，例如，机器人是否可用以及它们所在的位置。该团队可能将功能块“机器人使用情况追溯器”作为其活动范围，但也想知道如何获取位置信息以及系统中其他哪些功能需要利用信息。图 9.3 为这一团队示出一个视图样例：SysML 内部模块图可展示功能架构的摘录。在图中显示的相关功能块比同一层级的其他功能块要大，而且显示出与其他功能块直接的相互关系。在图中省略了与相关功能块没有直接关系的功能块。

在给定的示例中，可对该视图要显示的内容进行正式定义，如“相关块和借助端口与其有接口的块”。如果对于不同的功能块有符合同一定义的大量视图需要维护，那么建模工具的自动化功能会很有帮助，它能够创建一个视图自动评估工具。

它检查应该符合定义的那些视图是否实际显示了定义要求显示的所有模型要素。

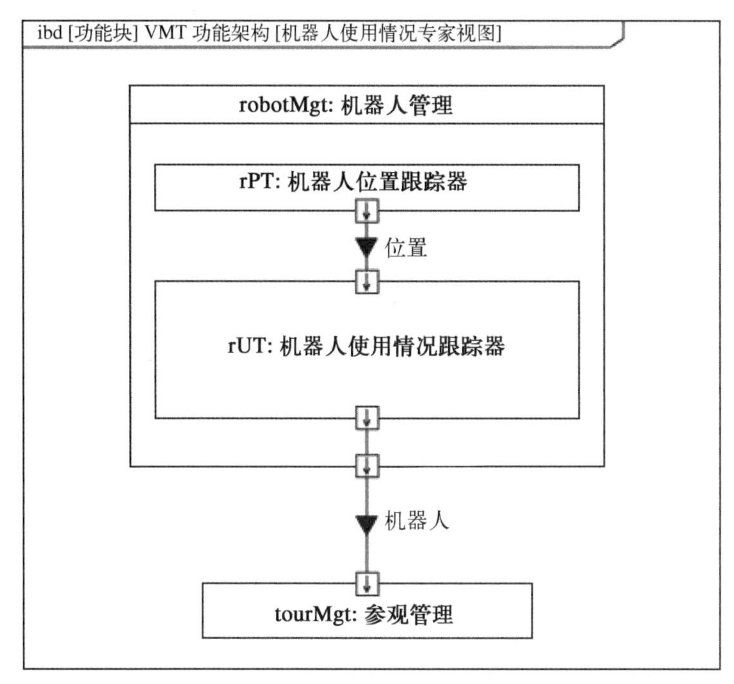

图 9.3 机器人使用情况调查团队视图(来自功能透视图)

9.2 物理透视图

从物理透视图上看,系统由第 4 章中所述的系统要素组成。还可给物理透视图分配接口控制文档[79]。

我们可以在物理透视图中研究多个抽象层次。在 7.1 节中可以看到,系统架构可由基础架构层、逻辑架构层和产品架构层组成。这三个层次都可以有物理透视图。

9.2.1 逻辑架构示例

逻辑架构是系统的一种表示形式,其中系统要素是根据实现系统的技术概念定义的,但没有对如何实现系统进行足够具体的定义。我们将举例图解说明这一点。有关术语“逻辑架构”的一般定义,请参阅第 14 章。

图 9.4 示出一个与虚拟博物馆参观系统有关的示例:“室内无线网络”(wireless indoor network, WNET)是博物馆建筑物内通信的解决方案。其技术概念是利用无线网络解决方案,而不是用于和机器人通信的点对点无线传输专用协议。逻辑架构并未规定网络应遵循哪个无线网络标准,以及如何在建筑物内安排信息路由。

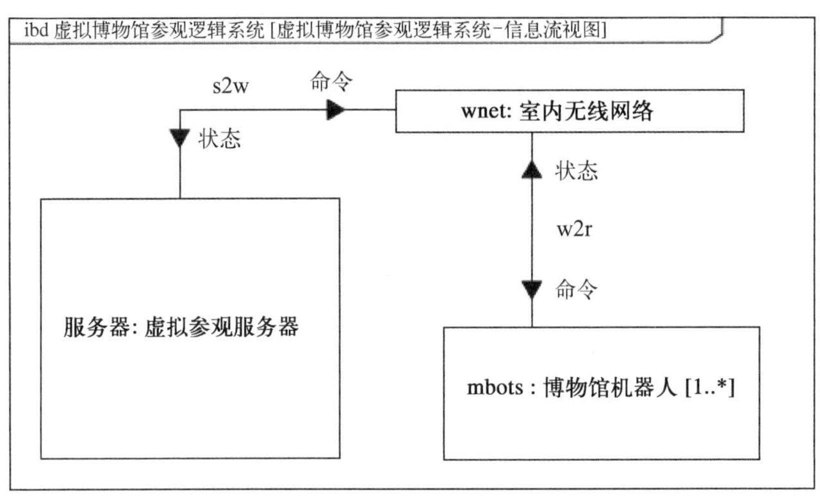

图 9.4 逻辑架构中的虚拟博物馆系统示例视图

逻辑架构中的接口可大致确定。图 9.5 通过在 SysML 块定义图中定义逻辑透视图的领域知识模型，指定了图 9.4 中接口的高层次规范。

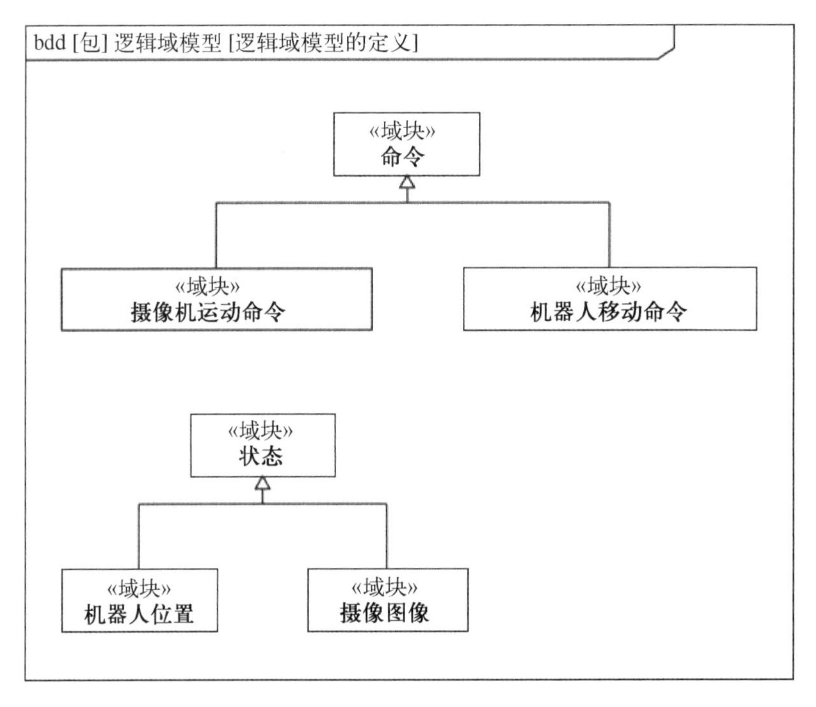

图 9.5 逻辑架构中的接口视图：按照图 9.4，在逻辑架构范围的领域知识模型中规定数据流，确定接口详情

9.2.2　产品架构示例

产品架构与解决方案的具体技术实现有关(另请参阅第 14 章中的定义)。接上节的示例,产品架构关系到具体的网络技术,该技术用于建立博物馆服务器与机器人之间的室内通信。

让我们考虑建立博物馆无线网络,以节省安装有线网络来连接服务器所带来的成本,做法是,在博物馆内设置无线网络接入器,以提供无线网络,并通过电力线网络①与博物馆参观服务器相连接。这意味着服务器和无线接入点两者都需要连接博物馆电力网,以便同时提供电源以及室内网络访问。

只有物理透视图可显示具体解决方案“电力线网络”,而逻辑透视图仅显示通信流,如图 9.4 所示。一些利益攸关方也可能喜欢在物理透视图上察看通信流。它们可能拥有图 9.6 那样的视图,图中显示了服务器、网络接入点及部分连接,重点在于仅为通信所需那些接口。

关心系统安装程序和安装成本的利益攸关方可能对系统内部的通信不感兴

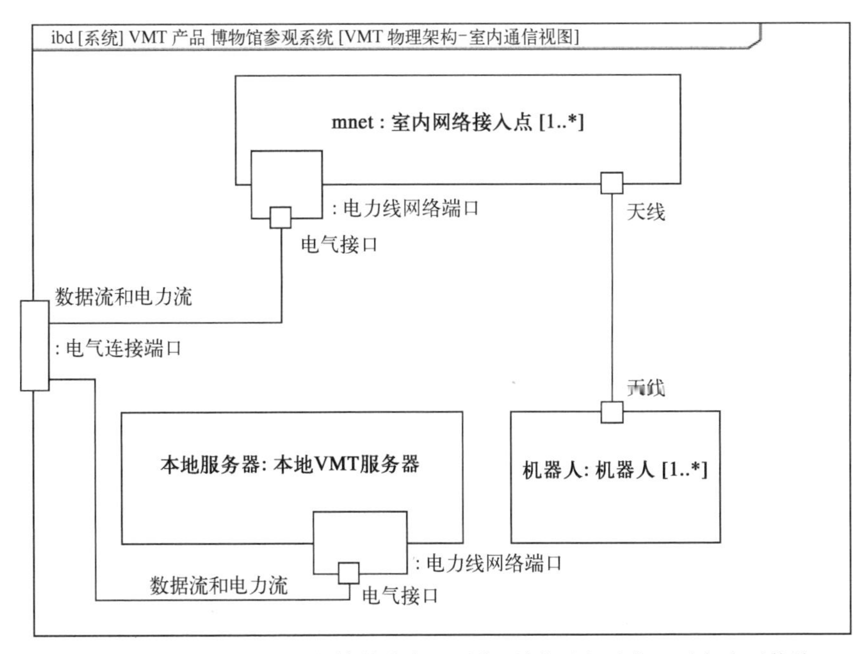

图 9.6　物理透视图中的虚拟博物馆参观系统示例视图,重点显示室内通信接口

① 电力线网络使用现有的室内电网来传递数据包。用户可以将它们插入现有的电插座内。它们通过经电力网传递的高频载波信号相互联络,并为计算机或类似的装置建立局域网。这里我们选择这项技术来说明视图是非正交的:由于通过电网通信,系统的电气和通信方面将重叠。非正交视图的影响将在 12.1.3 节详述。

趣,而对机械和电气连接的数量感兴趣。可以向这类利益攸关方提供与前文论述非常相似的视图,但是要重点显示机械连接安装。图 9.7 显示了一个 SysML 内部框图示例。注意,与图 9.6 相比,图 9.7 不再显示与机器人的无线连接,因为它既不是电气连接,也不是机械连接。下文我们将看到系统部署透视图如何根据无线网络性能补充提供与系统安装相关的事实(见 9.5 节)。

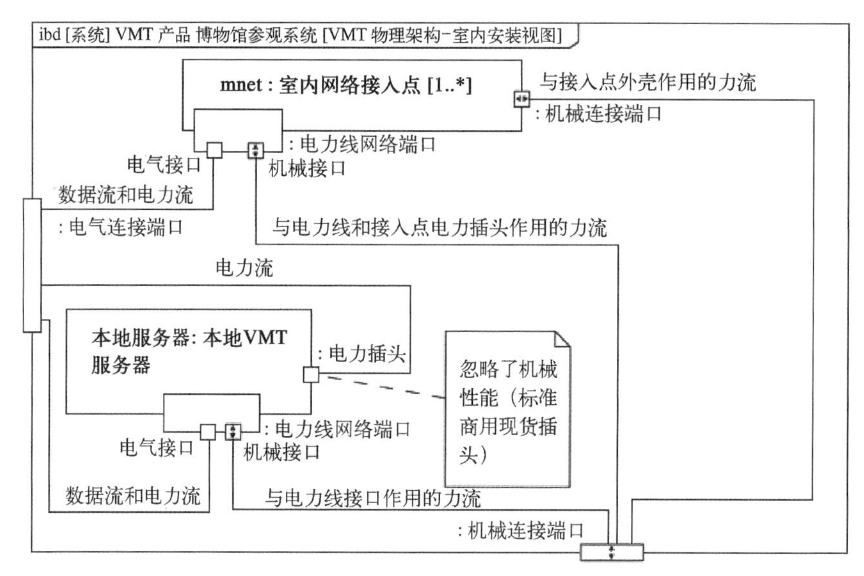

图 9.7 物理透视图中的虚拟博物馆参观系统示例视图,重点显示机械连接安装

9.3 行为透视图

行为透视图规定了随着时间的推移系统应按行动顺序做些什么。这涉及系统中的状态转换以及通过接口进行功能调用或信息交换的时序和顺序。带有控制流的 SysML 状态机图、顺序图和活动图通常显示来自行为透视图的视图。附录中有这些图的示例。

特别是软件工程师们经常询问系统的行为规范,因为状态机图和程序化的事件顺序图通常都是通过系统内的软件或嵌入式软件来实现的。

9.4 分层透视图

9.4.1 分层方法

虽然分层方法源自软件架构,但正如我们在下文中的解释,也有恰当的理由将其应用于系统架构。在简要论述软件架构中的层次后，我们将把分层抽象的概念推广到有不同信息处理组件的系统架构设计中。

软件架构中的分层方法基于关注点的分离。它可以看作是帕纳斯(Parnas)提出的模块化原则的一种现代形式[114]，认为模块化的目标在于以各模块都隐藏一个困难的设计决策或一个可能改变的设计决策的方式来定义模块。这种方式的好处在于如果与模块内部有关的某个设计决策发生变化，则不需要更改与其他模块的接口。换而言之，分层方法会得到低耦合模块(请参阅7.3节)。

在分层方法中，假定模块是按一定顺序“堆砌”的，因此称为层。实际上一系列相互连接的层次可称为“层堆栈”。此概念的含意是任意层与相邻层只能有一个接口，这样信息必须有序地逐层转换到堆栈中的各层而不能绕过其中的某些部分。这种方法的典型优点是避免了系统中不同部分之间不受控制的依赖关系，并且能够更改解决方案中的某些部分而不影响系统的其他区域。这样，可以灵活地选择或更改具体的技术解决方案，以便执行。若以灵活性为主要质量判据的情况下，可以选择不同的层次来表示不同的实现细节的抽象层。在这种情况下，按照抽象层次从低到高堆砌各层。

隐藏设计决策并能支持灵活交换解决方案的一个层次示例是软件产品中的“硬件抽象层”。它的设计目的是提供一个标准化接口，用于使用硬件接入位于层堆栈中上一层的相邻层。这意味着堆栈上层可以使用硬件而不依赖具体如何实现。与硬件的具体信息交换对上层是隐藏的，这样就可将软件产品接入完全不同的硬件上，而无须更改上层实现中的任何内容。只有硬件抽象层需要适应新的硬件，但它仍需提供相同的接口接入上层。在这种方法的变体中，软件产品可以动态地创建不同的硬件抽象层实例，每个实例能够处理一个不同的硬件解决方案。登泽(Dänzer)等人[31]提供了听力保健领域的一个示例，展示了如何在与不同制造商的诊断设备交互操作的软件产品中使用分层方法。选择分层方法的目的是能够轻松地集成不同制造商的设备。

只要在一个系统的软件产品中或在一个软件子系统范围内使用分层方法，上述所有操作均可由软件架构师执行。那么为何系统架构会涉及分层架构呢？下一节将论述这个主题。

9.4.2　系统架构中的分层透视图

早期可用于部分非软件系统的分层方法实例是一个开放式系统互联(open systems interconnection，OSI)参考模型，符合ISO/IEC 7498-1：1984[62]标准，该标准已于 1994 年被新版本取代。OSI 基于可确定高层次不依赖于低层次所用技术的概念，定义了一种标准的系统互联方式。不同设备上的两个应用程序可以不依赖载波技术而交换信息，如通过电缆、光纤接入或无线电广播传输信息。OSI 参考模型的最底层涉及物理传输技术，这意味着在给定的示例中须使用电子或光电子硬件。因此 OSI 参考模型能够使具有相当多非软件技术的设备互联到一个系统中，目的是使系统内部的不同节点互联，从而不需要开发专门的信息交换媒介即可进行信息交换。

这引出了系统架构分层方法的一个优点：如果整个系统基于一个共享层模型，那么在系统中的不同实体可以交换信息，而对系统其他领域内解决方案的更改不敏感。基于虚拟博物馆参观系统的示例着重强调了这一点：假设系统用户已在移动设备上打开控制博物馆机器人的应用程序，可根据地球上某个位置的经纬度显示卫星图片和位置信息，与地理信息系统并行。一方面，用户现在可能希望知道机器人在卫星图片上的当前位置。如果可以在全局坐标中检索机器人的位置，则这是可能的。因此，一旦需要与其他设备交换信息或需要向用户呈现信息时，按全局位置信息处理机器人位置，一切似乎是可行的。另一方面，处理机器人距离传感器信息的控制器可能未具备将所测距离值转换成全局位置所必需的全部信息。根据分层方法组织虚拟博物馆参观系统时，层堆栈中较高一层可表示机器人在全局坐标中的位置，而较低一层可以根据距离值感知位置信息。这些都如图 9.8 所示，但经过高度简化，图中未示出如下内容，即为使用通信服务，经机器人与 VMT 应用程序之间通信需要对多个低层做某些调用。未经简化视图见 9.4.5 节。

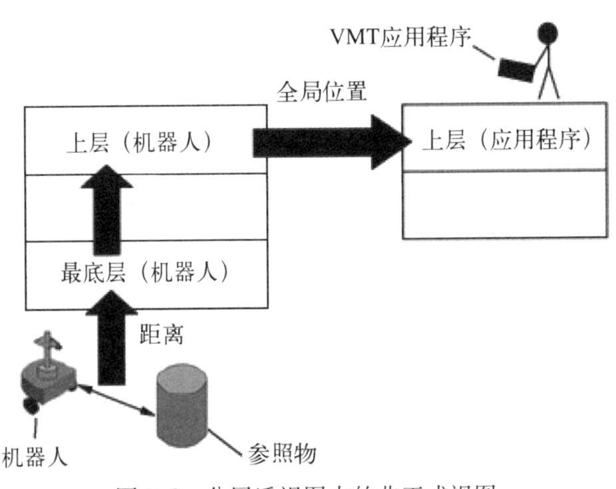

图 9.8　分层透视图中的非正式视图

如果整个系统必须按照常见的分层方法来设计，则不足以将分层架构定义为软件架构的一部分。异构系统可由不同类型的信息处理子系统组成，涉及具有不同架构的不同的信息处理组件。尽管如此，在所有子系统上强加一个系统级的层模型仍然是可取的。这必须通过一个对于参与创建不同子系统的多个不同的利益攸关方都可见的建模生成物来完成，因此最好由系统架构描述来实现。分层透视图这样的视图应是会将公共层模型强加引号标记上，并使其为不同利益攸关方可见而必需的视图。

分层透视图与功能透视图和物理透视图的根本区别在于：分层透视图基于服务方法，后两种则基于分解方法。例如，物理透视图可展示系统如何分解为组成系统的各个子系统。在分层法中，底层不是上层的组成部分，而是向上层提供一种服务：梅尔[91]认为各层之间具有"被使用"关系，与分解法中的"一个组成部分"关系相对。梅尔还指出了在传统的基于分解方法的系统架构中处理分层方法时遇到的挑战。

因此基于层级架构的系统架构方法应被视为一种具有挑战性的方法。据我们所知，时至今日人们对在系统架构中使用我们提出的分层透视图没有多少兴趣。这就是我们为什么希望对这种方法的挑战保持可控并且因此规定分层透视图的范围仅限于系统的信息处理方面。所以层级架构的一个重要方面是将领域知识模型的信息流(见 8.5 节)转换为真实的信息表示形式。该内容将在 9.4.3 节中进一步讨论。根据经验，这意味着凡是处理领域知识模型的信息对象时并不需要的系统要素，很可能都超出了分层透视图的范围。

层级架构的核心概念是信息隐藏。这意味着在某一层上可能存在的信息不可能供另一层使用。因此，高度依赖系统某些领域内的解决方案或设计决策的信息不会意外地用于系统的其他领域，以避免引起副作用和不良依赖性。在博物馆机器人示例中，交换距离传感器技术可能导致不同的距离表示形式。与技术相关的表示形式应封装在驱动层中，从而对其他层隐藏。如果只是该层内一个孤立部分执行传感器输出处理，则易于分析传感器技术变化后的影响：只有层中使用传感器输出的部分需要重新设计(另请参见 7.5 节中的"将稳定部件与不稳定部件分开"模式)。与其他层的接口将保持不变，因此只需要更新驱动层。在没有信息隐藏的解决方案中，距离传感器的输出在理论上可能已被在系统中与距离传感器无直接明显关系的某个领域内继续工作的开发者所使用。这件随着风险，在分析传感器技术变化后的影响时，可能会遗漏这一系统领域。因此信息隐藏可以促使系统架构管理和维护的改变。

9.4.3 与领域知识模型的关系

信息隐藏可能意味着来自领域知识模型(简称领域模型)的对象在某些层次上可能不可使用。我们已讨论过有关机器人位置的示例,在不同的层次上机器人位置有不同的表示形式。为了对同类信息在不同层次上的不同表示形式建模,我们建议用特定层领域对象来扩展领域模型。领域对象到目前为止是需求工程的产物,而附加块是系统架构的产物。这样就可从需求和用例分析追踪到原始领域模型的相应领域对象。图 9.9 根据上述示例表明:基于在需求分析中的发现,即系统需要处理位置信息,原始领域模型中的"位置"代表有待系统处理的某种位置信息。特定层的位置信息表示形式如下。

(1)"全局位置":在应用程序层上使用的并且还可显示给系统用户一种位置信息。

(2)"距离":距离传感器附近的系统要素所使用的一种与位置相关的信息。

(3)"博物馆内部位置":相对于博物馆中某个参考点的位置信息,用于中间层。

右边的块表示不同的层。在示例中,选择这些块的目的是分离不同的抽象层次。我们将在 9.4.5 节中进一步讨论它们的建模问题。从域块到«层»块的«追溯»关系将各域块分配给各层。沿对角线指向右上方的依赖关系表明给定抽象层次的域块还可用于相邻的上一层。这是因为信息通过层堆栈向上传递,在成为更高层次的专有信息之前需要进行转换。系统架构通常拥有每个从一个«层»对象追溯的«域块»对象,然而,类似于图 9.9 中"位置"的独立层块通常是需求和用例分析的产物。

9.4.4 层架构设计

在定义分层架构时,需要一种关于如何将架构的不同方面分隔成不同层次的判据。注意如下事项:

(1)我们已看到,帕纳斯[114]建议隐藏一个困难的设计决策或者一个可能有变化的设计决策。后者与 7.5 节中"将稳定部件与不稳定部件分开"模式有关。

(2)应可单独发布层次。这可以节省更改后的重新验证工作,因为那些在更改期间没有更新的层,与之前系统版本具有相似性。

(3)各层应是可单独测试的(至少在自下而上组合时)。系统架构师们可与合适的验证利益攸关方一起,对选定的分层架构评估下列场景是否易行,在此情况下希望考虑这些场景:① 硬件及其驱动层可借助在驱动层顶部运行的测试软件进行测试,无须人工操作,这样就能在软件完成之前对硬件进行测试;② 可用硬件仿真器替代底层，即使在硬件可用之前也能够对用户接口或应用程序逻辑进行测试。

(4) 应能够为借助层间接口进行传递的领域对象产生测试输入。

(5) 评估是否可将给定的领域对象作为一项输入来进行测试。

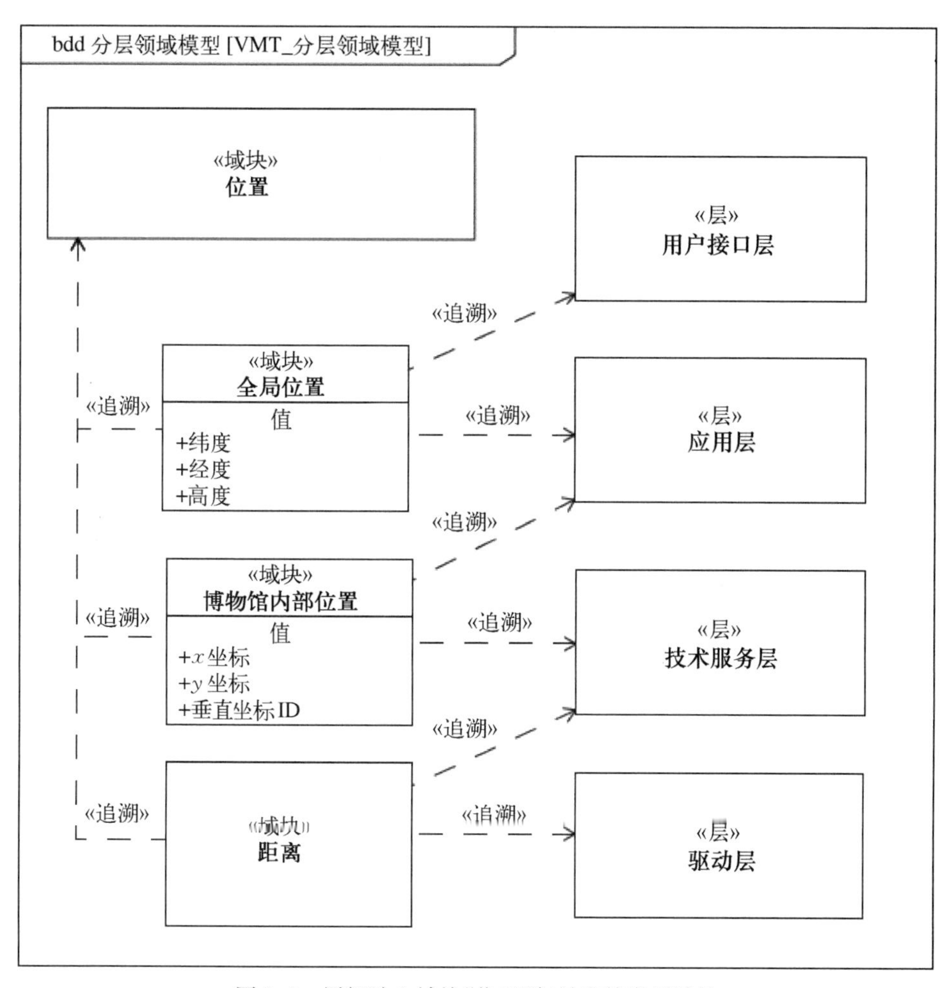

图 9.9　层级独立域块“位置”与导出特定层域块

9.4.5　层的 SysML 建模

下面我们将阐述一种用 SysML 对层建模的方法。该方法基于登泽等人[30]的建议。我们建议用建模抽象块表示层。具体块用于层架构的部分属性。可将具体块建模为抽象块的特化模型，使具体块继承抽象块的端口之类的要素。

图 9.10 给出了虚拟博物馆参观系统层的定义。在图左侧，将不同的分层部

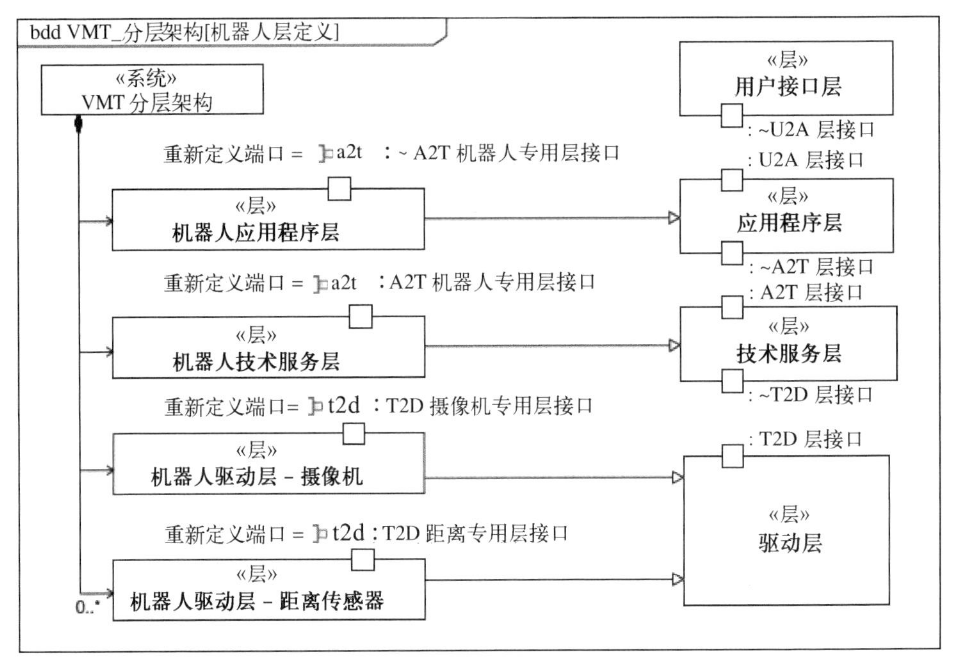

图 9.10 分层透视图中的虚拟博物馆参观系统示例视图

分整合成一个整体来建模。该图所示并不是一个完整的示例，只显示了解释建模方法所需的块。在图右侧，用«层»板型将不同的层建模为抽象块。可通过泛化关系将块分配到给定的层。使用«层»板型将可在物理子系统中实现的分层要素建模为具体块。从图中可以看到存在两个“驱动层”类型块：“机器人驱动层-摄像机”和“机器人驱动层-距离传感器”。通过泛化关系，具体块继承了右侧抽象块的所有端口。对此，图中并未示出。但是，可以看到一些继承端口重新定义为更专用的端口。这种方法对整个抽象层次的端口建模，然后在适当之处对它们重新定义，确保各层之间有一种标准化的接口方式，这对于保持副作用控制效果非常重要。端口的命名将在下文讨论。图中只显示了少数几个块，但是在下文所示的分层架构中，每个具体«层»块都是由其中一个抽象块导出。这确保系统中的不同子系统保持全系统范围有效的层次划分。这里，已选择不同的层次来划分不同的抽象级别。这意味着具有给定层次的系统的所有部分都基于一个共同的抽象方法，因此很容易互联。与此类似，系统不同部分的开发人员具有构建其工作产品的共同基础，更便于理解彼此的开发领域并相互沟通。

图 9.11 显示了如何定义相邻层之间的信息交换端口。通常根据它们所处层的边界来命名。例如，用缩写“U2A”命名位于用户接口层与应用程序层边界上的端口。

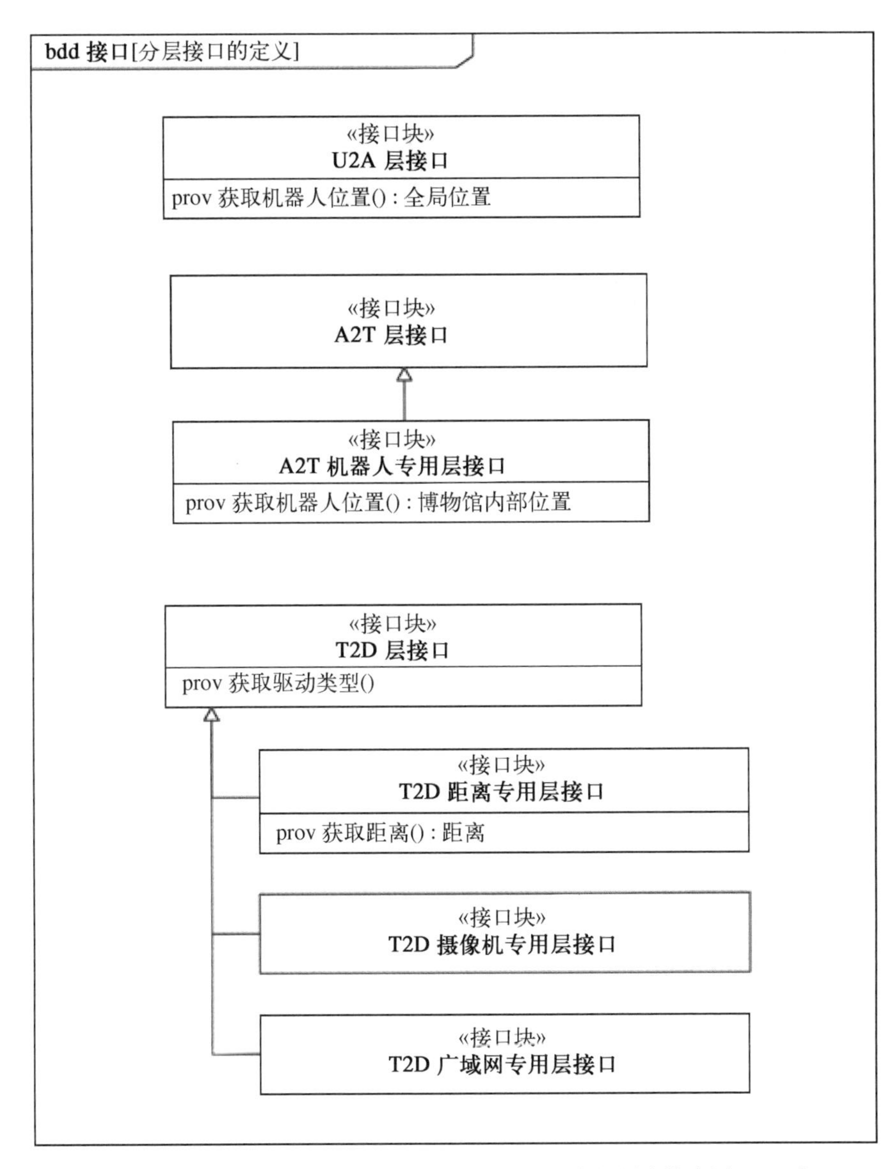

图 9.11　分层透视图中的接口视图：通过在块定义图中指定图 9.10 中端口的类型来定义接口的详细信息

根据抽象层次，存在与机器人位置有关的不同操作。它们与图 9.9 中的领域模型直接相关：在驱动层提供的接口上执行“获取距离()”操作，返回的是来自领域模型的“距离”形式的信息，在应用层提供的接口上执行相应的操作，返回的是某“全局位置”形式的信息。信息隐藏到位，并确保抽象层次从图 9.9 和图 9.10 的底部到顶部不断提高。然而应注意，图中各个块的垂直顺序是在图布局期间任意排列的。它不是模型的一部分，只是在给定的图中表示。

在该模型中，可借助各层在内部模块图中的相互连接来确定它们的垂直顺序。图 9.12 给出一个示例，示出博物馆内服务器应用程序的层堆栈和机器人的层堆栈的部分内容。同样该图也省略了一些细节。例如，服务器应用程序很可能有一个用户接口层，但在图 9.12 中并未示出。业已创建视图，用以表明图 9.8 所示非正式图的 SysML 版本。早先在以“距离”信息转换为“全局位置”信息为例以验证信息隐藏概念时就已用过此非正式图。在该非正式图中，未详细示出机器人与用户 VMT 应用程序之间的通信。现在图 9.12 显示了这个细节：服务器端和机器人端的“局域网络驱动层”确保服务器和机器人可以通过局域网络交换信息。从分层透视图的角度考虑，网络连接本身超出了其范围。它应属于物理透视图。为了让图表读者仍能跟随信息流，已为“局域网服务器：局域网络驱动层”和“局域网机器人：局域网驱动层”之间的连接建模。在分层透视图上下文中，该连接没有确切的技术意义，但由于是为利益攸关方创建的视

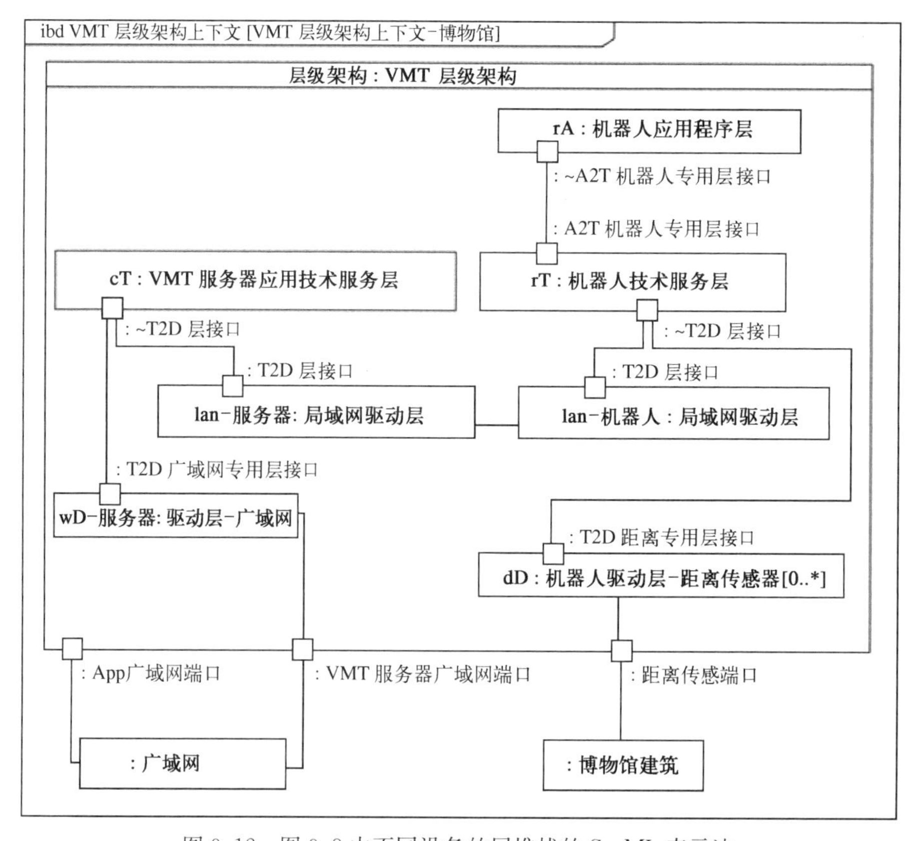

图 9.12　图 9.8 中不同设备的层堆栈的 SysML 表示法

图,所以清晰创建视图也可以赋予模型要素意义。在此处所示的图中,对于所有与无端口层连接的情况,均以非正式方式对信息流做了可视化处理。相比之下,表示上下文交互的连接具有某种技术意义。它们表示系统和外部要素之间的信息交换。在这种情况下,"广域网"是其中之一。从图中可以看到,服务器可通过相应的驱动层访问广域网。广域网(wide area network, WAN)位于系统外部,但它将信息传递给系统内部的另一个要素,即 VMT App。图 9.12 仅显示第二个端口,即与广域网连接的端口,但是如果我们还显示 VMT App 层,图上的内容就会过多。因此创建了图 9.13 来显示那部分内容。

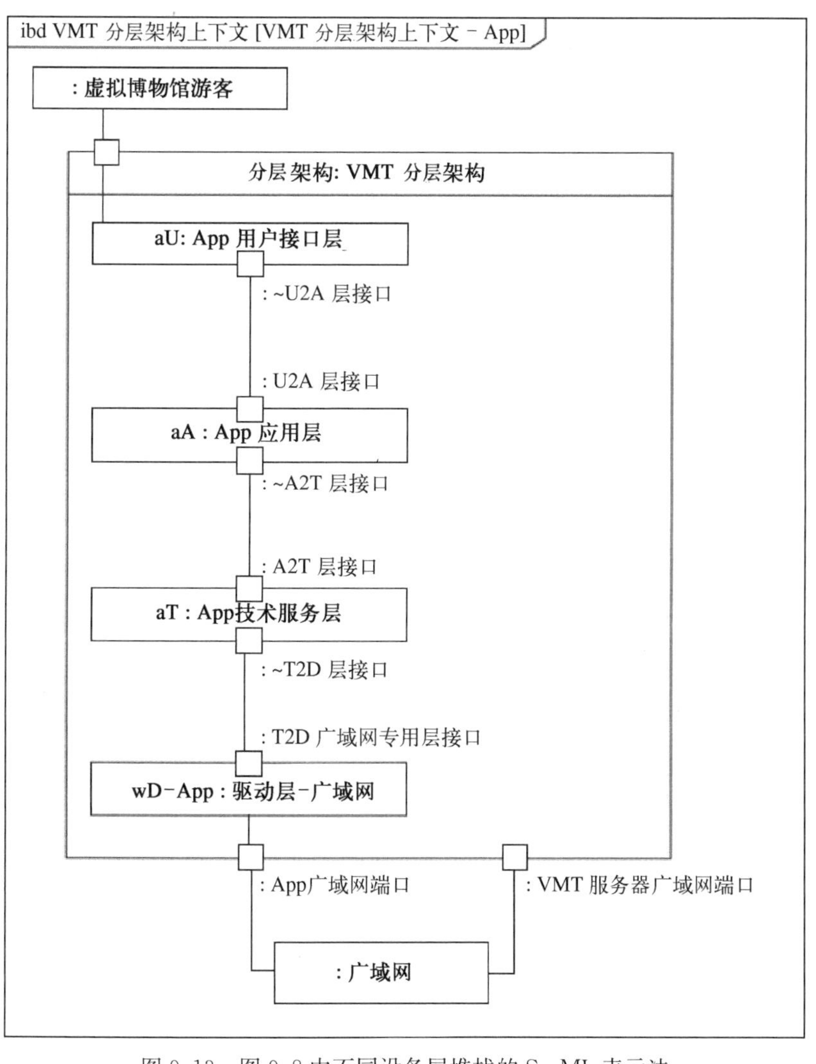

图 9.13 图 9.8 中不同设备层堆栈的 SysML 表示法

当根据参考文献[30]使用SysML 1.3或SysML 1.4建模方法时,«层»块端口之间的接口应该是代理端口(见附录A中关于SysML参考内容),因为各层只能提供它们内在拥有的操作。在这里给出的图中,我们省略了«代理»板型,以免内容过多。

9.5 系统部署透视图

在软件架构中,部署图描绘了软件生成物如何跨越运行时间环境的节点分布。这些软件生成物可能是软件构建过程的产物以及构型文件、执行环境(如虚拟机或应用服务器)、程序库和框架。若是多处理器设备的嵌入式软件,部署透视图可以描绘如何将不同的软件模块分布到不同的处理器核心。那么该透视图应如何泛化以适应系统架构呢?柯萨科夫(Kossiakoff)和斯威特(Sweet[79])认为部署主要是运送生成物到操作现场以及后续安装。与软件架构类似,我们希望部署透视图更静态固定,因为它要在完成部署后描述系统。图9.14在我们的部署透视图中示出的虚拟博物馆参观系统的视图作为示例,我们现在称其为系统部署透视图,以便通过命名与软件架构形成明确区分。

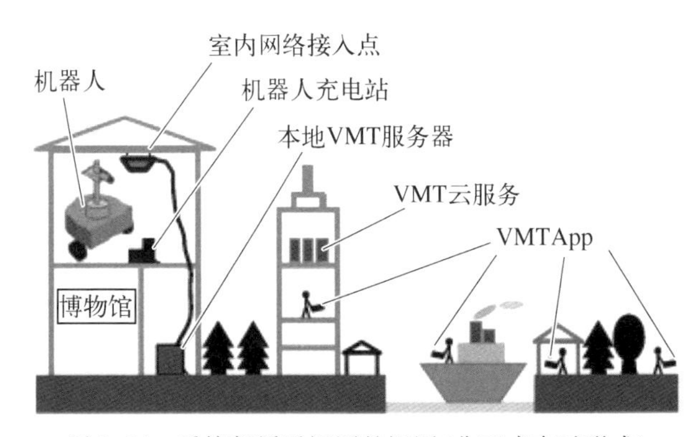

图9.14 系统部署透视图的视图(非正式表示形式)

在系统部署透视图中,有些考虑因素如“运送”仍可导出,因为要绘制系统部署图应考虑如何部署。在图9.14的示例中,可以直接看到机器人需要运送到博物馆,并搬运到特定楼层。本章开头所述示例中的物流人员希望以这一视角在图9.14中所示的视图中看到此系统。

罗赞斯基(Rozanski)和伍兹(Woods)[123]在他们所著的《软件系统架构》一书中强调了部署上下文中的系统环境问题,当然是软件领域中的运行时间环境。使用“环境”这个词实际使我们看到系统部署透视图附带了一种不同类型的环境概念，如图 9.14 所示：图中示出机器人在室内环境中使用，所以在设计时不须考虑像风雨和雾这样的环境条件。

我们还看到，图 9.14 包含位置信息，很明显博物馆内的装置与系统其他部分的距离可能相当大。可以推断，虚拟博物馆游客的“VMT App”与机器人之间通信的响应时间可能成为一个问题。罗赞斯基和伍兹[123]在软件架构上下文中定义了“位置透视图”，将系统要素绝对位置产生的这类距离效应加入透视图。我们认为没有必要定义这个额外的透视图，因为我们将软件架构设计的部署方面泛化到系统部署透视图中，以便系统架构设计所生成的位置信息可在系统部署透视图中供使用。

系统部署透视图包含来自其他透视图的要素。例如，图 9.14 中所示的系统要素属于物理透视图，但是也可以使用功能要素、层或其组合来创建系统部署透视图。例如，可以使用系统部署透视图评估虚拟博物馆参观系统的哪些功能将部署到博物馆内总是存在的系统要素中。例如，这让我们考虑维修技术人员是否需要携带装有 App 的移动设备来维修博物馆内的机器人。因此可以确定用户接口层是否需要部署到博物馆内的本地 VMT 服务器上，或者仅需部署到维修技术人员的移动设备上。

系统部署透视图还可以简化接口规范。在虚拟博物馆参观系统的示例中，系统架构师可能想知道室内网络接入点的电源接头是否应在设备的顶部或在侧面。借助适当的系统部署透视图的视图，可以解决这个问题。在图 9.14 中的示例中，系统架构师得出的结论是电源接头最好在室内网络接入点的顶部。李昂①(Liang)和帕雷迪斯(Paredis)[88]指出，位置属性是端口规范的合理部分。在室内网络接入点的示例中，可用该属性对电源接头的位置建模，通过系统部署透视图的视图，它将成为可视。

最后一点也同样重要，可以选择系统部署透视图来定义关于位置或距离的约束条件。例如，博物馆的网络接入点有一个最大传输范围。图 9.15 给出了通过系统部署透视图表达相应约束条件的示例。

总之系统部署透视图可以向利益攸关方提供如下信息：

(1) 位置相关信息。

(2) 空间和距离相关信息。

(3) 环境相关信息。具体说明某些系统要素在哪些位置上暴露于在系统上下

① 应为中国人，未查到原中文名。——编注

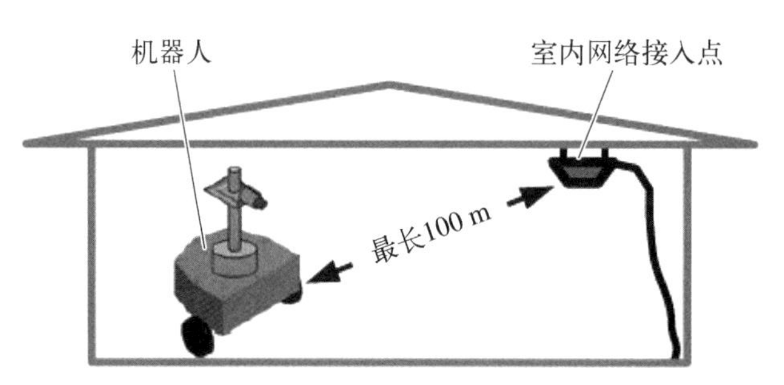

图 9.15 系统部署透视图中的约束条件(非正式表示形式)

文中工作期间已认定的环境影响(见 8.2 节),以及其中哪些系统要素受到影响。

目前还不能非常直观地用 SysML 对系统部署透视图的空间信息建模。然而位置可以建模为块的属性,位置约束可以建模为参数图中的约束条件。例如,图 9.16 以参数图的形式展示了图 9.15 中约束条件的 SysML 表示法。

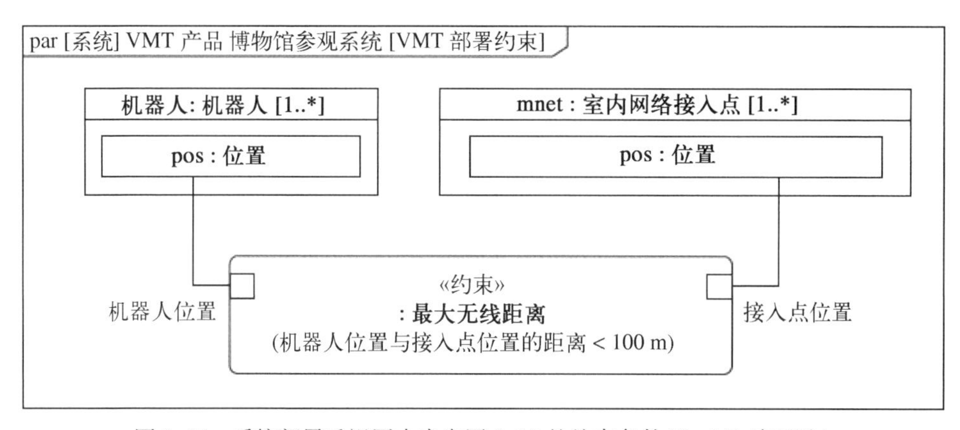

图 9.16 系统部署透视图中来自图 9.15 的约束条件(SysML 表示法)

9.6 其他透视图

本书无法逐一列举所有的透视图。关注系统有多少种信息需要处理,就有多少种透视图。因此,假如本书给出的透视图不适用,系统架构师必须定义自己的透视图。

有两种透视图与系统部署透视图高度重叠,在本章中不分节单独讨论,但仍须简要提示如下:

(1) 几何透视图。这是以几何图形和形状为关注点的透视图。虽然系统部署透视图指出了整体系统形态大致的几何图形和形状,但是几何透视图也可以展示子系统的具体几何图形和形状。现时的研究从该透视图出发研究系统。德国FAS4M项目[49]是由政府资助的该领域研究项目。它的目标是填补功能架构与系统结构规范之间在方法上的空白，甚至是将基于模型的系统工程中的系统模型与当今在计算机辅助设计(CAD)领域使用的几何和形状数据联系起来。

(2) 拓扑透视图。这是在通信网络领域和其他几个领域中经常遇到的透视图。它研究的是系统要素之间的互联结构。与系统部署透视图相反，它并不关注距离和精确位置。例如，系统拓扑透视图关注的问题是用户手持设备的应用程序与博物馆机器人之间有多少不同的通信路径，而不是显示博物馆和应用程序在世界各地的分布。

9.7　与系统上下文的关系

9.7.1　系统边界的有效性

本章所提及的所有透视图都应该符合系统上下文所定义的系统边界(见8.2节)。这意味着属于透视图的模型要素应只表示系统边界以内的各个方面。上下文交互的交互点可存在于所有透视图中，因为它们可能有多方面的"端口"[88]，往往不能单独依靠一个透视图描述。通常，一个透视图的交互点是整个系统上下文的交互点的子集，因为并非所有透视图的所有方面都与每个交互点相关。例如，对连接到外部系统的机械接头建立层透视图模型就没有意义。9.8节将论述不同透视图之间同一交互点的不同表示法之间的映射。

9.7.2　使用系统上下文作为利益攸关方专用视图的一部分

将系统表示为其上下文的一部分有助于阐明系统架构。图9.17给出了一

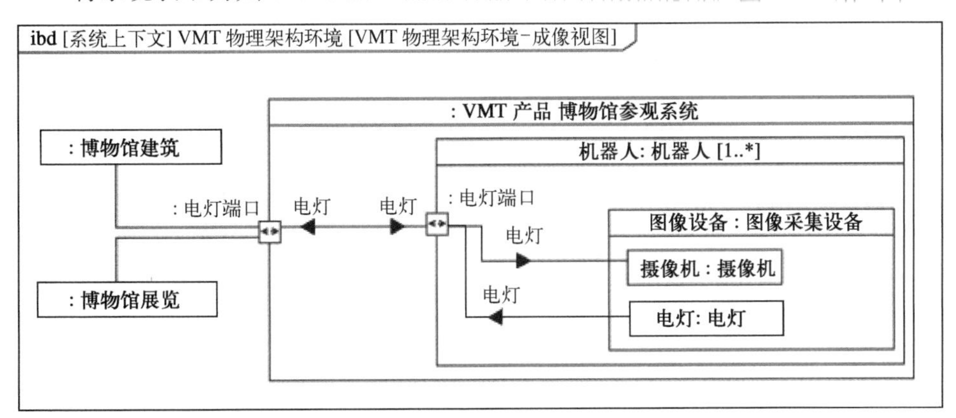

图9.17　虚拟博物馆参观系统的示例视图(考虑系统上下文中的某些部分)

个示例。该示例表明光如何从机器人传播到其所在环境并用于成像。在这个示例中，SysML 内部模块图用于显示系统上下文对象的内部。

9.7.3 用于验证的特殊系统上下文视图

验证人员属于系统架构中的利益攸关方。他们的关注点是正确验证系统。虽然验证有助于确保系统在使用阶段的工作，但是验证时系统使用可能与系统的典型应用情况不同。例如，用机器替代人工来按压控制按钮，通过高重复率操作，激发明确规定的胁迫状态。自动装置可利用人机接口，使系统在不同的测试场景下运行，测试运行时间与人工执行相同程序所需用时间一致。

系统在其测试环境下不同的使用所产生的系统上下文可能与正常使用时的系统上下文不同。可借助某种不同的上下文(称为“验证上下文”)来建模。

在虚拟博物馆参观系统的示例中，我们可以想象一个高度自动化的测试环境，在这个环境中，手持应用程序的用户命令或机器人摄像头的视觉输入等外部影响都由自动化设备模拟(见图 9.18)[①]。为了测量某些子系统的功耗，可以用实验室电源代替博物馆的电气装置，所有设备都可通过测试控制计算机来控制和监测。

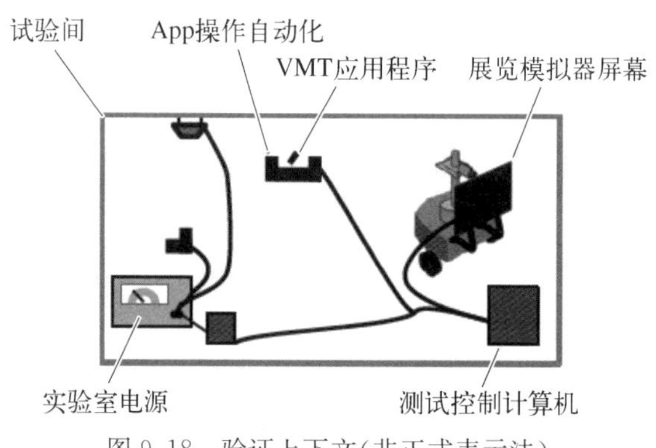

图 9.18 验证上下文(非正式表示法)

对于符合图 9.18 所示的特定验证上下文，如同正常系统上下文一样(见 8.2 节)，可用 SysML 为其建模。«系统上下文»只需是不同的，而«系统»块应是

① 当然，建立如此复杂的基础设施所需的初始成本，只有在产品具有高市场占有率和高销售单价的情况下才能偿还。一家仅生产博物馆参观系统的公司则承担不起，而一家在各种机器人应用领域处于世界市场领先地位的公司，也许已有这样的设备，并且在打算开发和验证博物馆参观系统的情况下，也会使用这套系统。

与正常系统上下文相同的。这样可对系统的不同上下文交互建模，如图 9.19 所示。

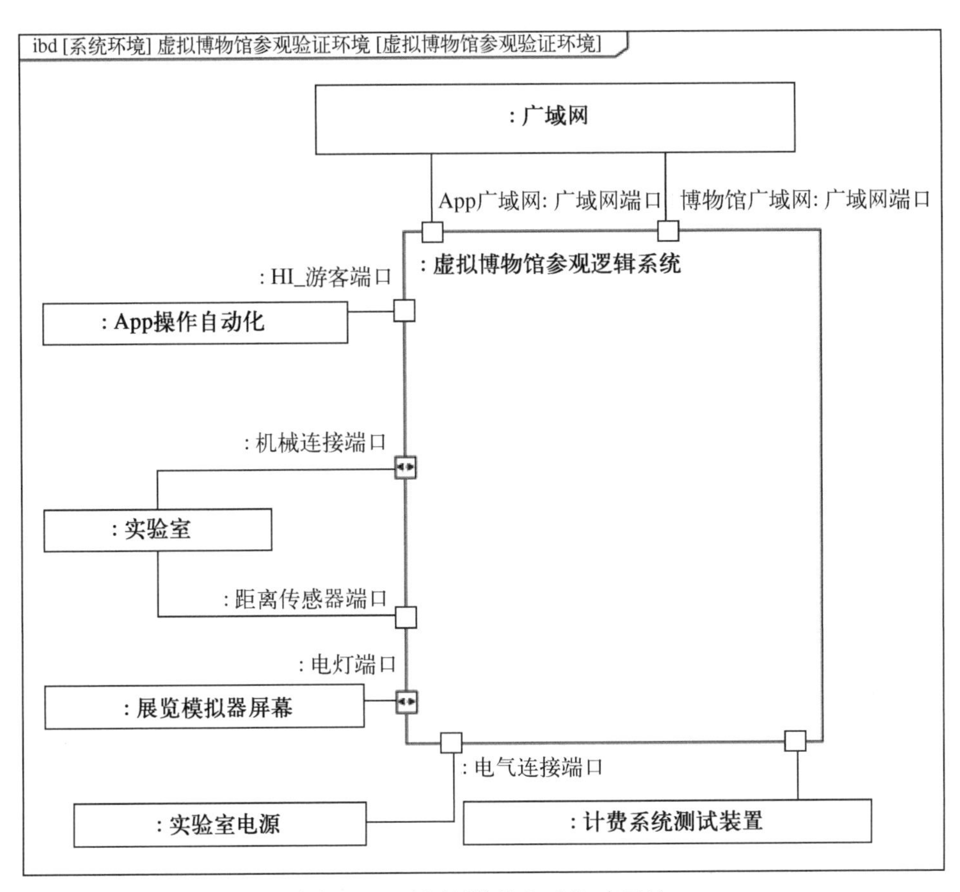

图 9.19　验证环境的 SysML 表示法

9.8　不同透视图和层次的映射

透视图互相映射是全面理解系统的一个重要方面。牢记真正的系统只有一个架构。不同的透视图可利用不同类型的信息来描绘系统，但是最终所有信息都应排列在一个一致性架构中，有待在开发的系统中予以展示。本节阐述如何相互映射系统架构中的不同透视图和层次，使生成的架构描述成为整个系统相互关联的整体描述。

9.8.1　功能透视图与物理透视图的映射

功能块到物理块的映射称为功能透视图到物理透视图映射。卡尔·乌尔里奇(Karl Ulrich)[139]根据映射类型区分不同类型的架构,如果每个功能块都映射到一个物理块,他称为“模块化架构”;通过不同物理块组合来提供功能的方法他称之为“集成架构”(见表 9.1)。不同类型的非功能需求可能产生不同类型的架构。例如,集成架构对于微电子学而言可能是一种合适方法,因为如果使用同一个处理单元来实现关注系统的不同功能,微芯片可以做得更小。

表 9.1 卡尔·乌尔里奇[139]的模块化架构与集成架构

功能块与物理块的关系	1∶1	1∶N	N∶1	N∶N
架构类型	模块化	集成	集成	集成

映射可以用图表(分配矩阵)表示,也可对其建模。在 SysML 中,可以用功能架构部件属性与物理架构部件属性之间的«分配»关系来定义功能透视图到物理透视图的分配。

表 9.2 给出了虚拟博物馆参观系统的分配矩阵。注意,大多数 SysML 建模工具也可以根据表 9.2 创建表格表示法。至少有一些 SysML 工具有便捷功能,双击分配矩阵的相应单元格即可自动创建«分配»关系。14.7 节将给出 SysML 中的功能透视图到物理透视图的映射示例。

表 9.2 虚拟博物馆参观系统中一些样本要素的功能透视图到物理透视图的分配矩阵

	参观管理	用户管理	展览管理	机器人管理
VMT 云服务	x	x	x	
VMT 应用程序	x			
本地 VMT 服务器	x	x	x	x
室内网络接入点	x			x
机器人	x			x
机器人充电站				x

实际上,单纯的分配不足以阐明不同物理块对提供功能的贡献。在集成架构领域中考虑这一点尤为重要。可能需用更详细的系统设计来说明将功能映射到物理块的方法。其中一种实现方法是创建功能块、物理块以及对物理块的详细需求之间的关系,说明该块如何为提供功能作出贡献。示例见图 9.20。该图还表明了如何描述非功能需求,在完全面向功能的方法中可能会遗忘这些需求。各子系统的非功能需求由系统级的非功能需求派生而来。这已在模型中通过«扩展派生需求»扩展派生关系予以表明,该方法已在 7.1 节中做过介绍。在

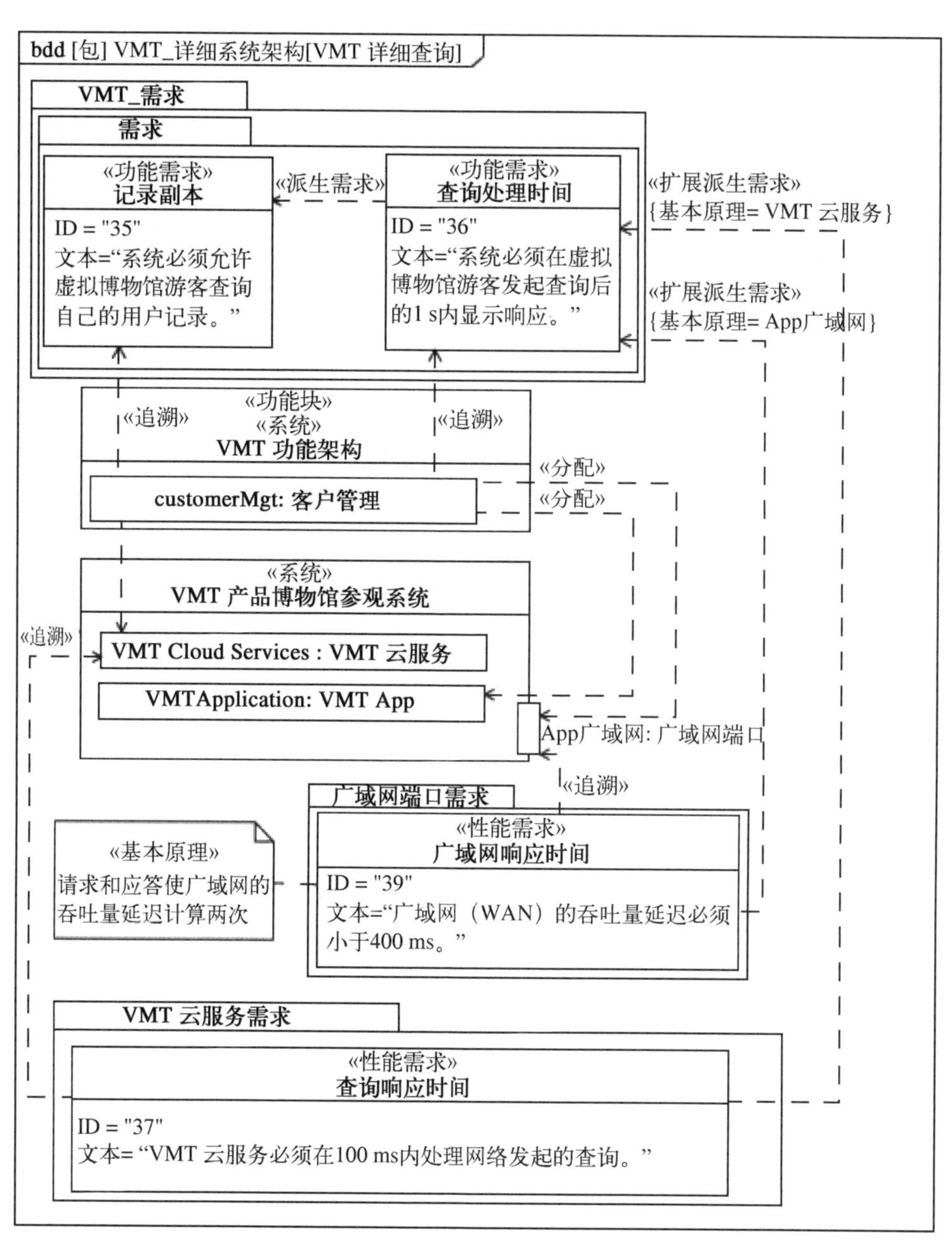

图 9.20 详细系统架构以及需求可追溯性

图 9.20 中，根据功能和物理透视图的部件属性、基本原理要素以及«分配»和«扩展派生需求»关系，给出了详细系统架构①。

9.8.2 更多透视图的映射

正如所见，部署透视图是基于另一个透视图的系统要素。使用这些系统要素，便自动给出与另一种透视图的关系。

在行为透视图中，我们通常看到一个或多个系统要素的行为。再次强调，与这些要素的关系隐含在行为透视图的视图使用中。

业已阐述从功能透视图到物理透视图的映射。下面将描述功能透视图、物理透视图和分层透视图都存在时的映射。基于登泽等人[30]观点，给出如下论述：

(1) 可使用«分配»关系将功能块产生的部件属性与«层»块产生的部件属性连接起来，从功能块的角度观察时，其方向应与从功能透视图到物理透视图的映射相同。建议对功能块进行适当分割，使得到的每个块均可链接到唯一的层。对于仅依据类似于对层有唯一映射而并非基于领域知识创建的那些功能块，应予以标记。为此，我们可分配«分层»板型并将块名与层名连接起来。例如，在 VMT 服务器应用和技术服务层运行"机器人管理"功能时，我们可将功能块"机器人管理"分解为"机器人管理-应用层"块和"机器人管理-技术服务层"块。

(2) 最后，借助于«分配»关系可将«层»块产生的部件属性与物理块连接起来，从物理块角度观察，其方向与到功能块的映射相同。

9.8.3 不同等级的映射

本书中，已对物理架构的功能透视图、逻辑级和产品级做了阐述。若存在上述所有各级，则可以通过 SysML «分配»关系建立逻辑到产品的映射，如图 9.21 所示。

在某些情况下，通过特化关系从逻辑架构中导出产品架构可能是有益的。在这种情况下，逻辑架构的部件属性将继承到产品架构中。然后可以重新定义在产品架构中需要更精确定义的部件属性。若逻辑架构的某些部件在技术上非常具体，可以 1∶1 地在产品架构中重新使用，这样有显著的益处。

像往常一样，对该方法既有支持也有反对，双方的意见表述如下：

(1) 支持特化而不是«分配»。① 逻辑架构与产品架构之间有着紧密的联系，该模型确保产品架构与逻辑架构所设置的基础保持一致；② 若逻辑层和产

① 有时我们听到关于生成物的术语"系统设计"，我们这里称为"详细系统架构"。由于本书基于"系统架构"和"系统设计"是同义词的理念，未对此进行区分。

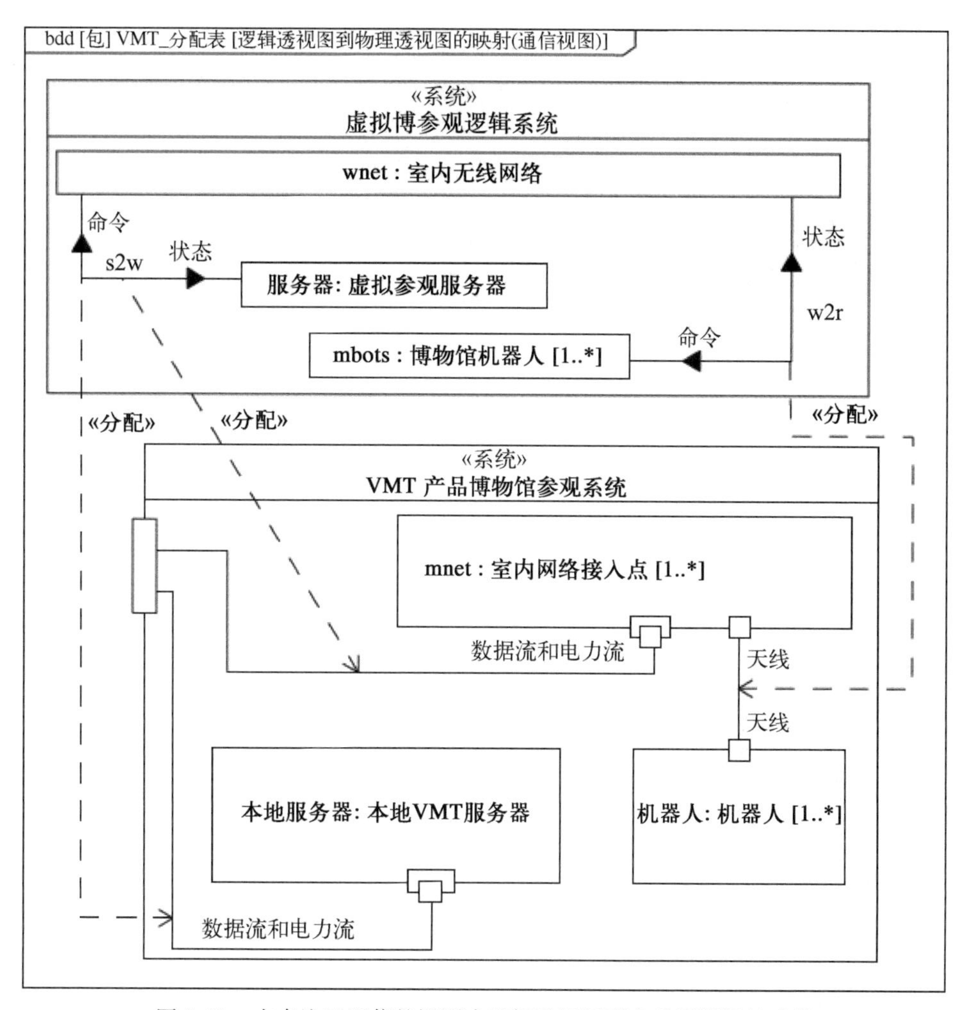

图 9.21　在专注于通信的视图中逻辑透视图到产品透视图的映射

品层之间有重叠，则可以从一个级到另一个级重复使用建模；③ «分配»关系仅在逻辑架构和产品架构之间建立起松散连接，从而可能导致两者之间的不一致。

（2）反对特化而不是«分配»。① 逻辑架构与产品架构之间的紧密联系使得逻辑架构中的变化可直接影响产品架构；② 频繁对逻辑架构要素重新建议，可能导致无法确定概述；③ 当使用«分配»关系时，逻辑架构开发与一个产品架构开发不再关联。

9.9　可追溯性

追溯视图是一种特殊的视图。它确保可以标识出发现架构解决方案背后的需求这一关注点。7.1 节已经讨论了可追溯性建模。

9.10 基于模型的系统架构中的透视图和视图

9.10.1 用基于模型的方法创建不同的视图

一份文本文档足以创建不同的透视图和视图(基于文档的方法)。例如,图 9.1 中的功能可表示为如下的项目符号列表,保留功能透视图的功能重点和给定视图的层次表示:

• 系统

— 参观管理

* 核心参观管理

* I/O 参观管理

— 用户管理

* 核心用户管理

* I/O 用户管理

— 展览管理

— 机器人管理

若用文本还不够,则可用类似于图 9.1 的自由式图表来完成架构描述。

因此,为了生成足够的架构文档,不一定需要用基于模型的方法。相反,这意味着基于模型的系统架构必须与使用自由书写和绘图方法所创建的直观阅读文档相竞争。因此,系统架构师应努力采用尽可能接近利益攸关方的首选表示法来产生视图。在图 9.1 的情况下,很明显,图 9.2 的原始 SysML 表示法很可能同样能让利益攸关方满意。一旦所显示的信息输入,一个好的建模工具可以自动创建如图 9.2 所示的图形。有些工具甚至可提供图表自动布局。

若在建模语言或所用工具可能性范围内不能生成利益攸关方首选的表示法,则可以考虑生成报告和文档。需要的视图专门化程度越高,由模型生成视图的难度或成本也就越高。因此,为了证明基于模型的系统架构设计所产生的成本是合理的,人们应了解它的益处。

其中有利的方面是,基于模型的方法可提供有效确保不同透视图和视图一致性的方法。例如,在前例中,若需要将“客户管理”(customer management)重新命名为“用户管理”(user management),基于模型的方法只需要在模型中执行一次重命名操作，从第一次重命名的瞬间开始，所有视图都会自动使用“用户管理”这个术语。因此，在使用不同服务目的不同的透视图和描述不同利益攸关方关注点的不同架构视图来为系统架构构建文档时，基于模型的系统架构设计可提高效率和一致性。

因此，在平衡成本与效益时，系统架构师应在以利益攸关方首选的信息表示法为其提供服务与保持所需基础设施(建模工具和报告工具等)的可负担性和可维护性之间寻求适当的权衡。如果拿不定主意，我们建议保持简洁，这意味着要努力避免复杂的基础设施。根据经验，相比接受不完全符合他们偏好的数据表示法，利益攸关方更不愿意处理来自复杂的 IT 系统的信息。这可能是因为与简单工具相比，复杂的 IT 基础设施的可供使用性较低①，而数据可用性是业务成功的一个重要因素。

我们常听说，不仅是利益攸关方，还包括系统架构师，假装不需要建模工具就可以轻松维护一致性，以此证明自由架构文档的合理性。然而我们还见过如果系统中的要素使用不一致的名称，那么将造成多大的混乱。甚至还见过更糟糕的情况是用同一个术语表示两个不同的东西，如将一个子组件命名为与它的某个部件完全相同的名称。当发现这种混乱时，它们往往已经在利益攸关方中间、大型组织中间，甚至在不同的国家/地区和文件存储库中散布开了。如果只是衡量文档校正工作，那么纠正术语使用不当产生的成本可能是中到高。然而只有考虑更多的软因素，如错误理解引起的冲突和利益攸关方为学习校正后术语投入的精力，才能评估不一致术语所造成的实际损害。

因此，我们推荐基于模型的方法以及模型是唯一的真相来源的概念。团队练习(如在研讨会中根据 8.5 节共同创建领域知识模型)有助于利益攸关方了解如果术语不合并在一个模型，使用起来将是多么含混不清。

9.10.2　使用 SysML 处理不同的透视图和视图

前几节中的图给出了使用非正式符号和 SysML 表示的不同视图的示例。7.9 节给出了如何使用不同的 SysML 透视图来组织模型的一些具体提示。这节，我们讨论 SysML 如何描述不同的透视图，以及如何为不同的利益攸关方提供合适的视图。

可以看到，SysML 可以很好地表示树状分解结构(见图 9.2)，它还可以表示

---

①　按照某些经典假设，如果一件工具的不可供使用性的概率为 P，那么包含 N 件工具的工具链对等的不可供使用性概率则为 $N \cdot P$。

分配矩阵，其中描述了不同透视图的映射。

工程师术语中的“块图”可以用 SysML 内部模块图（见图 9.4 和图 9.6）来提供。可以用内部模块图在一个较高的抽象级别上显示接口，然后采用如下方法进行细化，即借用领域知识模型来说明数据流的详细信息（见图 9.5），或者在端口类型说明中添加详细的端口信息（见图 9.11）。我们强烈建议系统架构师在与相应利益攸关方的研讨会期间使用这些 SysML 表示法来定义接口，因为作为一个关键目标，系统架构师应有一份取得普遍理解和认同的接口规范（见 11.1.1 节）。SysML 通过精确和直观的方法帮助创建易于理解的接口规范。

如果利益攸关方不熟悉 SysML，则借助于领域知识模型的方法就是一种特别直观的方法，在简要解释所涉及的 SysML 语法之后便可使用。只有很少数 SysML 用户能够熟练使用建模工具，并在与利益攸关方的研讨会中灵活使用。如果在研讨会之前已经有某个版本的图，那么我们通常会将它打印在海报上，并带到研讨会上，利益攸关方可以在上面绘图或贴便笺。图 9.22 说明假如在该研

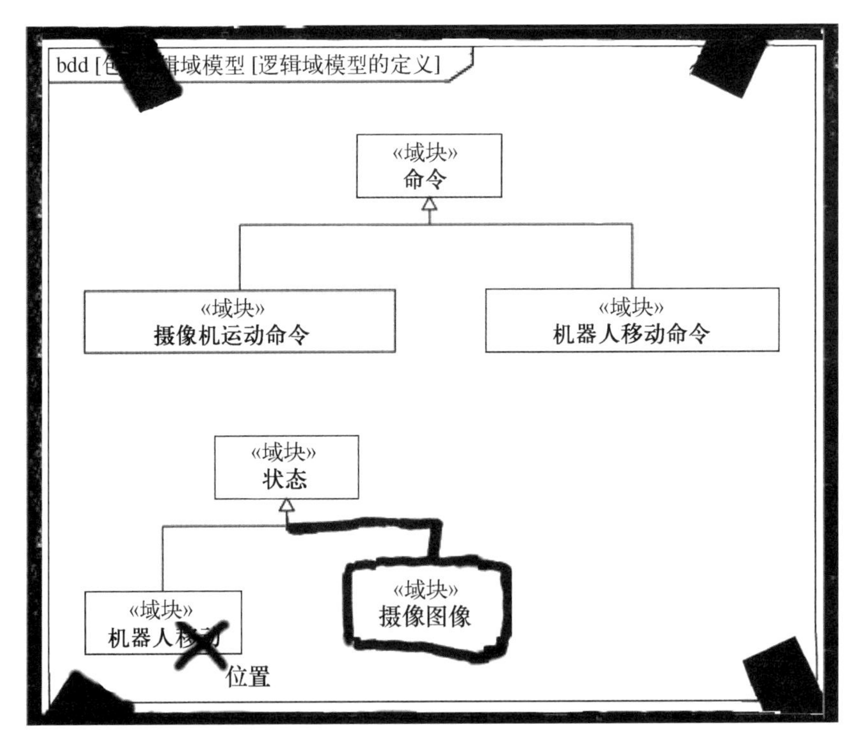

图 9.22 部分手绘版的图 9.5，可能出自与博物馆机器人高一级通信层利益攸关方的研讨会

讨会期间创建图 9.5 时可能会得到的图样。

在许多情况下，我们建议用活页挂图和记号笔来创建类似于图 9.5 所示的领域知识模型。对于所有那些认为活页挂图是日常为部分用例建模的合适建模工具的人，我们推荐安布勒(Ambler)的著作《快捷建模》[8]。

10　典型的架构利益攸关方

本章的重点是系统架构体系中的利益攸关方。但是，我们应先设定一个更大的主题，因为利益攸关方也是需求工程中的一个主题。

关注系统的需求产生系统架构中的关注点。需求工程师直接与在需求工程体系中称为"利益攸关方"或"利益攸关方代表"的人员或实体对话，从而捕获需求。在需求工程中，系统用户是非常重要的利益攸关方，此外，买方、监管机构以及市场营销、生产、培训、运营和维护的执行实体通常也对关注系统有需求。在系统架构体系中，是否将这些人员或实体明确定义为利益攸关方，或者当关注点满足需求时，系统架构师是否会将需求工程师也视为实际架构利益攸关方，这是一个个人喜好的问题。

除了作为潜在的需求提供方，与需求工程过程范围内所涉及的相比，一些人或实体在系统架构设计期间与系统架构师的互动更多；有待描述的关注点也更多。无论他们对关注系统是否有需求，都应与系统架构师合作，成为系统架构体系中潜在的重要利益攸关方，他们还包括不属于需求工程体系中的利益攸关方但与系统架构有利害关系的人员或实体。

本章后续几节将论及属于后一种类型的利益攸关方，并选择系统架构师与他们开展合作的一些内容进行讨论。下文每个小节论述一个典型组织中的一种典型架构利益攸关方以及与系统架构师的组织接口。根据业务和所参与组织的性质，所述的实体可作为不同的部门或承担特定角色或任务的人员而存在。他们可能存在于系统架构师工作的组织中，也可能存在于其某个业务伙伴的组织中。因为它们只是示例，所以选定的利益攸关方和主题并不具有普适性。在分析谁是相关系统的利益攸关方时，可参考本章。

我们将系统架构师与选定利益攸关方之间的合作称为一种"双赢局面"，因为在利益攸关方请求留出时间与系统架构师合作时他们可能正在寻求自己的得益点。每一节结尾的表格描述了系统架构师与有关利益攸关方之间合作的特点,列出各方需要付出什么以及作为回报又能获得什么。

本章涉及在典型的关注系统中经常会遇到的利益攸关方。应该注意的是,此类系统通常被“使能系统”包围[61],如在系统开发、制造、维护和退役期间使用的使能系统。使能系统必须与关注系统兼容并与之有接口,即系统外部接口。在系统上下文中工作期间通常会发现这些接口(见 8.2 节)。与使能系统有关的人员可能是额外的相关系统架构利益攸关方。本章未对他们展开全面讨论,因为他们是谁以及他们如何与系统架构师交互在很大程度上依赖关注系统及其生命周期内所涉及的组织。

10.1 需求工程

前文已对需求工程作为系统架构设计利益攸关方的角色问题做了简要讨论。从事需求工程的人员必须将有待满足的各种需求通过某个特定系统与负责系统架构的人员进行沟通。“沟通”是指确保通过至少部分的口头直接沟通和双向沟通来建立相互理解。

系统架构设计的目的是得到满足需求的系统架构。为了核实涉及系统架构的个体是否都正确理解了需求,系统架构师应与需求工程师沟通。在这种情况下,沟通可确保已正确接收到系统架构的输入。

如果需要根据系统架构推导较低抽象层次的需求,系统架构设计学科还会对需求工程学科有输出。因此,在有多个抽象层次的情况下,需求工程与系统架构角色之间存在一种双向链接。这与我们在 7.1 节中看到的 SYSMOD“Z”字模式中的需求与架构关系直接对应。图 10.1 说明了需求工程和系统架构之间接

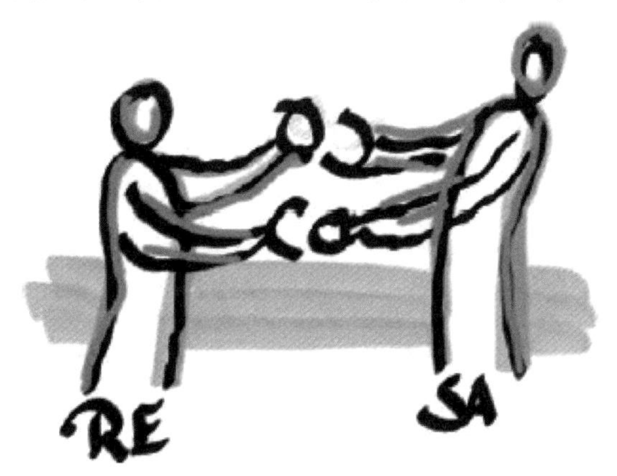

图 10.1 需求工程(RE)与系统架构设计(SA)之间的合作

口的双向性质。在该图中，上面的握手动作表示需求工程提供需求作为系统架构的输入。下面的握手动作表示系统架构提供架构描述作为较低抽象层次派生需求的依据。该图由威金斯[146]在博客中提出，论述从事需求工程的人员与从事系统架构设计的人员之间须密切合作以及进行 SYSMOD“Z”字模式暗含的双向沟通。

表 10.1 将系统架构师与需求工程师之间的合作称为“双赢局面”。

表 10.1　系统架构师与从事需求工程的人员之间密切合作的双赢局面

需求工程师的付出	• 需求说明
他们得到的回报	• 接受需求，并进一步处理 • 向他们解释系统架构，以便在较低抽象级上得到衍生需求
对系统架构师应尽的义务	• 需求工程师将需求移交给系统架构师，并确保达成共识
对系统架构师的期望	• 系统架构师应说明系统架构设计中的需求 • 如果需求不清楚或不充分，系统架构师应给出反馈 • 系统架构师应确保系统架构描述可追溯到需求 • 系统架构师应提供能够用于在低抽象级上衍生需求的架构描述

10.2　验证

验证应表明系统是根据其规范创建的。根据 V 模型①，例如艾米斯[36]等人的 V 模型版本，系统测试可验证系统需求的满足情况，集成测试可验证架构规范的满足情况。可用检查或演示之类的其他方法来替代测试。在任何情况下，系统的预期特性都源自系统规范，并与验证中观察到的特性进行比较。该活动需要多个输入，这些输入可以是系统架构设计的工作成果，也可以从这些工作成果中导出，列示如下：

(1) 为评估架构规范的满足情况，负责验证的人员需要系统架构的描述。系统架构师应与他们进行沟通，以确保能够达成共识。

(2) 系统架构师可支持相应的设计或在验证中进行优先顺序分配。例如，如果需要将关注系统某个状态的失败风险降到最低，系统架构师可提供视图，表明系统如何进入给定状态。在此基础上，可以对激发系统进入给定状态的测试

① 可在附录 B 中查看关于 V 模型的说明。

用例进行设计和优化。

(3) 以所谓“等价类”为基础的方法旨在用测试覆盖系统需求。他们避免了通常不实用甚至不可能的尝试，即试图用测试向量覆盖系统的全部输入向量空间。相反，他们建议使用以每个等价类一个测试向量的方式用测试向量覆盖输入向量空间的一组“等价类”。理查森(Richardson)和克拉克(Clarke)[120]的著作以及软件测试中的分类划分方法[111]使得类似于分类树[24]的系统级方法成为可能。他们[120]建议在设计覆盖率测试时同时考虑需求和解决方案。这表明系统测试的设计可能需要了解为实现关注系统而选择的解决方案，即系统架构。实际上，这意味着计划或设计系统测试的人员是系统架构的利益攸关方，系统架构师应与他们密切合作。

(4) 在系统发生变化后，须进行回归验证来评估这些变化是否在系统中产生了预期效果而没有产生副作用。只有全面了解关注系统及其内部联系和依赖关系，才能评估在回归验证过程中应重复哪些步骤。换言之，在设计和规划回归试验时应了解系统架构知识。在执行验证计划过程中，使所需架构知识可供使用的一种简单方法是让具有关于该过程中系统架构相关部分知识的系统架构师参与验证。

参与验证活动的系统架构存在另一个方面的问题是验证失败后的处理。特别是在系统测试中，测试失败的原因可能存在于系统的多个部分(如果测试程序本身没有问题)。基于系统架构师在系统结构方面的专业知识，缩小失败潜在原因的假设范围并不困难。

因此，负责验证的人员是系统架构的利益攸关方，应与系统架构师保持密切联系。

此外为了进行验证，必须对系统进行架构设计。这可能意味着通过检验使系统容易进行验证检查。这还意味着，系统架构设计应考虑一个事实，即一个系统需要在其生命周期内接受测试。例如，可测试性需求可能导出类似数据记录器的系统功能，或导出类似测试接入点的附加接口。在 9.7.3 节中，我们已看到，可能显示在系统测试上下文中用于描述系统的系统上下文关系图的某个变体。测试接入点应是这种关系图的一部分，该图应说明在系统验证过程中接至测试接入口的是什么。对测试接入点的链接部件进行具体建模可得到精确的接口说明。

表 10.2 将系统架构师与验证人员之间的合作称为“双赢局面”。

表 10.2　系统架构师与验证人员之间密切合作的双赢局面

验证人员的付出	• 信任系统架构师的系统专业知识 • 预期使用的系统验证方法的专业知识
他们得到的回报	• 专为验证而设计的系统 • 基于有关解决方案信息的验证设计和验证规划 • 回归测试基于对更改影响的评估
对系统架构师应尽的义务	• 验证人员应让系统架构师参与验证计划 • 系统架构师作为验证人员参与失败测试步骤分析
对系统架构师的期望	• 系统架构师应提供关注系统的专业知识

10.3　构型管理

本节与第 15 章中的变体构型无关或几乎无关。在本节上下文中，构型管理确保可在系统实现时跨不同可交付成果来追溯各个版本。这些可交付成果称为“配置项”，可以是文档、模型以及已实现或已组合的系统要素。构型管理可确定“基线”，即在某个时刻或决策关口被视为构型项状态的一系列版本。它还可追溯不同版本的不同构型项之间的兼容性[80]。

系统架构师可以根据系统模型(如物理透视图模型)帮助识别系统中的不同配置项。基于模型的系统架构设计中的模型，可用作不同配置项名称的单一真实来源。系统架构描述有助于不同版本系统要素之间的兼容性评估，如根据接口规范评估。

系统架构描述也是一个配置项，须进行版本编号。在基于模型的系统架构设计中，须确定是将模型本身还是将模型生成的一组视图输入构型基线中。在任何情况下，视图都应该可以追溯到创建它们的模型的版本。

表 10.3 将系统架构师与构型管理者之间的合作称为“双赢局面”。

表 10.3　系统架构师与构型管理者之间密切合作的双赢局面

构型管理者的付出	• 适用的构型管理策略说明 • 系统构型概述
他们得到的回报	• 将版本控制的系统架构描述的可交付成果并入基线 • 系统中配置项及其兼容性概述
对系统架构师应尽的义务	• 构型管理者应说明构型管理的需要 • 构型管理者应与系统架构师一起规划基线
对系统架构师的期望	• 系统架构师应按时将系统架构师的配置项并入基线 • 系统架构师应提供关于配置项定义和兼容性评估的咨询服务

10.4　工程学科

工程学科人员所做的工作最终会使系统呈现出所期望的架构。因此，有必要使工程学科人员全力投入到系统架构创建中，为的是使系统成为现实。只有与来自实现系统子系统的工程学科的利益攸关方一起创建的架构描述才有价值。

系统架构师和工程学科之间应进行密切对话，才能对系统及其工程原理达成共识。理想的是，在详细描述和实现系统的整个周期内建立并始终保持多学科对话沟通。系统架构师应在如下方面发挥带头作用：保持对话，在权衡研究时进行调停，确保工作成果建档得到确认并可复制。

典型的工程学科代表人员如下：

(1) 部门主管或团队负责人。

(2) 子系统架构师(如软件工程学科的软件架构师)。

(3) 开发人员。

参与开发的利益攸关方具备的实践知识越丰富，在实现过程中就越有可能顺利按生成的系统架构执行。系统架构师应有机会与受指派前来从事实际实施工作的开发者交谈，而不只是与他们的领导交谈。

系统架构师工作的一项特别重要的内容是确保制订、文档记录和遵循各种接口协议。这包括两类接口，即不同于系统之间的接口以及同一子系统范围内不同功能要素之间的接口(涉及信息流、材料、力和能量)。

必须与接口两侧的利益攸关方商议接口协议。例如，对于博物馆机器人电池充电器与机器人本身之间的接口协议，必须与负责电池充电器的利益攸关方代表以及负责机器人的利益攸关方代表进行协商。

重要的是，工程学科人员要认可须遵循接口协议，或者如果遇到不可能或不鼓励遵循接口的情况，应告知系统架构师。这看起来似乎微不足道，但是实际经验表明，初次与系统架构师协作的利益攸关方代表在签署第一版接口协议之后有时会认为，他们的工作也就完成了。因此在更改接口定义时，他们可能忽略需要遵循的更改过程。我们发现有如下两种违反接口协议的情况：

(1) 接口一侧处置系统要素的人员更改接口定义而未通知接口另一侧负责该要素的人员，这样，在系统集成期间，当接口两侧集成该要素时，导致系统性能不正常。

(2) 接口两侧处置系统要素的人员协同更改了接口定义,但系统架构师并未参与,这会导致系统架构描述与系统呈现的架构不一致,从而出现接口定义更改者未知的副作用。

因此,我们建议系统架构师定期检查开发组织内部是否仍然遵循接口协议,如果对参与其中的利益攸关方而言系统架构是全新的,则更应如此。

重要的是,系统架构师与来自工程学科的利益攸关方代表要建立相互信任的关系。在这一方面存在的一个难题是,事实上系统架构师为了优化整个系统的性能不得不干预不同学科的解决方案,而来自工程学科的利益攸关方代表可能认为这种干预行为超出了系统架构师的业务范围。对于工程领域中的利益攸关方代表而言,了解系统架构师需要如何做才能影响到学科领域内的工作则是必要的,然而对系统架构师而言,了解自己的权限范围也是必要的。特别是从组织内部招聘来的系统架构师,通常都有涉足某个工程领域的背景,不让他们参与相应工程学科内自己的业务,则尤为困难。

某个组织中成功引入系统架构意味着系统架构师和工程领域之间建立了相互信任关系,而且双方都明白,系统架构工作和领域工程之间的界限并不清晰,必须在相互对话的基础上根据具体情况加以明确。它是成功引入系统架构的一个衡量标准,工程学科人员和系统架构师不会因为超出他们的权限范围而互相指责,而是在不升级矛盾的情况下共同解决边界问题。

系统架构师与工程学科人员能够协作的三种情形如下所示:

(1) 系统架构师负责系统架构的定义。

(2) 系统架构师须执行依据作为工程学科其工作基础的那些概念以显性或隐性方式制订的架构决策。系统架构师有理由为其建立文档记录,并起系统"考古学家"的作用。

(3) 系统架构师和来自工程学科的利益攸关方将自己视为一个团队,以自组织方式开展活动。通常应该围绕不同的开发方面(例如系统的单个功能或一组功能)建立多个这样的团队,一个或一组功能建立团队。有时将这样的团队称为功能团队,但他们的工作范围通常不仅仅限于定义系统架构。

上面的场景并不相互排斥,也就是说,真正的合作往往会是这几种场景的混合。

表 10.4 将系统架构师与来自不同工程学科的人员之间的合作称为"双赢局面"。

表 10.4 系统架构师与来自各学科的人员之间密切合作的双赢局面

各学科工程师的付出	• 关于他们领域的专业知识 • 愿意变更子系统设计,使整体系统更完善 • 相信系统架构师,尊重他们在各自学科领域内的能力
他们得到的回报	• 他们的利益攸关方针对与其他子系统的接口而制订的视图应得到其他利益攸关方(例如从事另一子系统工作的工程师们)的尊重 • 他们的需要将会得到考虑 • 相信他们在各自领域内的能力
对系统架构师应尽的义务	• 如果不能满足接口协议,各领域工程师应反馈报告 • 各领域工程师应由系统架构师主导接口定义的更改,而不是自行更改接口
对系统架构师的期望	• 系统架构师应使领域工程师及时了解有关系统架构更新的现况,并让他们参与系统架构设计和对他们构成影响的更改活动

10.5 项目及产品管理

系统架构师可利用他们对关注系统的了解,帮助项目经理实现切实可行的计划和全面的风险管理。系统架构师对于系统结构、系统内部依赖关系(见图 10.2)和系统不同学科领域复杂性的了解是这项工作的关键促成因素。

图 10.2 技术依赖关系©(2014 Jakob K.,转载已取得许可)

在项目中系统架构师应与项目管理人员或项目管理部门委派人员密切合作开展的典型工作如下:

(1) 制订开发与验证计划。

(2) 制订系统集成计划。

(3) 技术可行性分析。

(4) 工作分解。

(5) 开发活动之间的技术依赖关系分析(见图 10.2)。

(6) 风险管理。

(7) 工作量估算。

风险管理活动与系统架构师的工作密切相关。在系统架构中经常要在风险与付出之间进行权衡。例如,如果某个接口最初仅为极少数用例而设计并且一旦发现有用户遗漏或有所需的新用例就需要进行扩展,在确定此类接口的通用程度时,就要在以高付出来制造一个通用接口与承担以后更改风险之间进行权衡。系统架构师不掌握预算,并不能告知需要付出多少,因此需要与掌握预算的利益攸关方商议。通常项目经理是参与这项工作的利益攸关方。我们对系统架构师的建议是不仅要报告风险,还要对缓解策略给出建议并对这些建议给出自己的倾向性意见。将在 17.3 节中对风险管理进行更全面的讨论。

从工作量估算角度,系统架构师还必须估算完成系统架构内任务所需的工作量。

当然,系统架构师的工作量取决于项目性质,也取决于在给定组织中对系统架构师具体角色的描述。

如果多个项目和不同时间的角色描述相同,那么就值得将投入在不同项目上的工作量记录下来。长时间积累经验将提高估算精确度。

系统架构师在一个虚拟项目中的系统架构设计工作量以及与本章所述利益攸关方的协作工作量随时间变化的虚拟曲线的示例见图 10.3。

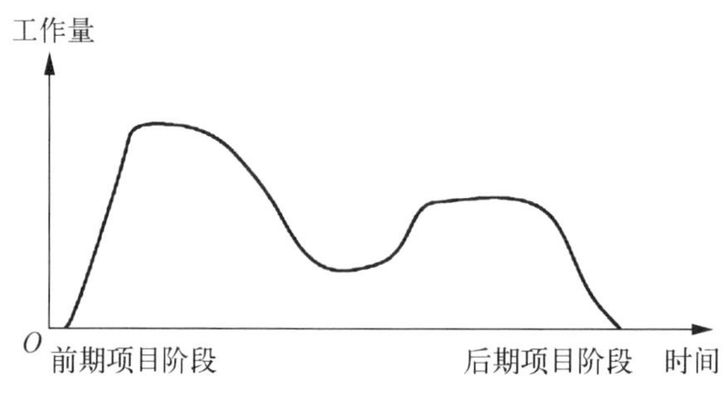

图 10.3 预测架构工作量随时间变化的虚拟曲线示例

图 10.3 中的曲线中两个峰值的含义如下：

(1) 第一个峰值可能与系统架构师参与的系统设计活动有关。

(2) 第二个峰值可能与系统架构师参与的相关验证活动有关(见 10.2 节)，也可能与生产准备过程中出现的主题有关，还可能与接近成品产品集成发布后学到的知识引发的管理活动变更有关。

尽管图 10.3 中的曲线是虚拟曲线，但是在实际工业项目中也有类似曲线。

项目负责人和系统架构师是项目的两极：虽然项目负责人必须推动项目向前发展并遵守时间线，但是系统架构师必须确保技术工作具有足够的技术深度和可维护性，以确保在整个系统架构生命周期内，而不是在项目生命周期内达到规定的质量。项目负责人“向前推”，系统架构师则“向后拉”(见图 10.4)。

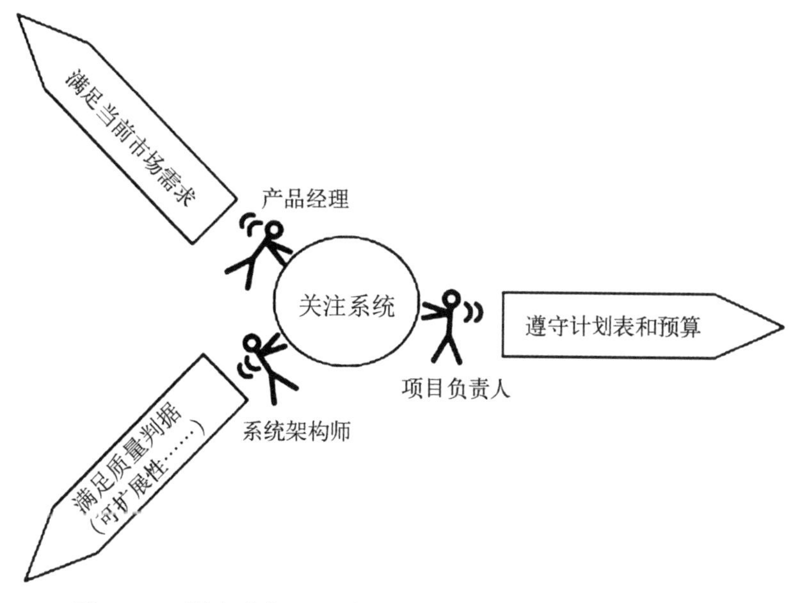

图 10.4 系统架构师、项目负责人和产品经理之间关注点的分解

可以推断，在一个适当的时间内，由项目负责人和系统架构师紧密合作推动的项目在技术上将达到足够完美，但也存在着为了自身的利益而产生技术的风险(“快乐工程”)。为确保对市场需要和客户需要负责，应该有人“上拉”，即确保考虑到市场需要。这是利益攸关方(比如需求工程或产品管理人员的工作)。通常，需求管理已获取后处理的利益攸关方输入，系统架构师将从需求中，或者，更好的是从保证能理解需求和解释的需求工程师那里，得到利益攸关方的观点。

然而，可能需要将项目负责人、系统架构师和产品经理紧密结合在一起，以便按图 10.4，在上拉、下拉和前推之间进行快速迭代，从而使项目走上正确的轨道。为了使项目朝着正确的方向发展，他们应在整个项目期间保持密切联系。

表 10.5 将系统架构师与项目负责人之间的合作称为“双赢局面”。

表 10.5　系统架构师与项目负责人之间密切合作的双赢局面

项目负责人的付出	• 他们的工程资源时间，用于维持工程与各系统架构师之间的多学科对话 • 相信投资优秀的系统架构设计将产生投资回报
他们得到的回报	• 大致了解和清楚项目的交付成果 • 增进项目中的沟通 • 依赖关系分析（见图 10.2） • 成本和性能的可预测性 • 关于风险的早期信息 • 更好的产品（见第 3 章）
对系统架构师应尽的义务	• 项目负责人须参与规划，解释正确的依赖关系（见图 10.2） • 项目负责人须参与影响系统结构、系统功能或系统行为的决策 • 确保在系统架构师工作计划表和架构利益攸关方工作计划表中预留适当的系统架构设计时间
对系统架构师的期望	• 系统架构师应在工作分解、计划、技术可行性分析和风险管理期间提供咨询服务 • 系统架构师应提供有助于确定项目范围的概述文档和图表 • 如果系统架构师认为计划不切实际或者风险预测需要更新，那么应立即报告

10.6　开发路线图规划员

开发项目有一个预先确定的开始时间点、一个预期的结束时间点以及一个预期的可交付成果。可交付成果可以是一个概念、一个产品、一个子系统或一个新特性。通常几个开发项目可以并行运行。对于较大的组织通常随时都存在这种项目并行的情况，而很小的组织有时一个项目就已使他们满负荷运转。即使是后一种情况，在一个项目结束和另一个项目开始的过渡阶段也可能出现项目并行的情况。

应制作当前和未来开发项目的清单，概述项目的假定开始日期、结束日期和可交付成果。我们称它为“开发路线图”。为简便起见，我们将负责维护该清单的人员称为“路线图规划员”。在不同的组织中，他们可能是个人，也可能是组织实体。

系统架构师和路线图规划员有诸多理由密切合作。当然，路线图规划员还应该与其他利益攸关方合作，以解决他们的难题。这里我们介绍路线图规划员和系统架构师之间应解决的难题。在我们看来，这类合作有如下三个最重要的方面：

(1) 系统架构师应对现有系统架构有一个大致的了解，以便将他们的知识应用到新项目中。从而进行粗略的工作量估算，并表明开发路线图在技术可行性和完成时间方面是否切合实际。

(2) 系统架构师可以分析项目之间的高级依赖关系，如：“子系统 X 只有在安装了子系统 Y 的情况下才能运行。我们最好在子系统 X 原型的第一次计划测试之前完成子系统 Y 的第一个程序集，或者必须构建子系统 Y 的模拟器。”

(3) 系统架构师应规划自己的工作，这些工作通常会不断融入开发路线图上的不同开发项目。

接下来，我们详细说明系统架构师工作规划的最后一个方面。每个项目对于系统架构师而言都意味着一定的工作量。我们在 10.5 节中看到，可以预测某个给定项目的工作量(见图 10.3)。开发路线图可创建随时间变化的工作量概述，优化各开发项目的资源分配和规划，以不超过系统架构师的工作总量为目标。若组织中的系统架构师来自人数确定的同一个团队或部门，更应注意这一要点。

图 10.5 给出了多个项目的工作量概述示例。图中所示的一些工作量曲线类似 10.5 节的图 10.3。然而，它们与图 10.3 中的曲线又不完全相同。你可以轻松验证，如果项目时间或图 10.5 中不同工作量曲线的形状发生变化，那么系统架构师的总工作量在某些时刻会出现峰值。

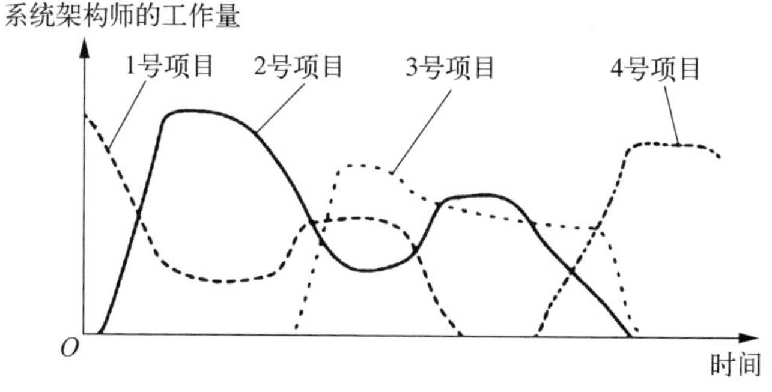

图 10.5　使用图 10.3 中的工作量预测支持基于开发路线图的规划

如果我们假设图 10.5 中 1 至 4 号项目的平均工作量与系统架构师的可用工作量完全吻合,则图中所示接近理想情况,其中总工作量峰值适中,因为单个项目工作量曲线的峰值和谷值水平彼此抵消。例如,2 号项目中的第一个工作量峰值与 1 号项目中的一个谷值同时出现。

然而,项目本身很难出现上述接近理想的情况。只有根据路线图信息进行规划,系统架构师才能避免工作量过于饱和或不足。对计划实施优化的最简单方法是提前开始任务,或者如果可行且风险可接受,则推迟任务。然而在某些情况下,仅通过计划不可能解决瓶颈问题。理论上最简单的方法是增加资源,但实际上我们通常难以做到。可以考虑如下两种可能的行动:

(1) 限制某些任务或降低任务的目标水平。该行动会造成一定的风险,应由 10.5 节中所述的风险管理人员来解决。

(2) 将瓶颈问题上报给路线图规划员。其他学科也可能会遇到瓶颈问题,路线图规划员最后不得不承认他们的路线图不切实际。然后,理想的结果是修改路线图。

表 10.6 将系统架构师与路线规划人员之间的合作称为“双赢局面”。

表 10.6 系统架构师与路线图规划员之间密切合作的双赢局面

路线图规划员的付出	• 确保路线图创建和路线图修改的透明性 • 重视系统架构知识
他们得到的回报	• 得到更切合实际的路线图
对系统架构师应尽的义务	• 路线图规划员应提供前期的路线图草稿,并通知后期的路线图更新
对系统架构师的期望	• 系统架构师应根据路线图输入信息对可行性进行初步研究 • 系统架构师应根据路线图优化系统架构中的计划 • 系统架构师应上报那些仅通过优化系统架构计划无法克服的能力瓶颈问题

10.7 生产及分销

亚辛(Yassine)和威斯曼(Wissmann)[150]指出产品架构、装配与分销之间联系密切,产品架构执行某些装配环节,并支持或阻止销售链内各实体延迟装配。因此,生产及配送人员是系统架构中重要的利益攸关方。

在有些情况下,在产品开发过程中并未明确定义生产及配送环境,但是在刚启动开发的时候已经在一定程度上存在了。在这种情况下,它可能是系统架构上的一个约束条件,即必须使用现有生产和销售环境的给定要素执行某些生产或销售环节。在理想情况下,这些约束条件由需求工程师获取,并且在系统架构师与生产及配送人员之间的沟通中可以得到细化。

表 10.7 将系统架构师与生产及配送人员之间的合作称为"双赢局面"。

表 10.7　系统架构师与生产及配送人员之间密切合作的双赢局面

生产及分销人员的付出	• 深入了解可能的装配方案 • 深入了解销售链内部的装配可能性
他们得到的回报	• 得到可供制造的设计产品 • 得到设计优化配送物流的产品
对系统架构师应尽的义务	• 生产及分销人员要说明他们负责的流程 • 生产及分销人员要评估不同制造和销售场景的成本
对系统架构师的期望	• 系统架构师应从系统架构设计的一开始就考虑可制造性 • 系统架构师应考虑制造过程中销售或分散精加工的特殊需要

10.8　供方

供方提供可交付成果,通常带有可链接关注系统的接口,甚至是链接系统内部的接口。因此,与供方的合作必将涉及接口规范。由于系统架构师是接口规范的所有人,因此他们应参与到与供方的接口协议中,供方最好也让自己的系统架构师参与沟通。

表 10.8 将系统架构师与供方架构师之间的合作称为"双赢局面"。

表 10.8　系统架构师与供方架构师之间密切合作的双赢局面

供方架构师的付出	• 从供方得到的制订合理接口协议所需的技术细节
他们得到的回报	• 从客户方得到制订合理接口协议所需的技术细节
对系统架构师应尽的义务	• 供方架构师要努力达成技术上合理的接口协议
对系统架构师的期望	• 系统架构师要努力达成技术上合理的接口协议

10.9　市场营销与品牌管理

亚辛和威斯曼[150]深入分析了产品架构与市场营销以及品牌管理等方面的

关系。他们得出的结论是产品架构影响公司,因此影响组织实体,即利益攸关方。此外,他们还针对“消费者角度领域”指出了目前存在的多个待研究的问题。因此,一方面,我们可以将市场营销和品牌管理视为潜在的重要架构利益攸关方,但另一方面,又不能仅仅只是回答上述待研究的问题。因此,我们仅限于根据自己的经验提供假设。

质量判据是系统架构的重要输入,将在12.1节中讨论。我们相信组织的营销和品牌战略提供了重要的质量判据,因为它回答了产品易区分、在短时间内上市和突破性创新潜能等重要判据对于产品在市场上的持续成功和增长有多么重要。派生质量判据对于所选架构的长期成功可能很重要,而基于需求的架构决策仅关注当前已确定的需要。由于市场营销人员通常关注当前的市场需要,因此系统架构师应清楚解释什么是系统架构的生命周期。这可能需要考虑到未来的市场发展。系统架构师还应该知道没有人能预测未来。市场人员通过描述前景做出推测,并可能在未来市场需要时改变他们的想法。系统架构师应随时准备迎接变化。与市场人员之间的沟通有助于培养他们所需的随时间推移的灵活意识,而且系统架构师应使用自己的专业意识做出比市场人员的预测更有远见的架构决策。

系统架构师还应了解多个不同的领域。市场营销和品牌人员使用的语言与系统架构师不同。系统架构师需要清楚地说明自己的需求,还应提出正确的问题,例如是实现产品强烈的差异化重要还是快速上市更重要。系统架构师还应该知道,特别是市场人员使用的语言,在特别关注解决问题领域的人看来可能很奇怪。这有很多原因,一是市场营销必须影响潜在购买者的情绪,而系统架构设计中通常考虑的人为因素是人机交互的重要因素①。与每一次对话一样,只有在彼此的工作得到认可的情况下,与营销、品牌人员的对话才会成功。为了进行成功的对话,系统架构师须承认,为了企业成功,必须对关注系统采取一种情绪多于技术的方法,这是市场人员特意选择的方法,并非因为缺乏技术内涵。

表10.9通过描述一种潜在的双赢合作局面来阐述上述假设。

---

① 这应是一次非常好的讨论,评估在人为因素工程中,是否需要更加关注用户的情绪。这一问题已超出本书的范围,但是我们建议感兴趣的读者去阅读《快乐工程》[51]一文,在第3章中已将其列为参考文献。

表 10.9 系统架构师与市场营销或品牌人员之间的密切合作可能是双赢局面

市场营销或品牌人员的付出	• 愿意面对一个比平时更注重技术的谈话对象
他们得到的回报	• 得到一个支持产品策略的系统架构,而不仅是支持开发路线图上邻近的一个产品
对系统架构师应尽的义务	• 市场营销和品牌人员应解释市场营销和品牌策略 • 市场营销和品牌人员应回答系统架构师提出的有助于确定系统架构质量判据的问题
对系统架构师的期望	• 系统架构师应承认,尽管市场营销人员的语言对于某些工程师来说听起来很奇怪,但是为了企业成功,市场营销是必须的 • 系统架构师也应在有关系统架构的日常工作中考虑市场营销和品牌策略

10.10 管理人员

弗里德(Fried)和汉森(Hansson)[42] 在《重来》一书中写道:"如果你要摆一个热狗摊,你可能会担心调料、推车、店名和装饰,但是你最应该担心的是热狗。"应用到系统架构领域,系统架构师最应该担心的是系统的架构。当然,如果一名系统架构师从未促成过接口协议而且从未制作过任何架构文档,就像是卖热狗的人没有热狗一样。但是,系统架构师不仅需要与开发组织沟通其工作成果,确保实现的系统能够显示预期架构,还需要与管理利益攸关方沟通其工作成果,确保系统架构设计的价值在管理层面得到认可。

由于大多数组织不销售架构,因此系统架构师需要证明他们对组织营业额的贡献。

在第 3 章中有详细说明,并给出了要交流哪些价值观的提示。为了保持对组织内对系统架构活动的支持,有一点很重要,那就是定期传达系统架构的价值和相信投资管理必将收到回报的理由。

如何像所描述的那样提高管理层次,将视情而定,按第 3 章所述,交流并解释系统架构的价值就已经足够——最好附有强调日常业务中系统架构如何为组织创造价值和投资回报的具体成功案例。然而对于对技术较为感兴趣的管理利益攸关方而言,展示系统架构可交付成果(如一份架构文档)不管怎样也可能是同样重要,最好结合成功案例,如该份文档如何有助于系统地分析降低成本的可能性。基于模型的系统架构可以帮助后一种类型的沟通,因为它支持创建利益攸关方专用视图,能够以适合管理人员的表示法表述模型内容。

根据经验,有效的系统架构设计需要管理意识,最好要有管理承诺。在实现有效系统架构的过程中,我们发现在没有完善的架构实践的组织中,少数工程师的非正式架构活动能够在系统架构应用方法的首批成功案例,这些成功案例将作为展示案例,通过变更项目来推动正式引入系统架构。在这类早期活动中,特别重要的是专注于"快速成功",就是那些可以创造组织看得见的高价值但低投入活动。

由于管理人员对系统架构师的信任非常重要,有可能或有义务不定时地向管理人员介绍系统状态的系统架构人员,应当留出足够的时间,以便准备和实施与管理人员沟通。

如果你是一名即将与管理人员会面的系统架构师,可以考虑如下三条黄金法则:

(1) 每次提出问题时,都给出一个解决方案。更好的做法是评估几种解决方案场景,并给出选择建议。

(2) 使用简单的沟通方式。不要期望管理人员有时间深入了解你的专业领域,而是应知道,他们希望你用简短和明晰的陈述让他们明白他们需要知道的信息。当你在坐车时,如果司机没有看到行人,你应该大喊"小心行人",而不是大谈车祸对行人的影响。管理人员好比是司机,系统架构师的任务是让他们了解如何驾驶及往哪里驾驶的有关信息。

(3) 永远不要利用与管理人员的良好关系从系统架构利益攸关方那里得到更多的权力。系统架构师在构建关注系统方面的影响力来自系统架构师有理有据地说服他人的能力,而不是通过管理人员下命令。一定要通过与利益攸关方亲自对话来解决与该利益攸关方的矛盾,千万不要让管理人员充当矛盾调解员。管理人员希望你能够解决自己的矛盾。

表 10.10 将系统架构师与管理人员之间的合作称为"双赢局面"。

表 10.10 系统架构师与管理人员之间密切合作的双赢局面

管理人员的付出	• 相信向优秀的系统架构设计投资将产生投资回报
他们得到的回报	• 可预测的项目 • 更好的产品(见第 3 章) • 与工程领域进行更好的沟通
对系统架构师应尽的义务	• 管理人员对投资回报应有耐心
对系统架构师的期望	• 系统架构师应解释系统架构设计的价值(见第 3 章) • 系统架构师应提供关注系统的"鸟瞰透视图"信息,不必向管理人员提供过多的技术细节

11　角　色

在系统工程会议中，我们遇到过各种人，他们向雇主提供需求说明、架构描述、验证策略和许多增值交付物。从他们的名片上看，有些是“数字信号处理工程师”，有些可能有头衔，如“某机械设计单位负责人”，还有些是“系统架构师”。

不管这些人的名片上写的是什么，假如我们在某次系统工程会议上遇到他们，那么很有可能是因为他们正在应用与系统工程相关的思绪、方法或过程。假如我们在某次系统架构会议上遇到他们，那么他们很可能也要参与系统架构设计。

在系统开发过程中，我们可能会问目前谁在执行系统架构设计活动，问题的答案应该与此人在组织中的职位无关，而应基于不同人员现时开展的活动类型。在论及系统架构设计中的活动以及开展活动所需的技能和能力时，可以独立于组织形态进行描述，使系统架构设计描述可在不同的组织中重复使用，并具有应对组织变动的鲁棒性。

为避免需要考虑不同类型的组织，这里使用“角色”的概念。角色是对必须执行一组特定活动的某个工作人员或团队的理想化表征。角色通常与“角色描述”一起使用，定义角色的目标、任务、责任以及与完成工作有关的能力。就如同一个演员不需要当选总统就可以扮演总统的角色，可以向组织中没有或尚未被授予相应职位的人员分配一个角色。本章将重点讨论角色，而不讨论组织。有关组织上下文中系统架构设计的注意事项可参阅第 19 章。

担任系统架构师角色的人员是系统架构的中心。他们必须确保系统要素在系统集成过程中相互配合，并一起作为一个整体来满足系统需求。他们负责确保组织中有适当的架构和架构描述，而且能够使人理解。本书术语表中的“系统架构师”是指担任系统架构师角色的人员。一些公司对于这个角色可能有不同的名称，而且担任这个角色的人员在日常工作中往往还担任其他角色。本章描述担任系统架构师或系统架构团队成员的任务、行为方式以及需要具备的技能。

11.1 系统架构师角色

11.1.1 目标

这里用非常概括性的词语描述了系统架构师角色的目标。这将基于系统架构师与利益攸关方之间的交互，如第 10 章所述。

系统架构师应确保关注系统的系统架构一致，并且满足系统需求和潜在质量判据。

系统架构师应确保系统架构描述正确地描述了系统架构，而且相应利益攸关方能够理解利益攸关方专用视图。

系统架构师应确保通过系统架构描述与有关利益攸关方就系统架构达成一致（主要目标是约定接口规范）。

11.1.2 职责

系统架构师承担的职责如下：

(1) 明确利益攸关方及其关注点和视角，以定义描述关注点所需的视图。

(2) 用适当的透视图和视图创建系统架构描述。

(3) 明确哪些利益攸关方要审查系统架构描述。

(4) 建立系统架构描述与系统需求之间或用例与学科专用架构（如软件或机械架构）之间的可追溯性。

(5) 与已确认的利益攸关方一起评审，确保系统架构满足需求或支持其追溯到的用例。

(6) 向利益攸关方提供有关系统架构及其工作的专业知识。

11.1.3 任务

系统架构师有多项任务。若要确定待完成的任务通常是否分配给系统架构师，可以检查是否至少满足下列判据中的两项判据：

(1) 该任务涉及多个学科。

(2) 该任务可以处理系统级解决方案。

(3) 该任务需要定义或分析一个或多个系统架构描述透视图中的接口，例如：

① 物理透视图的跨子系统接口；② 功能透视图功能之间的相互关系；③ 分层透视图中的跨层接口。

系统架构师典型任务的非详尽列表如下所示：

(1) 参与可行性研究和工作量估算。

(2) 帮助项目负责人分解项目中的工作。

(3) 参与项目规划和验证规划。

(4) 与技术专家一起寻找解决方案。

(5) 确保每个接口都经过接口两侧利益攸关方的同意。

(6) 创建系统架构描述。

(7) 发布和沟通系统架构描述。

(8) 根据系统架构描述解释系统架构。

(9) 根据系统架构描述回答利益攸关方的问题。

(10) 改进系统架构。

(11) 协助解释系统级测试结果(如陈述一个假设,设想在哪个子系统中查找系统验证期间失败的原因)。

11.1.4 能力

系统架构师有能力做出不影响其他利益攸关方进度或预算的架构决策。

系统架构师有能力领导各利益攸关方需要参与的关于架构决策的谈判,例如,因为这些利益攸关方的进度和预算受到该决策的影响。

系统架构师有能力批准对系统架构的描述。

11.1.5 系统架构师的必备技能

系统架构师的主要技能是抽象能力和沟通能力。沟通能力是系统架构师的一项必备技能,因为他们需要与系统各利益攸关方互动,为的是构建正确的系统架构,并且为了确保系统架构能够被需要理解它的人所理解。沟通能力如此重要,所以本书第 20 章的大部分内容都是关于沟通的。因此在本章中,我们将不再赘述系统架构师的这些最重要的能力,而是更多地解说抽象能力。

根据“抽象”一词的拉丁语词根,它的意思是指把某物提取出来。因此,我们从现实世界里所有非理想性的概念物质化中提取概念的本质。如图 11.1 所示,系统架构师正在查看一个相对复杂的系统,由于各种约束条件,因此必须以非常复杂的方式构建该系统。系统架构师具有抽象能力,他不是以复杂的方式来考虑系统,而是抓住“C 从 A 流向 B”的基本操作原理。所选择的图非常接近前文提到的“把某物提取出来”的字面意思。图中的系统架构师通过查看系统的具体表示形式,牢记操作原则。

因此,即使抽象是基于具体的现实,也不会妨碍我们可以对一个目前尚未构

图 11.1 抽象能力©[2015 雅各布 · K(Jakob K.),转载已取得许可]

建的具体系统进行抽象。这是抽象工作在系统架构设计中的主要优势:找到待构建系统的抽象表示形式,就能把系统简化为其本质。然后,在系统开发过程中,甚至在系统第一次实现之前特别关注这些问题。

具有抽象能力的系统架构师可以实现如下目标:

(1) 接受除"病态案例"之外的系统行为描述,从而生成简化的系统描述。

(2) 记录非常复杂的相互关系,并且仍然可以看到系统内在结构。

还有一个相关能力,我们称之为"反向抽象":一旦系统架构师从系统的抽象模型中得出结论,就必须将结论转换到具体应用中。如果是市场营销利益攸关方,这可能意味着系统架构师必须解释架构约束对客户感知产品方式的影响。如果是工程利益攸关方,这可能意味着系统架构师必须解释选择 XYZ 模式对于信息通过无线连接传输之前的编码方式有何影响。

当然,系统架构师所需的技能远不止这些。11.5 节将继续讨论部分技能。我们未进一步详述的一项技能是领导能力。这项能力对于系统架构师来说非常重要,因为领导力可以带来追随力,而追随力既可以确保遵循确定的系统架构,又可以确保系统架构中的思维方式逐步推广到需要应用它的组织人员中。由于本书不是关于领导力的培训教材,因此我们建议感兴趣的读者阅读与领导力相关的书籍。

11.1.6 基于模型的系统架构设计的必备技能

有人可能认为建模语言和建模工具知识是基于模型的系统架构设计中最重要的技能。当然,这些技能都有帮助,但是,成功进行基于模型的系统架构设计须满足如下最重要的先决条件：

(1) 具备已提及的抽象能力，因为所有模型都是实物的抽象。

(2) 理解“模型是唯一的真相来源”(见 9.10.1 节)这一原理，还要是有能力在组织中发展这一原理的追随者。

(3) 了解视图与模型之间的区别(见 7.7 节)。

11.2 系统架构团队

担任系统架构师角色的不止一人。几个不同的系统架构师可以处理同一个架构描述，比如通过处理公共架构模型。他们应通过密切合作来确保系统架构的一致性，他们应作为一支系统架构团队担当自身的角色。团队应确保进行团队建设，制订团队守则和流程，经常开会并制订一致的日程表。系统架构团队连接不同领域或从事不同活动的系统架构师。例如，团队中每个成员都可以作为系统架构师分配到不同的职能团队中[85]。

通过系统架构团队，系统架构师可以确保实现如下目标：

(1) 遵循相同的方法和最佳实践。

(2) 系统架构保持一致。

(3) 与系统架构师的合作保持一致。从而在与多个系统架构师合作的利益攸关方看来，系统架构是一项可预测的一贯性活动。

(4) 对困难问题可能会另有见解。

(5) 有多个系统架构师了解系统架构，以便在某个团队成员不在场时可由其他成员代替。

(6) 某些活动的工作量可由多人分担。

(7) 系统架构师可以互相帮助。

除了在日常工作中互相协助处理各种具体工作之外，系统架构师还可以通过如下多种方式相互帮助：

(1) 团队成员具有不同工程学科知识，可以在团队工作期间加入自己的认识，这样可以在团队中间达成多学科认识。

(2) 团队成员各有优缺点，他们可以用自己的长处补足他人的短处。

(3) 团队成员对同一项任务采用不同的方法，从中选择最佳要素，形成一种更好的方法。

在对系统架构团队进行人员配备时，应记住把优缺点可以互补以及具有不同特点的人员放在一起，从而提高为每项任务找到适当方法的可能性。例如，把务实的人员和善于分析的人员放在一起。这样做的原因有如下几点：

(1) 一个只有分析人员的团队可能会陷入过于深入的分析，当解决方案足够时仍不能停止分析。

(2) 一个只有务实人员的团队可能会陷入矛盾或混乱。

在微型组织中，总人数限制了可以参与系统架构团队的人数。但是即使在较大的组织中，能够作为一个系统架构团队进行有效协作的人员数量也很有限。在现实组织中，成功系统架构团队通常有六名成员。我们没有充分的理由解释为什么六人团队是最佳成功团队，但是我们可以考虑关于团队规模的如下权衡措施：

(1) 为了尽可能具有多学科特点，在理想情况下，团队应由具有开发关注系统所需的所有不同工程领域背景的人员组成。

(2) 为了能够关注团队的其余成员，团队各成员可能会受到“7±2 原则”[96]的限制，这就意味着在“−2”情况下，每个团队成员最多只能关注 5 个人。再加上站在该角度的团队成员，共有 6 名团队成员。

一旦创建了系统架构团队，除沟通和开展运营工作外，就可以开始推进系统架构设计实践。

11.3 系统架构利益攸关方

我们在第 10 章中已经介绍了典型的系统架构利益攸关方。其中一些在系统架构设计中有专门的角色。例如，需求工程师是提供需求输入的人员。如果某程序写明“包含利益攸关方”，那么其他人员也将成为相关者。例如，可能有一个程序写明，某一部分架构描述必须由利益攸关方评审，那么参与的利益攸关方类型就要依赖于该架构描述的内容。如果关注的是生产，那么系统架构师可能需要涉及生产人员；如果要检查系统的测试接入点，验证人员可能需要参与。因此，在某些系统架构活动的描述中(如架构描述评审)，明智的做法是使用通用角色“利益攸关方”，而不是像“生产基础设施工程师”这样的特定角色。

11.4 招聘系统架构人员

如前文所述，本章讲述的是某个组织中的角色，而不是职位或职称。说到“招聘”，就是要确定系统架构师角色的合适人选，至于是从外部招聘还是在组织内部挑选并不重要。

我们发现，开发中的主要角色经常被招聘为“系统架构师”。当然，原因是这些人员至少对系统的某些部分有总体认识，而且生成概述是系统架构师的一项核心工作。问题是大多数系统架构师具备的技术技能是不是他们应具备的最重要的技能。在强调了沟通和抽象能力是系统架构师最重要的技能之后，我们给出的答案是“不是，但……”

系统架构师需要有技术能力与技术专家沟通，而技术专家最擅长的是用只有另一个专家才能理解的技术术语来表达自己的观点。系统架构师还需要传播新架构概念的思想，因此需要有公信力以及其他工程师的信任。技术精湛是取得其他优秀技术人员信任的一个关键。然而，深度参与系统架构设计的系统架构师不可能同时跟上关注系统技术的最新发展水平。系统架构师要依赖其他专家提供与系统架构相关的最新技术信息。

比技能更重要的是适用的人才和正确的思维方式。系统架构所需要的人员应具有多学科思维方式以及有能力把思想落实到不同学科的人员。这些人员又称为“T 型人才”[131,73]（第 111 页，第 75 页），因为他们对某一领域有深刻见解，而且愿意从多学科角度思考，就像一个可视化的“T”形图（字母的竖线代表在某一领域的深刻见解，横线代表多学科思维）。

由于系统架构师需要与利益攸关方进行良好的沟通，还需要具备所需的技术知识以及不同领域工程师的信任，因此最好是在组织内部招聘系统架构师。努力寻找“T 型人才”。寻找那种在解决多学科问题时，其他人总是向他寻求帮助的人。寻找那种在解决问题的过程中，他若不在场，其他人就会感到紧张不安的人。

还要寻找那种总是显示出能够努力让事情变得更好的人。不要寻找那种遇到事情就抱怨，并假设事情可能将变好的人。应选用那种以实际行动改进工作，或至少经常提出改进建议的人。莱安德鲁·赫雷罗（Leandro Herrero）把这些人称为“单纯、健康和不安分的人……，混杂着……挫折，同时致力于让事情变得更好”[52]（第 282 页）。他在招聘流程变革专员时遵循了以上方法。实际上，我们可以说系统架构设计须具备流程变革专员的技能，这不仅是因为确保利益攸关方遵守接口协议可能意味着他们必须“改变”解决方案的理念，使之符合接口定义，而且还因为建立多学科思维模式有时须开始改变思维模式。

找到合适的人才比找到公司适当职位上的人员更重要。例如，具有良好项目管理意识的人未必是好的系统架构师，因为他们关注的是时间而不是正确的概念和共识（见图 10.2），实际上应避免将项目负责人角色和系统架构师角色分配给同一个人，因为这两个角色必须在不同的方向工作（见图 10.4）。此外系统架构师还应该有能力按时间表完成任务，而不是迷失在细节中。

系统架构师是系统架构在不同工程领域的“大使”。因此，最好是寻找这些领域的"非正式领导者",经常按照其他参与者的意愿应邀参加技术讨论的开发工程师是系统架构师的合适候选人。当讨论某些问题时,若其他团队成员希望这个人在场,则表明此人具有促进和调解技巧,并且有能力提出解决方案,这是系统架构师的典型技能。当然也可能有一种无所不在的人,如他们不分享自己的知识信息就可以让自己在组织中变得"不可或缺"。由于这些显然的原因,因此这些人也被邀请参加许多活动。他们不适合担任系统架构师,因为知识共享在构建系统架构时不可或缺。

当然,在自己的组织内部招聘系统架构师也面临着如下挑战:

(1) 具备所需技能的人往往是骨干成员,他们的上司可能会说,不可能把他们的工作交给别人。

(2) 这些人员在担任系统架构师角色时,仍参与原来的工作。他们并不总是能优先处理系统架构师的工作。

在遇到这些挑战的情况下,下面的思路可能有所帮助:当某位骨干成员离开某开发工程师团队并由其他成员取代时,组织便不再那么依赖"英雄人物"(少了他们什么都做不了的骨干成员)了。此外,这些人员因为被任命为系统架构师而感到事业有了飞跃,并可能因为这个原因在公司多待几年。这样,先前的"英雄人物"所具有的专业知识仍然保留在公司内部,并且可以逐步传递给其他人。

在招聘系统架构师时,还要考虑即将组成的系统架构团队缺少哪些才能或技能?团队成员中采用分析方法的人员多还是采用务实方法的人员多?努力招聘能够给团队带来所缺人才、技能和方法的系统架构师。

11.5 系统架构师的才能发展

虽然每个人都可能去上过舞蹈课,但是有些人必须刻苦练习才能学会跳舞,而有些人好像天生就会跳舞。后一种类型的人在舞蹈方面很有天赋。假设我们已经招聘到了前文所述具有良好天赋的系统架构设计人员,他们将来能够凭借自己的才能设计出最优系统架构吗?或许不能。就像一个有天赋的舞者仍然需要合适的老师,系统架构师也需要通过方法和工具培训及工作经验的积累不断学习。

当我们招聘到一个新的系统架构师时,我们很可能已经找到了一个"T型人才":除了具有自己工程学科的背景之外,还具备多学科思维才能,因此拥有广博的知识。现在系统架构师不但应接受系统架构方法、流程和工具方面的培训,还应接受其他系统工程实践方面的培训,如重要系统工程利益攸关方学科(如需求工程和验证)。此外,系统架构师应在工作中学习,同时还要协调不同工程学科之间的工作。这不仅包括系统架构实践,还包括与子系统相关的各类技术和学科的特性。系统架构师将对各个子系统形成不同深度的了解。

已经证明,在系统架构角色方面具备足够专业知识的人员可能得到的工作任务其目标是改进系统架构设计学科本身,而不是改进关注系统。因此这些人员与操作工程事务接触的机会少于部分同事。由于他们不再密切接触各工程学科的最新知识,因此他们在这些学科方面的知识将可能过时。

从一名“T型人才”到能够改进自己组织中系统架构设计方法的资深系统架构师,我们对这一过程总结后发现类似图11.2所示的系统架构师的经验增长发展轨迹:沿对角线方向向上从左向右用三个快照给出了系统架构师的发展轨迹。在各快照中的垂直维度表示对不同技术或与子系统相关学科的技术了解深度。指向纸面内的水平维度表示对不同系统工程学科的了解深度,而其余水平维度表示不同的相邻学科。

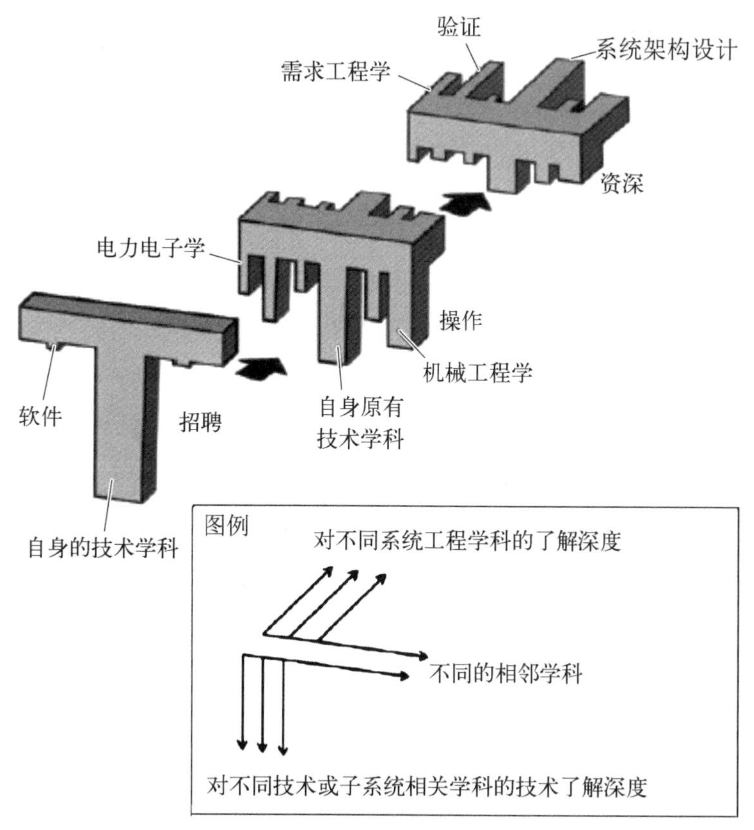

图11.2 系统架构师的经验增长发展轨迹,假设先前没有任何系统工程职业经历或教育背景

在图 11.2 中左边的快照表示招聘系统架构师的通常情况：我们看到“T 型人才”中的“T 型”，这通常表示比图中所示的内容更多。在这个阶段，系统架构师通常缺少系统工程方面的全面知识，除非他曾经接受过系统工程教育或有过系统工程方面的经验。在这些情况下，图 11.2 不适用。

图 11.2 中间的快照非常类似于梅尔和雷克廷[92]给出的图形，稍后将对此进行讨论。该图展示了系统架构师开展系统架构设计工作时的状况：具备不同技术、工程和系统工程学科方面的知识，原有的技术学科知识已经过时。这并不一定意味着系统架构师忘记了在以前的工作中学到的知识，而是说，技术和相应的工程方法发展和变化很快，以至未完全专注相关技术学科的人员不再能了解到最新知识了。对于系统架构师来说，大多数工程学科都会出现这种情况，因为所需的投入与系统架构设计的更新存在冲突。对于想要成为系统架构师的工程师来说，失去自己原有技术领域的能力是需要考虑的一个重要方面。只有能接受这种损失，他们才能全身心投入系统架构设计中。如前文所述，梅尔和雷克廷在他们的《系统架构艺术》[92]（第 8～9 页）一书中给出了一个非常类似的快照。他们追溯到鲍勃·斯宾拉德（Bob Spinrad）1987 年在南加州大学的一次演讲，给出了不同子系统学科“所需的了解深度”，省略了系统工程维度，而我们则给出了实际获得的了解深度，包括系统工程的维度。我们之所以没有像梅尔和雷克廷一样展示所要求的深度，是因为前文已经解释了会失去对原有工程学科的能力。如果我们只简单描述成为系统架构师实际所需的能力，那这一点就没有那么突出了。梅尔和雷克廷可以用他们的表示法来说明关于了解深度的另一个重要方面：虽然并不总是需要详细了解每一个子系统，但是系统架构师必须“深入”某些案例，找出手头任务的具体细节。这样，系统架构师将会更深入了解不同的学科。

在图 11.2 中最右边的快照给出了资深系统架构师的状况。对不同系统工程学科的了解取代了对子系统的具体了解，当然也是最重要的是对系统架构的了解。

请注意，图 11.2 所示为一种心理模型视图，就像每个模型都是对现实的不完美表现。正是由于模型不完美以及人类才能和人格的不同方面是无限的这一事实，我们才希望能够在世界各地找到优秀系统架构师，且他们的职业或现状完全不同于图 11.2 中所示。我们建造这个模型是为了提醒系统架构师，他们可能失去原有知识领域的技术能力，激发他们参加系统工程方法和工具培训的需求。然而我们强烈反对用该模型来发现人才或衡量系统架构师的技能水平。

那么，在系统架构师比较重要的学习过程中，我们可以进行哪些培训呢？下面列出一份非详尽的培训项目清单，供参考：

(1) 过程培训(不仅是系统架构过程，还有需求工程、验证和确认、变更和构型管理以及其他系统工程学科)。

(2) 系统架构方法培训(如将在第14章中阐述的FAS方法)。

(3) 建模语言培训(如SysML)。

(4) 支持上述方法、过程和建模语言所使用的工具培训，如SysML建模工具。

(5) 沟通与表达培训。

既然我们将工作经验视为系统架构师才能发展最重要的一个方面，那么我们建议不仅要对方法和过程的培训做系统的规划，还要对它们在实际项目中的应用进行规划。最好是同时进行规划，使培训在日常工作中立竿见影地发挥作用。

12 过　　程

系统架构过程是系统架构师的核心工序。表 12.1 列举了如何定义系统架构过程的输入、输出以及贡献角色。当然，主要的输出是系统架构描述（见第 6 章）。但是，系统架构设计的经验应在执行工作期间获取，并应以启发的方式表达（见 7.10.1 节），如用最佳实践文档的形式。这导致跨项目更新和使用动态文档。

表 12.1　系统架构过程的输入、输出以及贡献角色示例

系统架构过程的输入	• 系统上下文 • 需求 • 用例 • 质量判据 • 启发法、模式和最佳实践 • 开发路线图 • 领域知识
系统架构过程的输出	• 架构描述 • 最新启发和最佳实践
贡献角色	• 系统架构师（推动过程） • 利益攸关方（提供输入并使用输出）

12.1　系统架构过程

生成系统架构描述的实际过程包括系统架构设计、确认或评审[①]以及批准其输出。

系统架构的一个简单解释是将需求转化为子系统功能和性能的分配。然而在很多情况下，可能应先于其他需求收集与系统架构最相关的需求，原因如下：

① 有关这些术语的说明，参见 12.1.3 节。

(1) 在决定系统的最基本架构时,其他需求可能尚没有完全明确。

(2) 在项目过程中,其他需求可能发生变化,如基于新市场的输入。

(3) 系统架构可能在多个项目中重复使用,而一份需求文档通常只用于一个项目。

(4) 在系统架构生命周期的其他阶段,可能需要可维护性和可扩展性。

这是以质量判据之类作为输入的原因。在论述质量判据和质量需求时,我们将具体阐述这一点。

系统架构师必须确保系统架构考虑了系统及其演变体的生命周期每一阶段。根据经验,大多数系统架构的寿命都比预期的长。因此,系统架构师必须考虑如何使系统架构持久,其可能是我们在表 12.1 中看到的作为输入的质量判据之一。下面讨论表 12.1 中所有输入:

(1) 系统上下文提供了系统需求的范围、用例和系统架构(见 8.2 节)。

(2) 需求和用例详细说明了系统的预期功能、行为和性能。系统架构必须满足相应的预期。

(3) 质量判据给出了对何种判据(如灵活性与简单性)进行优化的指南。这些优化可通过系统架构师与其利益攸关方之间的密切合作来实现(另请参见 10.9 节)。系统架构师应确保利益攸关方认同质量判据。在理想情况下,需求工程过程为各项质量判据提供质量需求。但是,我们建议系统架构师与需求工程师密切合作以明确各项质量判据的质量需求。质量需求之所以如此重要是因为它们对于系统架构生命周期具有重要意义。尽管大多数质量需求的目标在于需求捕获时就已是为人所知的某个特定产品组合,但质量需求促使而形成架构决策在系统架构的整个生命周期内都难以更改。由于基本架构决策通常适用于多个产品,因此重要的是,要提前关注通常会成为需求工程过程关注点的那些产品。系统架构师应确保从利益攸关方处获得质量标准。由利益攸关方单独制订的质量判据可能不是最佳的,因为受背景的限制,他们可能缺少对系统架构影响的必要认识。因此系统架构师与利益攸关方之间的密切沟通非常重要。系统架构师应确保利益攸关方清楚哪些问题需要通过定义质量判据来回答。质量判据可推动形成质量需求的定义,在系统架构评估期间可使用这些定义(见第 18 章)。例如,可对某条质量判据进行修改。

(4) 启发法、模式和最佳实践有助于解决既定业务的特定挑战。通常,将在许多项目过程中维护这些输入,并利用从各个项目获取的经验进行更新。

(5) 开发路线图可给出关于可扩展性需求的概念。

(6) 领域知识可在了解待开发项目的过程中补充需求。

INCOSE系统工程手册[56]定义了系统架构的流程。它对输入和输出的命名与表12.1有一定的区别。其中,它提到"系统要素需求"。在基于模型的系统架构上下文内,有一种基于模型的生成这些需求的方法(见图9.20)。在我们的命名法中,创建它们还需要需求工程师的参与(见10.1节)。

在对系统架构过程做了概要描述后,下面我们给出系统架构过程步骤的一些示例,首先给出通用示例,然后给出与本书其他章节内容的一些关系。

12.1.1 通用系统架构过程步骤示例

用通用短语列出系统架构过程的典型步骤如下:

(1) 确定利益攸关方及其关注点。

(2) 确定透视图(可能由组织中使用的标准化架构框架给出)。

(3) 确定利益攸关方视图。

(4) 确定质量需求。即描述已被确定为质量判据的特征。我们在前文中用可修改性作为质量标准的一个示例。一条相关的质量需求可能是:"一个新颜色的系统变体必须准备在系统开始开发后3个月进行销售。"

(5) 根据质量需求评估各种可选方案,并决定选择哪种方案。例如,为了坚持快速更新颜色的质量需求,可以选择模块化系统架构,严格将有颜色的外壳部件与构成系统核心功能的部件分开(根据7.5节中"稳定部件与不稳定部件分开"模式)。

(6) 借助不同视图的信息以及不同视图的映射对架构建模。

(7) 通过生成视图形成系统架构描述。

(8) 确认、评审并批准系统架构描述。

12.1.2 具体系统架构过程步骤示例

如何在系统架构过程上下文中使用本书中概念,我们给出如下建议(强烈建议根据个人需要进行增减、删除或添加某些步骤):

(1) 使用第10章中的利益攸关方作为默认初始利益攸关方列表,并评估所给的项目是否需要其他利益攸关方。

(2) 从第9章中选择系统上下文、功能透视图、物理透视图以及可追溯透视图。

(3) 确保系统上下文描述可用。

(4) 基于系统架构评估(见第18章),确保基础架构满足符合质量判据的质量需求。

(5) 根据过程输入用例,使用 FAS 方法(见第 14 章)填充功能透视图。

(6) 针对不同的利益攸关方创建功能视图,包括他们感兴趣的功能和与他们有功能接口的功能(见第 9 章)。

(7) 与利益攸关方共同根据基本需求实施"功能到物理组件的映射"。

① 正式替代方案。

a. 找到替代映射。

b. 利用权衡研究及决策理论(见 17.4 节)选择最佳替代方案。用需求作为选择判据,特别确保非功能需求得到足够关注。

② 非正式替代方案。

a. 将可能参与映射的所有物理块样本集中为一组[82]。在一些方法中,将该团队称为特性团队。

b. 将需求提供给该团队,并要求他们提出合理的"功能到物理组件映射"并说明选择该映射的理由。

(8) 根据所产生的模型、视图、决策和推理,生成系统架构描述(如利用在 6.3.1 节中的模板)。

(9) 根据 12.1.3 节确认、评审和批准系统架构描述。

12.1.3 基于模型环境下的确认、评审和批准

术语"确认"在不同行业的不同标准中有多个定义。有时,它是指确认系统架构描述文档是否符合需求的一种活动,例如经评审确认。有时,它是指当产品样品用户在其操作环境下使用该样品时确认该样品是否满足利益攸关方需求的一种活动。有时,它也可能用于这两者或者其他类型的活动。由于读者来自不同的行业,所以在本节中不再使用这个术语。

本节内容关于确认系统架构描述的内容是否正确,主要从如下三个方面确认:

(1) 系统架构描述所述的系统架构满足系统需求。

(2) 系统架构描述所述的系统架构具有技术合理性。

(3) 系统架构描述本身是一致的。

同样,有多个流程版本可以实现这一点。列举一个非常简单的示例如下,以便利用其探讨对基于模型的系统架构进行评审和批准的细节:

(1) 系统架构师确定需要参与评审的利益攸关方。

(2) 系统架构师与确定的利益攸关方一起进行评审。

(3) 论述可能的评审结果,必要时重启评审流程。

(4) 一旦确认系统架构描述的内容正确,系统架构师即可以宣布系统架构描述获批准。

(5) 用文件记录以上流程,例如,列出参与人员及其角色、评审日期、论述评审意见采取的行动以及确认完成评审采取的措施。还可以说明哪些评审人员参与了在审系统架构描述的创建,哪些是独立评审人。

以上流程可能过于简单,不能用于对流程或产品有法定要求的行业或系统。建议读者在采取上述任何步骤前,查阅有关的适用规章资料。

在基于文档的环境中,只要符合适用规定,就可以遵循以上流程。可以根据架构描述文档执行流程,然后将结果记录在评审文档中,例如:

“2015 年 2 月 20 日,詹姆斯·布隆德(James Blonned,指定图像处理工程师)、罗杰·穆尔(Roger Mouhr,应用物理研究员、独立评审人)和辛格森·史密斯(Singeon Smyth,指定光学工程师)评审了文档,发现它正确、一致并符合所述的系统需求。因此,艾恩·福莱梅昂(Eyeaen Flaemeeng,指定系统架构师)于 2015 年 2 月 20 日批准了该文档。”

当然,这只是举个例子,根据适用的流程或规章,表述可能不同。可能需要电子或手写签名,例如借助一种经确认的工具来完成。

在基于模型的环境中,首先,没有可以审查、批准或签名的文档。这对于批准流程以及可能需要签名的管控流程都有影响。在本书中我们不考虑管控问题,因为它在很大程度上取决于上下文和适用规定。因此,我们继续简单地假设不需要考虑任何规定。我们将考虑如何确保能够以某种成熟度状态提供从模型中检查到的信息,所谓的成熟度状态是相应的利益攸关方是否已经审查和批准这些信息的标志。

在国际系统工程协会(INCOSE)德国分会 2014 年度研讨会期间,本书作者之一拉姆与 J. 阿布拉维(J. Abulawi)教授讨论了如何批准基于模型的系统架构描述[1]。拉姆建议将选定的视图导出为图片,并通过电子或手写签字予以批准。那么按此观念,应认为在这个选择中不可见的视图和模型要素不存在。基于模型的文档生成(见 6.3 节)被视为一种支持以文档格式导出选定视图的方法。在其他方法不可行的情况下,仍可将该方法视为备用解决方案。然而,讨论的[1]结果是,可以选择不同的方法恰当地执行基于模型的流程。下面将进行简要介绍。

根据视图与模型分开的原则(见 7.7 节),我们假设模型是实际信息载体,而模型视图只会导致信息可视化。这意味着模型本身应包含是否业经评审和批准的信息。但是，由于利益攸关方需要通过利益攸关方专用视图访问模型信息，因此须利用这些视图编制在审信息。

如何从视图审查阶段到模型批准阶段？首先，必须确保每个视图都包含与相应利益攸关方相关的模型要素。应说明规则，确定在视图中显示模型要素的规范。例如，如果由一个正在处理一组功能块的特性团队来审查某一功能架构模型，那么给定的功能块以及通过端口与其链接的所有功能块都应在视图显示范围内。在这个示例中，给定特性团队的视图将会显示其他特性团队类似视图范围内的块。同样的效果可能出现在其他透视图中。在 9.2 节中，给出了物理透视图的不同视图，它们所显示的模型要素有大量的重叠(见图 9.6 和图 9.7)。

其次，正如我们在示例中看到的一样，某一模型要素可以存在于多个视图中，这些视图必须由不同的利益攸关方团队进行评审。这意味着，单独一次评审活动不能得出某一模型要素通过批准的结论。只能得出一个结论，即模型要素在用于评审的视图环境中通过批准。我们为视图引入了“预先批准”的成熟度状态。它表明，对给定视图进行了审查，结果是业经审查的内容得到批准。

基于预先批准，如果模型中出现的所有视图都已通过预先批准，则可以添加自动化程序，自动将模型要素标识为已批准的。如下伪代码说明了这一点：

```
boolean is approved (model element m)
   for each v in all views
    if v contains m
          if v is not preapproved
             return false
          end if
       end if
    end for each
    return true
```

若需要生成已批准的可视化数据，则需要验证某视图是否获得批准，以便自动生成与该视图关联的成熟度状态。

若所有可视化模型要素均按以上规定获得批准，那么视图中给出的信息就获得了批准。如下一段伪代码说明了这一点：

```
boolean is approved (view v)
    for each m in all model elements
        if m in v
            if not is approved (m)
                return false
            end if
        end if
    end for each
    return true
```

如果整个系统架构模型都应该通过上述方法获得批准，则必须确保各模型要素至少包含在一个视图中。

最后，考量上述解决方案是否可行。该方法至少要能够自动化，但是它有一个缺点：已经处于批准状态的模型要素和视图会在创建一个新视图后立即失去该状态，因为可以假设视图在创建时未被预先批准，那么视图的所有模型要素都不再是经批准的，因此显示这些模型要素的所有视图均存在这种情况。

12.2 变更与构型管理过程

系统架构范围内的变更和构型管理确保：

(1) 将系统架构描述版本，甚至是单独版本的部分置于构型管理之下。

(2) 变更已批准的系统架构描述时，应将变更制品的影响分析和重新批准作为重点。

第 10 章中有关与构型管理员合作的论述提供了关于这一主题的更多细节。如果没有构型管理员，那么系统架构师应考虑充当构型管理员角色。

12.3 系统架构师参与的其他过程

其他学科中可能有一些系统架构师应参与的过程。这些过程确保系统架构师与利益攸关方之间的必要合作。其中一个示例是需求工程过程，例如在这个过程中，系统架构师将评估一个设想的系统架构或既定的系统架构可否满足需求。

第 10 章论述了系统架构中的典型利益攸关方。围绕他们的过程是系统架构师也可能参与的典型过程。由于本书的重点是系统架构，我们不在此详细讨论这些过程。

13 敏捷方法

敏捷可以有不同的含义,它并不一定意味着要不顾一切地去完成呼声最高或优先级最高的任务。相反,典型的敏捷方法的目标是尽快完成一项任务,以便为紧接着想要完成的重要任务做准备。

作者相信,敏捷方法在基于瀑布模型的开发过程中占有很多优势,这些优势在这些方法刚出现时就已存在。有些组织在其部分开发实体中甚至在更大范围内采用了敏捷方法。到目前为止,我们只发现极少数的组织在系统工程中完全采用敏捷方法并对外界展示。原因可能是在组织层面引入敏捷方法是一个具有挑战性的变革过程。

当组织的不同实体部分采用或以不同的方式采用敏捷方法时,系统架构师将受到这些差异的影响,因为系统架构师作为多学科代理人,必须与组织内部的多个实体协作。本章旨在反映当今系统架构师的真实状况,他们不一定根据教科书使用敏捷方法。

首先,我们简要总结敏捷开发历史上的重要事件。然后介绍敏捷实践远景与现实之间的潜在差异,系统架构师必须对此做好准备。

13.1 迭代-增量和敏捷开发的历史

1986 年,竹内弘高(Takeuchi)和野中郁次(Nonaka)[133]的文章《新新产品开发游戏》提出了自组织团队进行产品开发,团队按照“独特的动态或节奏”工作,并将学习视为一种重要的实践。整篇文章使用橄榄球赛中的比喻强调在团队前进和“并列争球”中与他人互动两个方面。在敏捷开发中沿用了“并列争球”这一行话,定名为“争球法”[85]。

1988 年,贝姆(Boehm)提出了“螺旋模型”[16]。它以软件开发为目标,提出了传统顺序开发过程(贝姆称为“瀑布模型”)的替代方法。这种替代方法是一种迭代方法,它将在传统方法的不同阶段进行多次循环,每次都向产品添加一个增

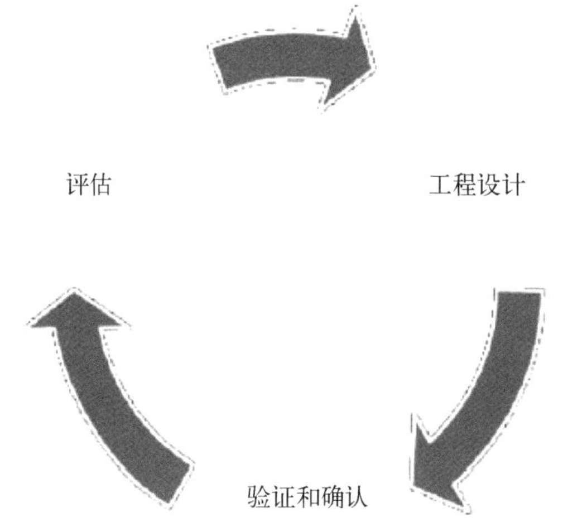

图 13.1 典型的敏捷开发迭代循环

量，贝姆称为“渐进开发模型”。它又被称为“螺旋模型”，因为可以通过将开发迭代绘制为围绕坐标系中心的螺旋的方法，使其实现可视化。图 13.1 是该增量方法的粗略简图，没有显示出螺旋，而且与贝姆模型相比明显简化。从图中可以看出，每次迭代包含如下过程：

（1）开展工程设计活动（这里可以认为包含其他需求工程、系统架构与实现）。

（2）验证和确认工作成果。

（3）评估成果并准备下次迭代。

2001 年，http://agilemanifesto.org/网站发布了软件开发敏捷“宣言”。它强调了软件项目中某些优先于传统技术的价值观。例如，它非常重视交互和个体，认为与客户协作的重要性大于合同谈判。

上面提到的所有方法对现代敏捷开发都有启迪作用。尽管有些方法最初针对的是软件，而且当今系统业界了解基于迭代增量开发循环的方法，每种方法都会产生“潜在可交付产品增量”[85]，并非在所有情况下都要交付，而是提醒开发人员应在完成一项任务后再开始另一项任务。关于这一点值得一提的是竹内弘高和野中郁次[133]最初的“争球”法受到了典型系统（如照相机和复印机）的启发。

源自系统开发而不是软件开发的另一种方法是“精益”方法。参考文献[85]将我们在上一小节中引用的书称作《精益开发与敏捷开发应用实战》，这表明了敏捷方法和精益方法之间的相似性。在系统工程中，INCOSE 有一个专门研究精益方法的工作组，称为“INCOSE 精益系统工程工作组”。奥本海姆（Oppenheim）在《精益系统工程与精益推动系统工程》[110]一书中总结了工作组的一些工作成果。

敏捷实践业已将优先级分类法从原先的几个离散状态优先级（如“低”“中”和“高”）更改为每项任务对应一个不同的优先级，这样便可精确地确定必须执行的任务其优先级顺序。再次印证了先完成一项任务再完成下一项任务的概念。如果多个任务的优先级都为“高”，那么该方法可能不适合。

因此，现代敏捷实践是授权自组织团队采用迭代-增量方法一个接一个地完成任务，并经常进行评价，以便进行更改和学习。正是这种基于对已完成工作经常进行评估再进行修改的能力，使这些实践变得敏捷。

最后，我们推荐安布勒的《敏捷建模》一书[8]。此书的读者对象是建模人员，他们也愿意像采用敏捷开发实践的软件开发人员一样通过重视完成的工作来提高建模效率。虽然这本书针对的是软件开发人员，但它的建议适用于系统架构设计建模。书中有很多的手绘图和白板原型，这与 14.9 节将要描述的应用 FAS 方法的卡片技术异曲同工。

13.2 敏捷环境中的系统架构师

系统架构师依赖于来自不同工程学科的利益攸关方参与，协作完成架构增量和其他交付成果工作。因此，他们也依赖利益攸关方的开发方法。在许多组织中看到，不同的工程领域采用不同程度的敏捷技术。对于系统架构师而言，有时遇到利益攸关方混用敏捷方法和传统方法的情况，有时会遇到混用不同敏捷方法的情况。即使参与任务的所有利益攸关方都按照相同的敏捷方法工作，系统架构师还是会遇到一些实际问题，例如，在组织的不同部门中，在贝姆螺旋中的循环长度不同或者循环起点不同。

因此，在未采用整体敏捷方法（如参考文献[85]所述的方法）的组织中工作的系统架构师将面临一项挑战。要解决这一挑战，系统架构团队不但要灵活运用自己潜在的敏捷实践，而且要了解并主动配合不同利益攸关方的各种工作方法。系统架构师应知道哪些利益攸关方采用了敏捷方法，哪些利益攸关方采用了传统方法。对于采用敏捷方法的利益攸关方，系统架构师应知道贝姆螺旋上的新循环开始时间以及如何将请求注入有待参与循环的工作包内。

理想的是，组织中的系统架构师应主动与应用敏捷方法的人员对话，使他们意识到交付成果应由组织中的不同实体共同完成。

14 FAS 方 法

在有关系统架构的出版物中或者在实际系统项目上下文中,经常会提到功能架构。根据第二个观点,你会意识到我们使用了不同的术语,如逻辑架构、逻辑视图或功能视图。但是不同的生成物都是如下这些架构的一部分:功能集、流模型或者用于仿真的功能模型。然而,它们共有同一个概念:技术独立,面向技术的系统描述。

拉姆和威金斯已经发现缺少针对功能架构的具体通用方法,尤其是在MBSE上下文中。几年前他们介绍了FAS方法[83],它并不是一种全新的方法,而是将已有的方法拼合在一起。FAS方法是一种基于通用MBSE的实践证明方法。在本章中,我们将从对功能架构术语和动机的看法来介绍FAS方法。

最后,我们将重点介绍功能架构的不同方面,如工具支持、非功能需求或在技术独立描述中技术的作用。

本章的部分内容基于《从用例派生功能架构的方法》[84]一文。对于引自该文的每一语句,凡未做修改或更新之处,我们省略了对该文的引用标注。

14.1 动机

功能是一个系统的本质核心,是最终向系统用户提供的结果。它们是最重要的特征,任何其他任何方面都是次要的,或者取决于功能。因此,在系统开发过程中将功能显性化非常重要。

功能架构是以与系统架构师工具集匹配的直观方式描述功能,它是一种在面向块的结构中以与系统技术无关的方式给出的系统描述。系统架构师主要采用块及其依赖关系的思维方法,而不是需求工程师更多采用的功能流的思维方法。

功能与技术分开的一个描述性示例是摄影。老式的机械暗箱相机已经有了照相的功能。尽管暗箱相机不再拥有摄影领域的最先进技术,但现代摄像机仍需要能使摄影拍照的相关功能。当然,暗箱相机和现代高端摄像机之间在具体细节层面上的分解功能不同。这些功能取决于所选择的技术。所选择技术引入与这些技术直接相关的新功能。关于技术与独立于技术的功能架构之间的关系,请参见14.12节。

这个示例说明,用产品功能来描述产品与用依赖某项特定技术的方法来描述产品相比,会导出具有更长生命周期的概念。技术的生命周期逐渐缩短,新的技术组件要求更新功能部署。尤其是当功能分配从一个工程学科转移到另一个工程学科时,例如,从电气工程转移到软件工程,在功能架构整体视图中可得到最佳分析。

我们看到一种不断增长的趋势,即功能被分配到许多物理组件上以及一个物理组件可以提供多个功能(见图14.1),这需要提前对功能结构有一个清晰的了解。在过去,工程师只要关注系统的物理部件就足够了。简而言之,一个功能分配到一个物理部件上,一个物理部件实现一个功能。物理部件的相关功能很明显,覆盖良好。如果一个物理部件实现多个功能,或者多个物理部件实现一个功能,则情况就不同了。这些功能指的是哪些功能?哪些是最重要的功能?如果工程师改进了某物理部件,真正得到优化的是什么?功能架构给出了这些问题的答案。

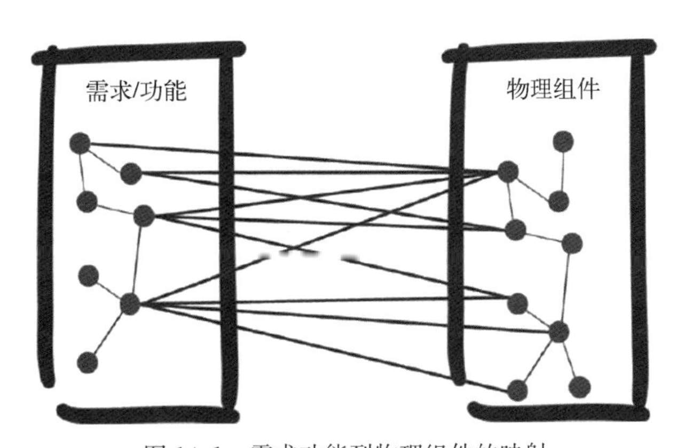

图14.1 需求功能到物理组件的映射

功能视图还可以让人更深入地了解系统[2,53]。通过使用基于模型的功能架构描述,系统架构师可对其了解的关注系统建模,没有同时设计具体的技术解决方案的烦恼。功能架构是一个成熟的概念[11,19,53]。

需求与系统架构之间存在差异。一是组织差异:需求工程与系统架构是不同的学科,有不同的作用,背后通常有不同的人员。人们通常组建成不同的部门，在不同的位置工作。二是文化差异：需求工程师与系统架构师通常有不同的教育背景和不同的思维方式。

这可能导致沟通中的误解。虽然可以对架构与需求之间的映射关系（如满足）建模，但是由于存在差异，从需求或架构的角度来看另一侧很容易超出视界。

功能架构不能完全消除这个差异，但却是缩小差异的有效工具。它与需求密切相关，同时还是以面向块的视图形式出现的系统架构师工具集便利环境的一部分。两个学科在这里相遇。

根据《INCOSE 系统工程手册》，功能架构通过将功能分配给系统部件成为系统架构的基础[56]。美国联邦航空管理局的系统工程手册将功能分析称为“显著改进创新、设计综合、需求开发和产品集成”的一项活动[99]。

因为功能架构是对系统功能的基本及全面的描述，所以它适用于功能安全性评估。安全性评估的第一步是要确定可在功能架构中找到的相应功能[59]。

14.2 系统功能架构

基于模型的功能架构描述通过转化模型信息（信号和数据）、材料、力或能量的功能元素对系统进行建模，不依赖于系统的目标技术[115,139]。功能要素在文献中有不同的名称，例如“功能元素”[150]“功能”[75]或“系统块”[14]。因此，需要定义与系统功能视图有关的术语，如本书中使用的术语。表 14.1 中给出了有关术语定义。第 4 章和第 6 章列出了较为常见的架构术语定义，如架构或架构描述。

表 14.1 术 语 定 义

术 语	术 语 定 义
功能	关注系统或其模型内信息（信号和数据）、材料、力或能量的输入、输出关系[113,115]
功能要素	通过一项功能来定义至少一个输入和至少一个输出之间关系的抽象系统元素
功能分解	将功能分解为子元素。结果是功能结构
功能组	一组紧密相关的用例活动
功能接口	功能要素的一组输入和输出
功能部件	功能要素在功能架构中的使用
功能结构	功能分解为子功能以及功能要素分解为子元素所得到的分层结构（参考文献[113]的术语，但是定义经修改）
功能架构	基于功能要素、功能接口和架构决策的架构

（续表）

术 语	术 语 定 义
用例	系统使用描述，通过向选定的人类参与者、外部系统或利益攸关方提供一系列服务和价值来实现目标[106]
用例活动	按照用例实例化时发生行动的配合顺序来描述一个或多个行为要素[26,106]

除了表 14.1 中的术语定义外，图 14.2 中给出了域模型中定义的术语及更多信息。图的左侧是 SysML 模型要素，表示功能架构元素或系统需求及用例分析。

功能元素可分解为子元素。对应的任务称为“功能分解”，分解结果称为“功能结构”，功能结构是有层次的，分层结构的最顶层与用例密切相关。并非所有功能系统描述方法都有这种顶层结构。在多个参考文献中可找到功能分解概

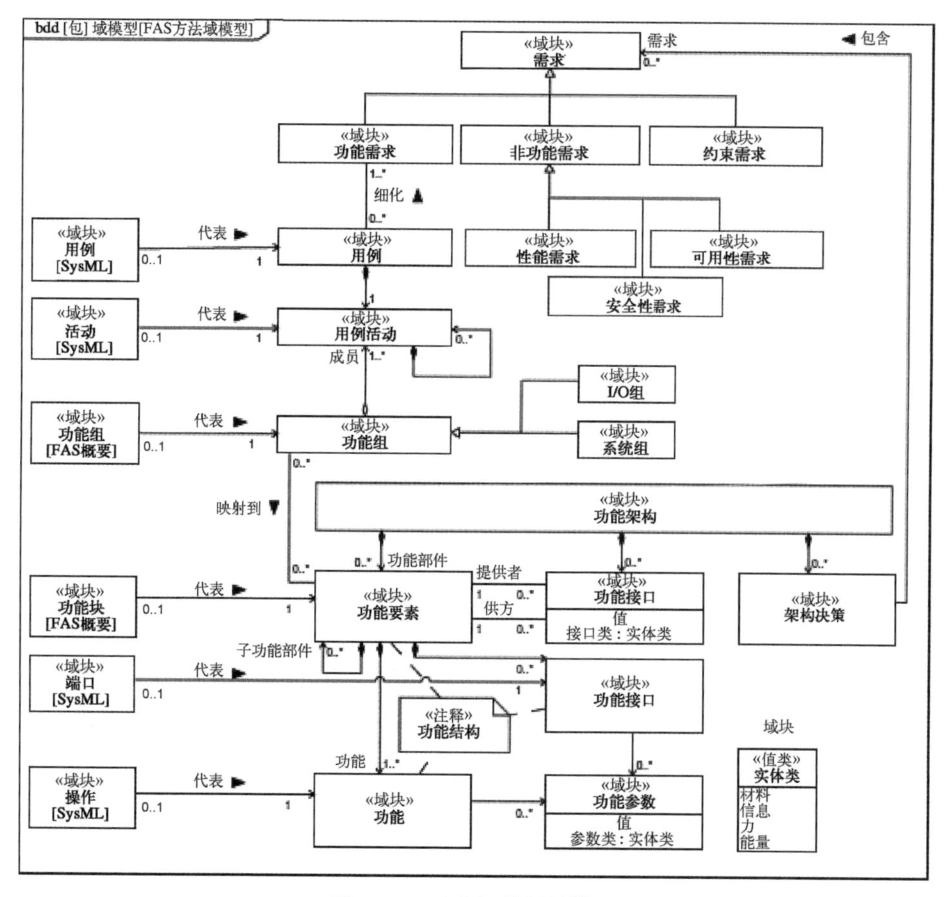

图 14.2 功能架构领域模型

念[113,33,11,129,115]。这些资料来源的背景不同，并非所有来源都有系统工程背景。我们对系统功能分解进行了概括性说明，没有特别强调某一个工程领域，举例而言，正如参考文献[113]所述，这里重点关注的是机械设计。

我们在功能需求、非功能需求和约束需求之间做了区分。大多数功能需求都通过用例及其相关用例活动进行细化(见 8.4 节)。非功能需求详细说明各功能的质量或其他非功能请求(如法律合规性)。约束需求是指系统必须遵守但未满足的规则或事实。例如，基础架构是一系列约束需求(见 7.2 节)。通常可以对需求进行更细致的分类，如可用性、性能或业务需求。这些都是功能需求、非功能需求或约束需求的子类。图 14.2 给出了一些示例，如性能需求或安全性需求。

功能接口详细说明某功能要素的输入和输出。功能接口输入和输出的分组由系统架构师基于与架构有关的判据来完成。

功能架构由功能要素及其相互关系和架构决策组成。例如，一个非功能的性能需求可能导出系统架构师如何使功能架构模式化的决策。

14.5 节介绍了如何使用 SysML 进行功能架构建模。SysML 可用其他表示法代替，例如用自然语言写的文本、电子表格文档或你专有的图形表示法。虽然功能架构与 SysML 可以完美结合，但是它们之间是独立的。尽管我们用 SysML 把 FAS 方法的一些概念进行了可视化，但接下来，我们还是要给出与 SysML 无关的 FAS 方法的描述。

14.3 FAS 方法

拉姆和威金斯[84]描述了一个以直观和可追踪的方式从用例直接派生功能架构描述的方法。他们把这种方法称为“FAS 方法”。由系统架构师与需求工程师合作使用这两个角色之间的清晰接口和切换来执行这些任务。需求和用例主要用文本和流程图表示，非常适合需求工程师。而 FAS 方法的功能架构是以面向块形式表示的结构描述，非常适合系统架构师。

FAS 方法最早出现在 2010 年德国年度系统工程大会上一篇题为《从用例派生功能架构的方法》的论文中。这篇论文是首次出现 FAS 方法的国际出版物，发表在《系统工程杂志》上[84]。本章是这篇文章的延伸。该方法自首次发表以来，已应用于多个工业和科研项目[31,78,84,152]。

FAS 方法通过用例活动分组以面向块的形式从用例派生出功能架构。该方法基于系统工程中的标准技术，如系统上下文识别和随后的用例分析[145,147]。第 6 章给出了有关这些任务的简要说明。它们并非 FAS 方法的一部分，而是提供一些工作成果作为该方法的输入。

FAS 方法的一个关键步骤是将用例活动分组进入各功能组中。分组可避免针对同一功能开发出不同的物理系统组件。FAS 方法的这一部分特别需要系统架构师的专业知识，14.4 节所述的 FAS 启发法也可提供支持。

在 8.3 节中，可以看到虚拟博物馆参观示例系统的一些用例分析结果，它们是 FAS 方法的输入。我们对一系列用例活动很感兴趣。根据用例对它们进行分组，也就是说，分组的判据是从参与者角度考虑如何使用系统。FAS 方法的功能分组采用了一种不同的分组判据，即用例活动的内聚性，也就是说，属于同一个主题的用例活动分在同一个组中。图 14.3 显示了不同角度的视图。用例视图对于需求分析及合并系统的非技术利益攸关方非常重要，而功能视图对于实现满足需求的系统架构非常重要。

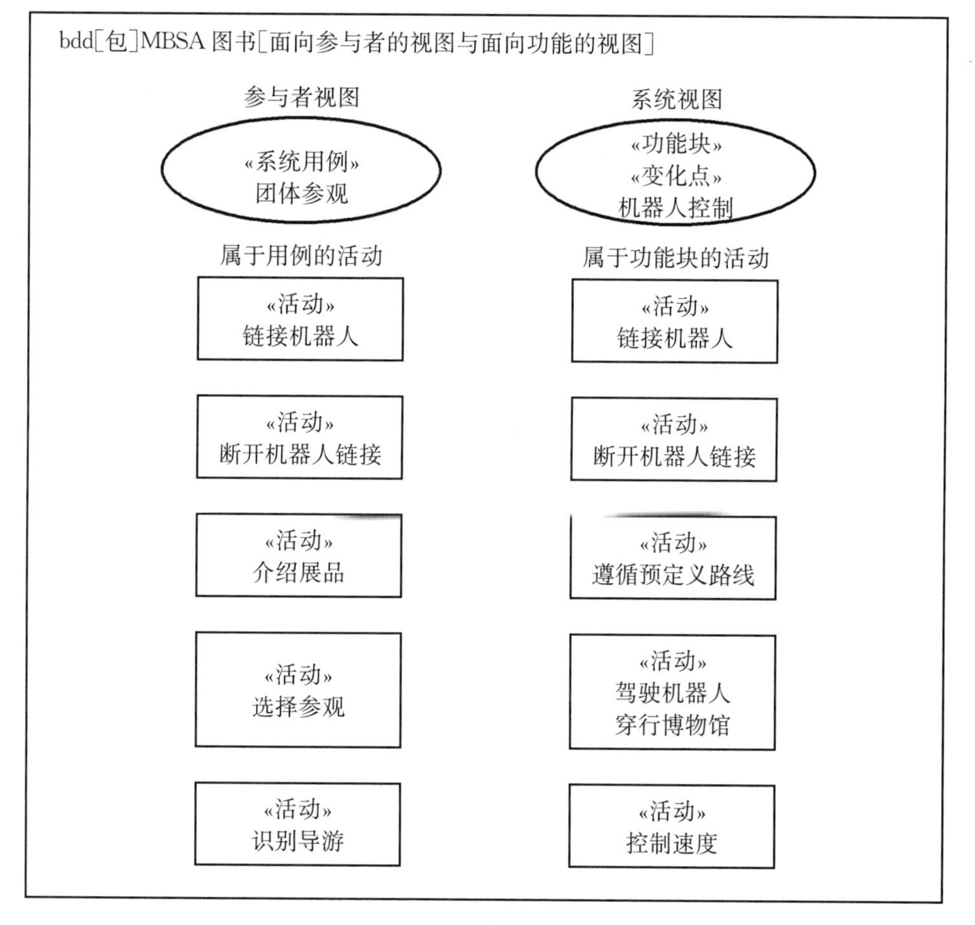

图 14.3　系统功能视图

图 14.4 所示为功能分组的一个示例。我们将所有用例活动放在一个矩阵中,其中活动归于列,功能组归于行。该矩阵很好地概述了分组,是一种将各活动分组到功能组的简便工具。

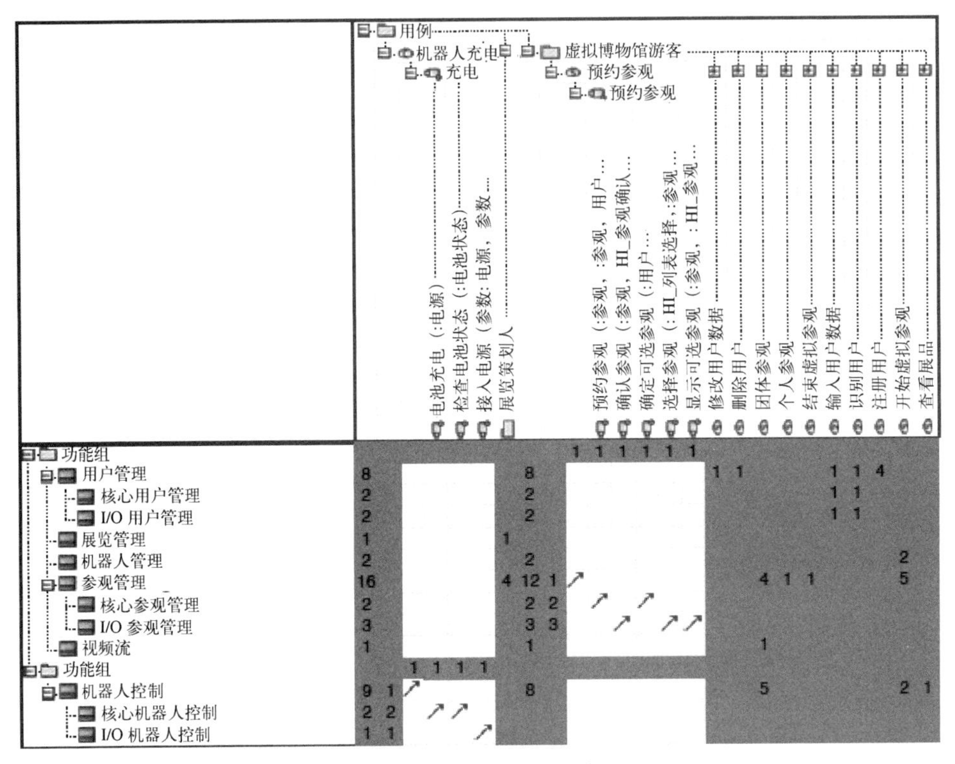

图 14.4　功能分组矩阵

用例活动按照与其主题相关的内聚原则进行分组(见 7.15 节)。以图 14.4 中的功能组“参观管理”为例,该功能组包含涉及博物馆参观的所有用例活动,如“确认参观完成”或“选择参观”等用例活动。

与外部接口有关的用例活动分在专门的“I/O”分组中。这遵循了在 14.4 节中所述的 FAS 启发法。然后,系统架构师可以将重点放在通常对系统更为重要的非 I/O 功能上。

顶层根用例活动有时过于综合,不能全部分配到某个功能组中,而是分配到一个专门的顶层功能组中,称为“顶层功能组”。

对于功能组结构而言,首先,一种好的做法是第一层采用主题特定结构,下一层采用 I/O 功能划分结构。其次,根据相关的系统参与者划分 I/O 功能(见图 14.5)。一个功能组可以包含其他功能组,除了根组之外,每个功能组都是另一个功能组的一个成员(树状结构)。你的项目的最佳实践取决于许多判据,如团队组织架构、关注可用性需求等。最后,由系统架构师决定功能结构。

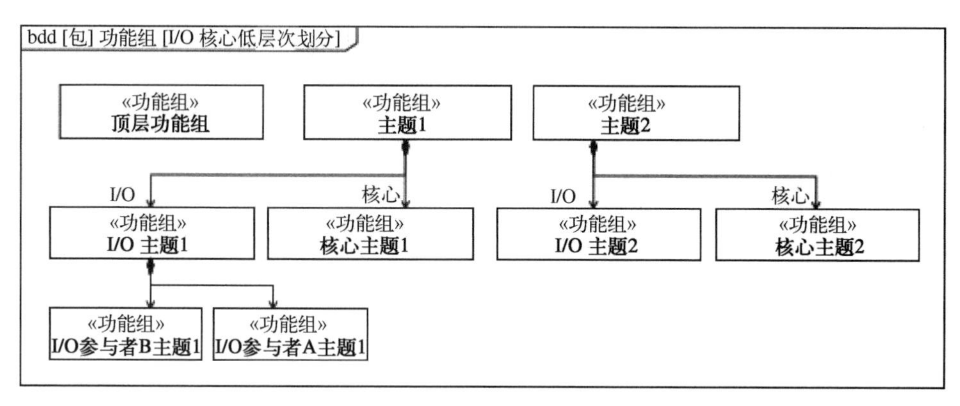

图 14.5 功能组的层次结构

将功能组映射到相同名称的功能要素。从功能组到功能要素的转换将用例的生命周期从功能架构的生命周期中分离出来,促进实现跨系统分析和系统架构的变更控制。第一步,将每个功能组都映射到一个功能要素。随后,功能组可能与功能要素不同。例如,系统架构师细化功能要素,并把它分为三个功能要素。这三个功能要素都与同一个功能组有关。

第二步,可以采用面向块的形式对功能要素及其功能连接建模,如图 14.6 所示。这样的连接说明一个功能要素的功能输出是相应的相连接的功能要素的一项功能输入。连接通过功能接口与功能要素相链接。功能接口描述了功能要

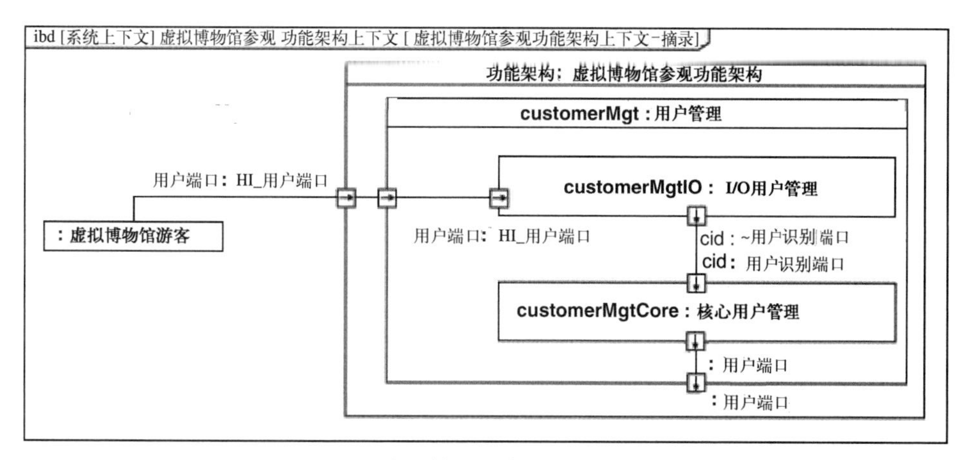

图 14.6 虚拟博物馆参观部分功能架构

素的输入和输出实体。一个功能要素可以有多个功能接口,根据对系统架构师的重要程度,对输入和输出进行分组。功能要素的输入和输出可从相关用例活动的输入和输出中导出。

功能要素与功能连接和架构决策一起组成功能架构。

14.4 FAS 启发法

架构是艺术与技术的结合,不能自动创建。虽然有些自动化任务可以为系统架构师提供支持,但是主要工作是依靠系统架构师的经验,并且须以架构原则为指导(见第 7 章)。除了自动化技术,FAS 启发法还可以为系统架构师提供支持[92]。下面介绍创建用户活动组的 FAS 启发法。分组的目的是让功能组“尽可能地独立;就是说,……具有较低的外部复杂性和较高的内部复杂性”[92](第 28 页)。这是传统架构中的一个已知概念[4],而且拜林(Baylin)[11]已在系统功能建模方面进行了讨论。拜林认为,功能应按照“功能内聚”[11](第 32 页)进行分组,也就是说,目的是将具有相关或相同目标的元素放在一起。关于内聚与耦合原则请参见 7.3 节。为了支持架构师,拉姆、洛伯格(Lohberg)和威金斯[82, 84]发现了针对功能内聚的 FAS 启发法,下文展开介绍。

14.4.1 抽象用例和辅助用例共同定义一个功能组

用例模型已经反映了潜在的功能组。一个抽象用例代表多个具体用例的共性,表示一个内聚编组。它的活动很适合分配到功能组。

辅助用例表示多个用例共同具有的行为。通常它代表一种内聚功能集合,适合作为功能组。威金斯[147,145]论述了抽象用例和辅助用例的建模。我们在 8.3 节中简要介绍了用例分析。

14.4.2 功能组具备与系统参与者有关的功能

与系统参与者有直接关系的功能是系统输入/输出逻辑的一部分。通常它们与处理输入和产生输出的实际系统功能几乎没有共同之处,它们本身是一个内聚功能集合。在这种情况下,它们很适合作为一个独立的功能组。

14.4.3 功能调用意味着内聚

功能调用通常与某个类似主题有关的其他功能,得到一个调用关系网络。该网络中的集群是潜在功能组,它们可从用例活动中导出。

14.4.4　可对共享数据的功能分组

如果一个功能的输出是另一个功能的输入，那么可以认为这两个功能属于密切相关的领域。如果对象类型不是某种公用数据类型，而是与域相关的特殊数据类型，则这种方法更适用。在用例活动对象流中很容易发现这种联系。所谓的 SysML 活动树可以促进公用数据的评估（见图 14.7）。有关活动树的更多信息请参见 9.8.1 节。

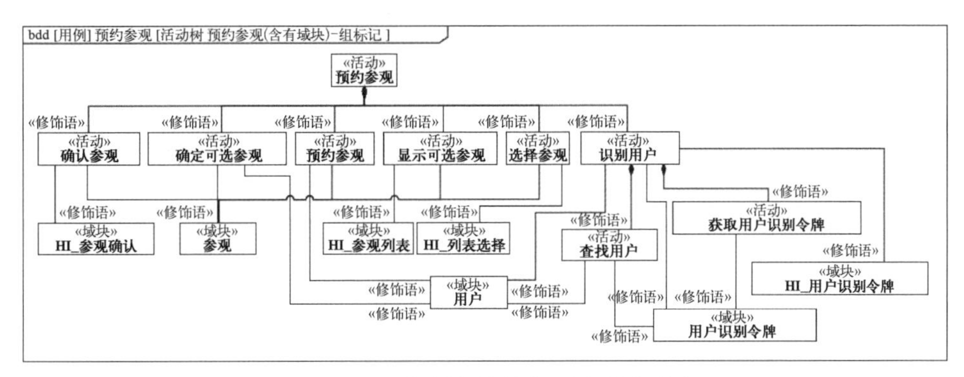

图 14.7　虚拟博物馆的参观活动树示例

14.4.5　使用现有组的分组判据

很少有系统完全从零开始开发，通常都是以现有系统为基础。以前或类似系统现存的系统文档大纲能够表明可能的功能分组方法。理想的是，应与开发者面谈，查明现存的分组在实际应用中是否有用。通过这种方式创建熟悉的结构，团队成员一定会发觉它们直观易用。然而，必须谨慎重新评估分组判据，它们可能是技术性的而不是概念性的。根据技术约束条件分组的做法并不可取，因为它会产生含有隐性技术决策的功能架构，更难找到可选择的解决方案场景。

14.4.6　减少包含功能变化点的功能组数量

一个变化点标记模型中的一个要素，其可在系统的不同变体中实现。有关对变体建模的更多细节请参见第 15 章。减少包含功能变化点的功能组数量是指将这些功能分到尽可能少的功能组中。FAS 启发法遵循架构原则，将稳定部件与不稳定部件分开（见 7.5 节）。G. 舒（G. Schuh）提出，应将完整的变体组件与低变异性的组件分开[125]。

记住，所有这些都是 FAS 启发法，而不是规定。虽然它们可以支持和指导系统架构师，但是不能代替功能组的决策。

14.5 用 SysML 表示 FAS 方法

虽然 FAS 方法独立于任何语言或工具，但是我们将用 OMG 系统建模语言（OMG SysML™）[105]来展示其应用，因为这种语言非常适合实行 FAS 方法。我们建议使用 SysML 的理由如下：

(1) SysML 是一个国际标准。它为人们所熟知且成熟，并适合大多数协作工具情景。

(2) SysML 为 FAS 方法提供所有必要的模型要素。

(3) SysML 也适用于相邻的功能架构模型，如需求和物理（逻辑和产品）架构模型。

我们前面已经用 SysML 表示法介绍了 FAS 方法。现在，我们将深入研究用于 FAS 方法的 SysML 模型要素。

14.5.1 确定功能组

我们在这里介绍的功能架构属于系统的结构视图，不包括系统行为。因此在 FAS 方法中，用例活动的控制流不那么重要，而对象流则非常重要。对象流连接用例活动的输入和输出。

SysML 提供了一个关于活动的结构视图，可隐藏控制流。它是模块定义图中描述的活动树，又称为“功能树”[147,145]，其中每个节点表示一个活动。图 14.7 所示为用例活动“预约参观”的活动树。用不同的色彩充填用例活动，由此突出具有共同对象的活动（根据 14.4 节中的“共享数据的功能”FAS 启发法）。

树状结构表示功能的调用层次，也就是说：一个节点可以调用其子节点。凡节点拥有其子节点之处，并不会使活动树产生功能分解。树中各活动之间的连线表示 SysML 部件的关联关系。活动类型的属性是 SysML 修饰语属性。它们对相应调用行为动作所确定的属性值加以限制。

活动树的根是与用例有一一对应关系的活动。每个用例恰好有一个根用例活动，其规定用例的总体行为。这些活动与它们所关联的用例名称相同，作为活动命名惯例的一个例外，根活动从系统参与者的角度命名，而不是像依据系统功能命名的所有其他活动那样从系统的角度命名。

这里必须注意的是，尽管图 14.7 所示的活动树视图适用于确定功能组，但是在建模工具中的实际应用有时可能需要不同的表示形式，因为对于复杂的现实系统，活动树可能“长”得非常大。其中一个替代视图是大多数 SysML 建模工具提供的关系矩阵视图。列表示活动和最终动作，行表示功能组，单元格中的标记表示分组关系（见图 14.3）。

活动树基于 SysML 活动，而不是动作模型要素。在 SysML 中，它们是不同的概念[147,145]。SysML 活动是活动图所描述的整体行为，SysML 动作是某个活动的一部分。可使用调用行为动作对功能分解建模，这些动作调用活动，其动作类似于分解。

尽管是功能架构，但用例建模时的最佳做法是用一个活动为每个用例步骤建模的定义用例，并使用一个调用行为动作来描述用例的用法。它是定义模式、使用模式和运行时间模式的另一个例子（见 7.4 节）。

如果我们需要除调用行为动作之外的其他类型动作，例如出于模拟目的，那么请注意，SysML 活动树不考虑这些动作，正如我们在这里对它的描述那样。但是，可以为 FAS 方法定制 SysML 的用法，以包含任何类型的动作。在这种情况下，不能使用活动树工具来标识功能组。但是它们只是一个工具，并不是 FAS 方法的强制要求。可以使用矩阵代替活动树进行可视化，并创建活动或动作与功能组之间的关系。功能组可以包括未经用例细化的活动、动作和功能需求。它可以是表示功能定义的任意要素。

但是，注意不要混淆活动与动作。一个调用行为动作是某个活动用法，而不是某个功能的一种定义。在这种情况下，被调活动是功能组的要素，而不是此调用行为动作。对于调用操作动作也是如此，其是某种块操作的一种用法。它是定义功能的操作，并成为功能组的一部分。不透明动作是指同时定义和使用某一功能，并且可能成为功能组的要素。接收或发送信号的动作也可能成为功能组的一部分。

在 SysML 中，用 SysML 块以及 FAS 概要中所定义的«功能组»版型来描述功能组。

功能组与活动之间的从属关系是 SysML 追溯关系。功能组是追溯关系的源头，活动是追溯关系的目标。

一个功能组可以包含另一个功能组。功能组之间的层次关系可以用复合关系建模。图 14.8 所示为 SysML 模块定义图中的关系。此外，较低层次的功能组可以移到命名空间内所属功能组名下。在建模工具中，命名空间结构通常用在模型浏览器和矩阵表示中，有助于获得功能组的概述（见图 14.9）。

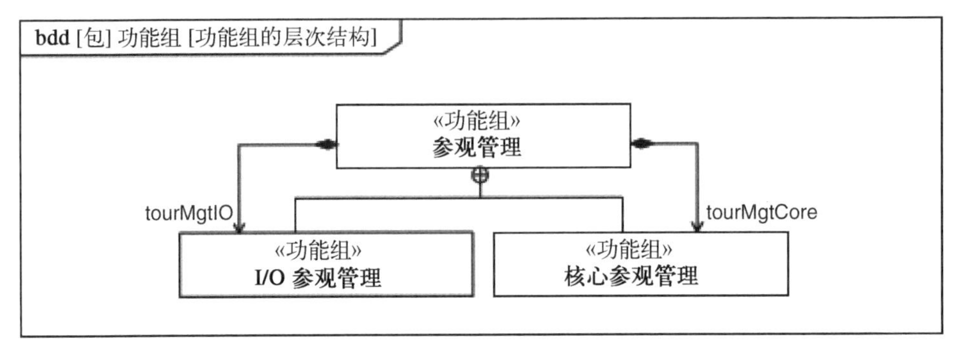

图 14.8 功能组之间的层次关系

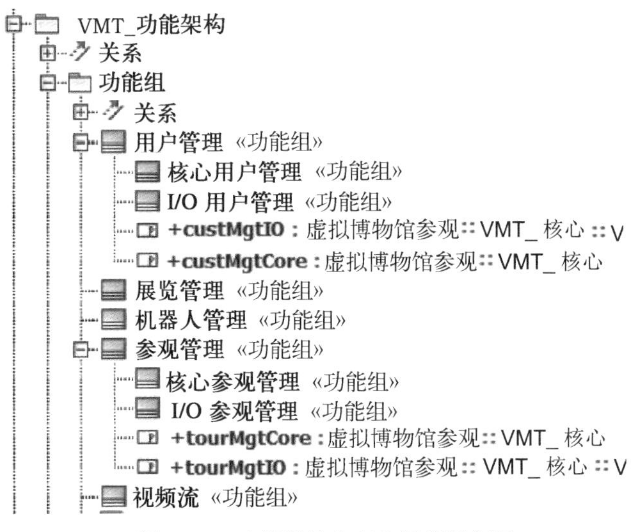

图 14.9 功能组的命名空间容量细目

14.5.2 对功能结构建模

在 SysML 中，以块定义图的形式表示功能结构。对于每个功能组，采用 SysML 块以及 FAS 概要中所定义的«功能块»版型，对逐个功能要素建模。为了保持功能块和功能组之间的可追溯性，要对功能块到功能组的追溯关系进行建模。

同样，用矩阵形式能够最好地显示和管理这种追溯关系。图 14.10 给出了虚拟博物馆参观功能块与功能组之间的追溯关系。可以看出，“机器人位置追溯器”(robot position tracker, RPT)功能块和“机器人使用情况追溯器”(robot utilization tracker, RUT)与功能组没有追溯关系。它们是系统架构师后来添加进去用以细化功能块“机器人管理”的。没有相应的功能组，对用例活动和需求的可追溯性是通过与功能组有追溯关系的“机器人管理”封闭功能块创建的。

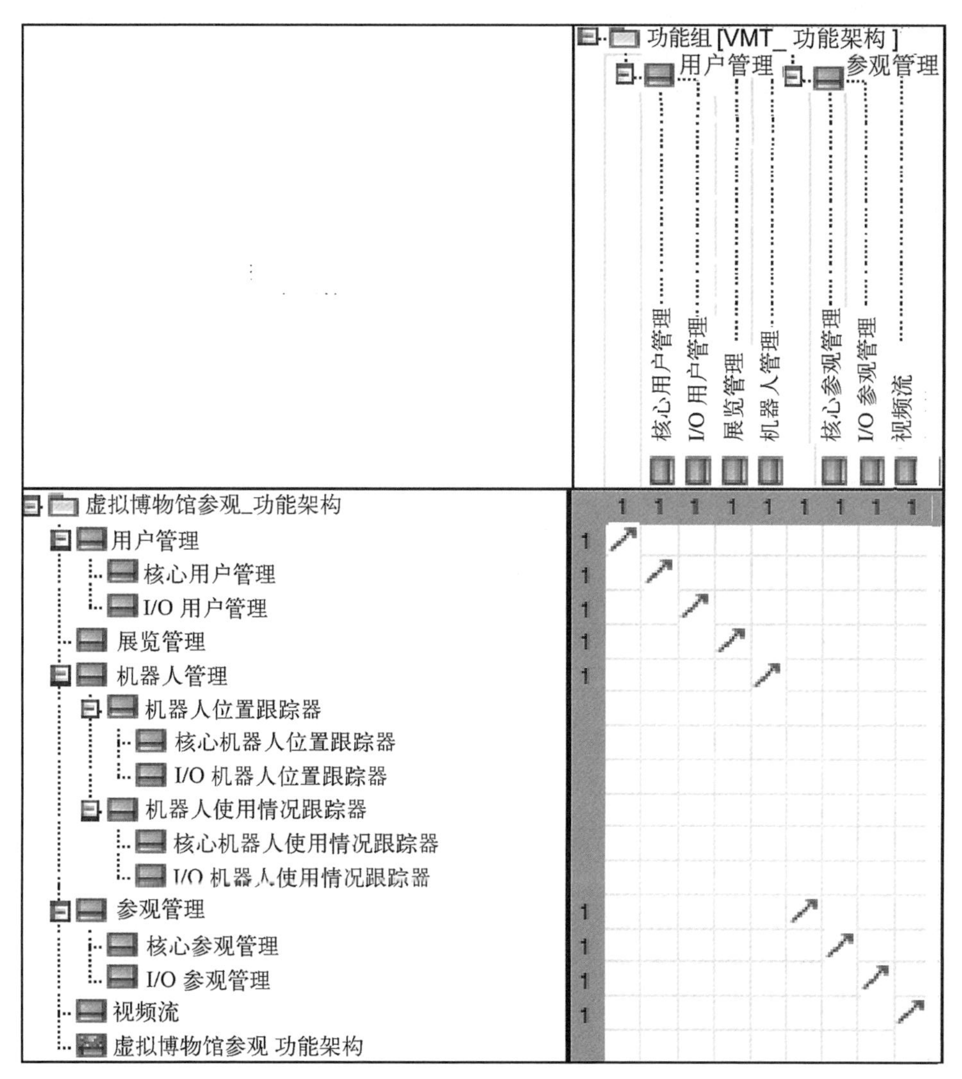

图 14.10　功能块与功能组之间的可追溯性

操作功能块可以对实际功能建模，实际功能是指块输入和输出（通过块的端口）的对象之间的输入/输出关系。通常每次操作一个功能块都与相应功能组的一个功能相匹配。某功能组的功能是指该功能组的用例活动。可通过共用同一个名称或更正式的名称得到从操作到用例活动的可追溯性，但是要得到从操作到活动元素的追溯关系则需要更多的努力。也可以用关系矩阵来管理后者。

注意,通过对这一关系建模,将失去功能架构与用例模型的解耦,该用例模型是从间接关系通过功能组得到的。图 14.11 描述了操作“选择机器人 Q”与相应活动之间的关系。该图的拓扑结构清楚地表明,操作与活动之间的追溯关系绕过了功能组的解耦。

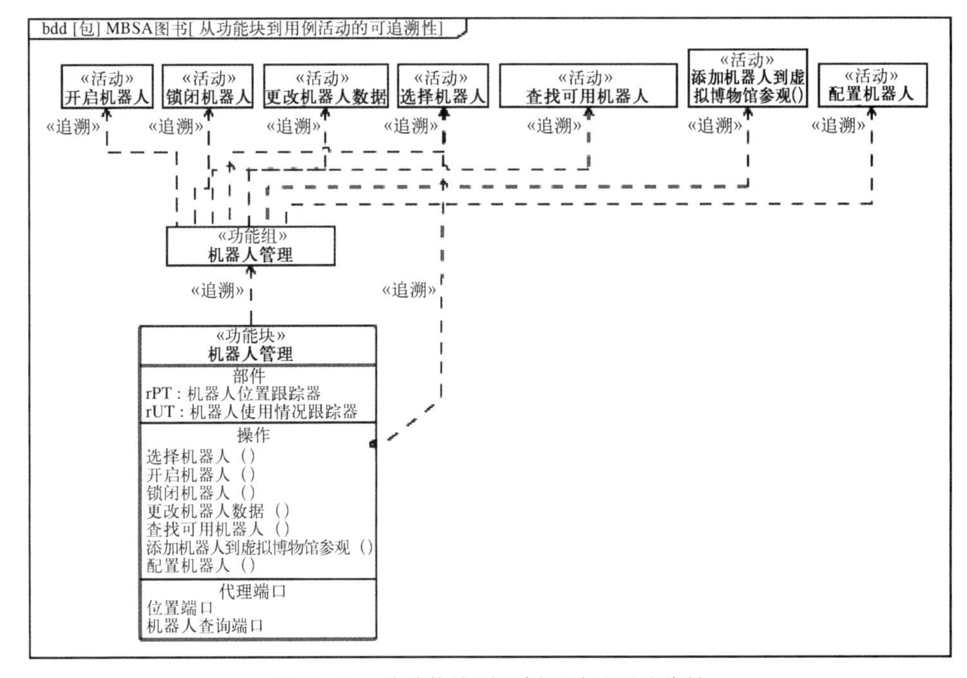

图 14.11 从功能块到用例活动的可追溯性

如果你不需要功能架构中这一层次的细节,可跳过操作建模。如果你需要这一层次的细节,可直接将功能块操作与相应活动关联起来,而且可以丢弃功能组。在这种情景下,功能组仅仅是用来导出功能架构的一种支持工具。

通过复合关系可将功能块描述为其他功能块的一部分。这可用于将功能要素分解为子元素进行建模。在第一步中,复合层次是功能组复合层次的拷贝。正如前文关于功能组的描述,可由命名空间容量细目映射功能块的复合层次,以构建模型。

图 14.12 所示为虚拟博物馆参观系统的部分功能结构。根元素是表示完整功能架构的特殊功能块。它应用了«功能块»和«系统»版型 。

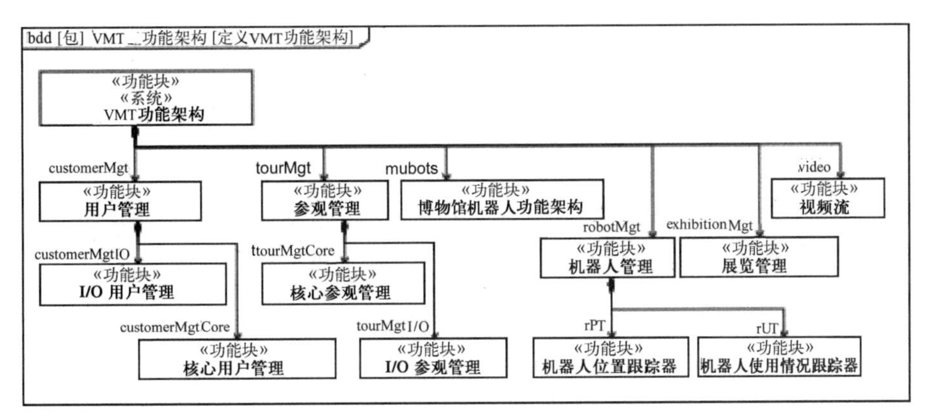

图 14.12 虚拟博物馆参观系统的部分功能结构

14.5.3 对功能架构建模

对于某些功能块部件，若其功能输出是其他功能块的功能输入，则在内部模块图中，通过具有输入和输出数据流属性的各代理端口，使这些功能块部件相互连接。如果代理端口并未代理功能块部件其内部部件的输入或输出数据流，则应将此代理端口标记为行为端口，也就是说，其代表所在功能块的行为。

端口之间的连接有部分可在活动模型的对象流中查出。然而，实际内部模块图能够以更清晰可视化方式描述某个事件，并提供比活动图更好的概述，特别是对象在活动树不同分支产生的功能要素之间流动的情况下更是如此。

内部模块图描述了功能块的使用情况和以块封装的功能输入和输出为基础的连接。这种结构就是功能架构描述。

图 14.13 所示为 SysML 内部模块图中虚拟博物馆参观系统的一种可行的

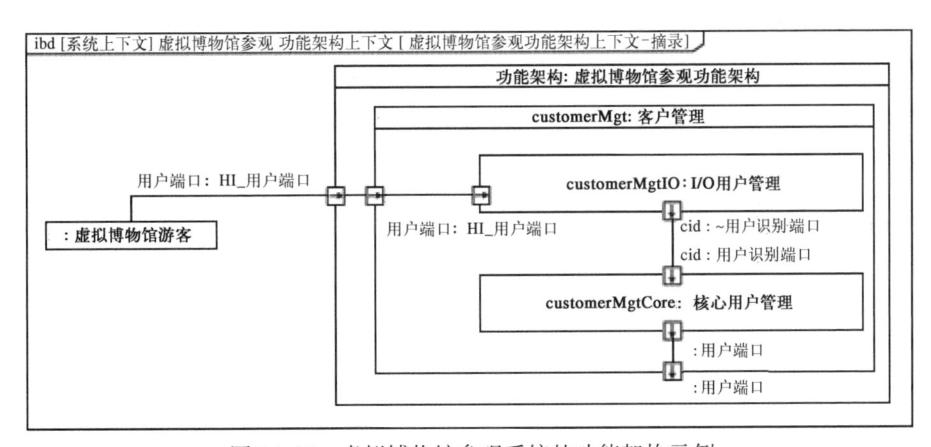

图 14.13 虚拟博物馆参观系统的功能架构示例

功能架构描述。在这种情况下，系统显示在其所在上下文中，我们还可以显示系统的外部接口以及与其连接的参与者。从而能够可视化方式显示系统功能与外部系统或系统用户之间的相互关系。

图 14.14 所示为功能块端口类型的定义。图中并未给出所有端口类型。HI_用户端口是一个用户接口。«用户接口»是 SYSMOD 概要的版型，用于标记用于描述与人类用户直接接口的各种端口类型。它是代理端口类型的特殊 SysML 接口块(见 A.2.2 节)。在图 14.13 中，能够看到功能部件“I/O 用户管理”上标有用户接口“HI_用户端口”字样的代理端口“用户端口”。有一条也标有“HI_用户接口”字样的连接代理端口的路径，还在封闭块中提供接口，以最终连接系统参与者“虚拟博物馆游客”。

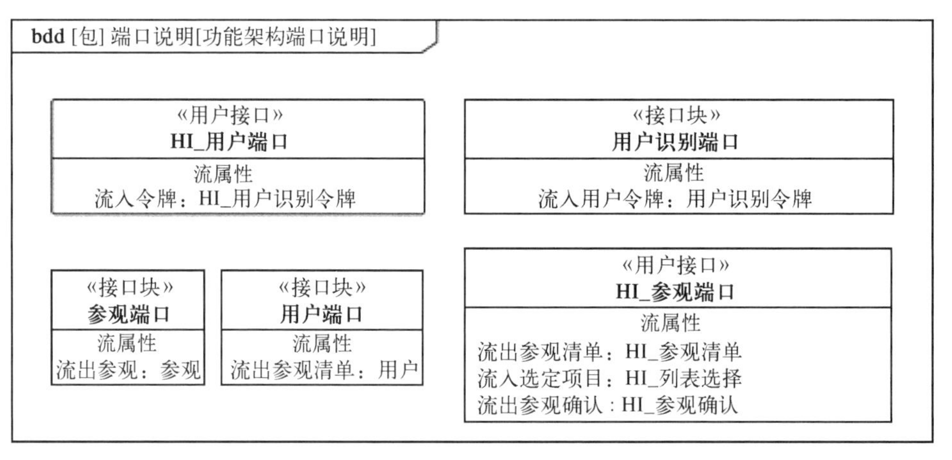

图 14.14 功能块端口类型

功能块“I/O 用户管理”的另一个端口是将数据交给内部核心用户管理功能的指定接口。端口类型用户识别端口(customer identification port, CID)是一个接口块。名称前面的波浪号将该部件标记为共轭端口，即流属性的方向反向，并且也要求具有接口块特性，反之亦然。这样，该部件就可以完美地与功能块“核心用户管理”上的连接端口相匹配，在该功能块中，相同类型的端口“用户识别端口”不是共轭的。

在 SysML 中，模块定义图中的块定义与其在内部模块图中的使用分开，符合在 7.4 节中所述的定义/使用/运行时间模式。

可用第 18 章所述的评估方法和第 7 章所述的架构原则(如内聚和耦合原则)对功能架构进行评估。

14.6 建模工具支持

FAS方法将用例分析与功能架构创建相互连接起来。只要有允许实行此种相互连接的建模存储库或工具链,就可以建立需求、用例与功能要素之间的可追溯性。一旦选定了建模工具,就可以编写某些建模步骤的脚本,使用户工作自动化,从而降低繁杂的建模工作的出错率。事实上根据图 14.15,FAS 流程的下列部分非常适合自动化[78,84]:

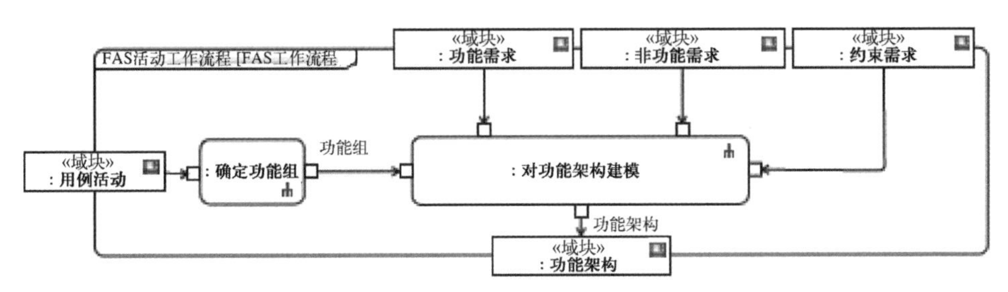

图 14.15 FAS 流 程

(1) 在"识别功能组"步骤中创建初始功能组。

(2) 在"对功能架构建模"步骤中创建初始功能块及其接口。

在撰写本书时,开源社区支持 FAS 方法提供,提供了用于下载两个不同的建模工具的附加组件(www.fas-method.org, March 2015),从而提供一定程度的自动化。

下面介绍一种典型的自动化方法。为简便起见,术语"FAS 引擎"将用于支持 FAS 方法的建模工具附加组件。为说明 FAS 方法步骤在 SysML 编辑器中手动工作与 FAS 引擎自动化操作之间的划分,图 14.16 显示了任务"确定功能组"的详细信息,图 14.17 显示了图 14.15 中任务"模型功能架构"的详细信息。对手动和自动任务之间的划分进行分区建模。

14.6.1 创建初始功能组

在用例分析阶段,已经可以支持 FAS 启发法"一个功能组接受与系统参与者相关的各功能":用例活动的调用行为动作可划分各活动分区,表示关注系统的核心功能以及将系统与其参与者连接起来的有关功能。后一种类型的活动分区可用 FAS 概要[78]的«I/O»版型来标记。

图 14.18 给出用例活动"预约参观"及活动分区的示例。乍一看,在图 14.18 中似乎有一个错误。输入参数"HI_用户识别令牌"将直接流入核心分

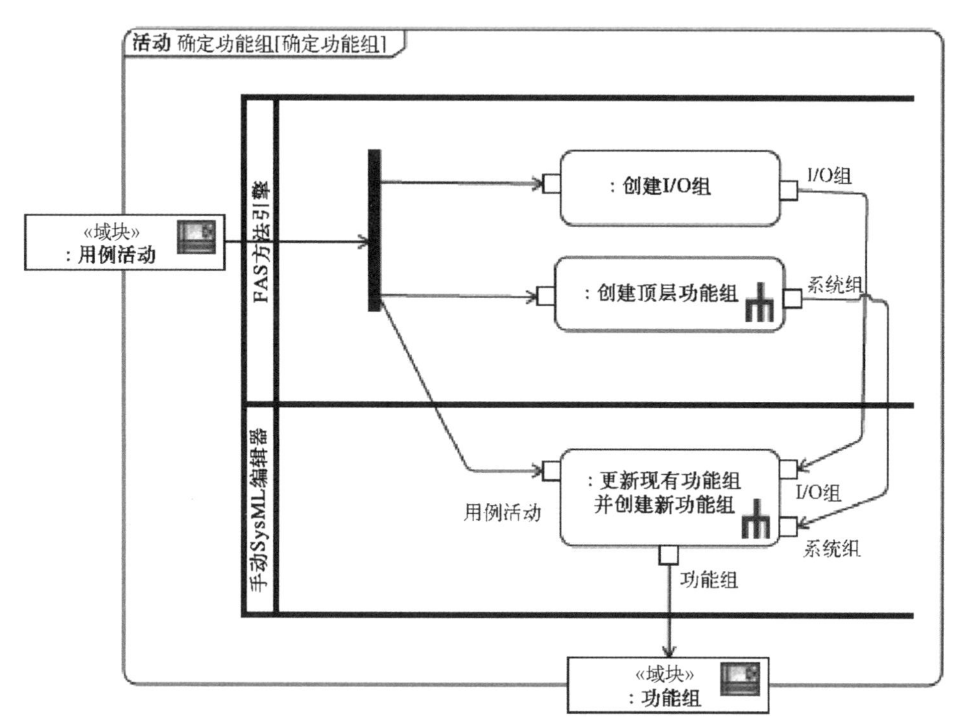

图 14.16 FAS任务“确定功能组”的手动和自动化步骤

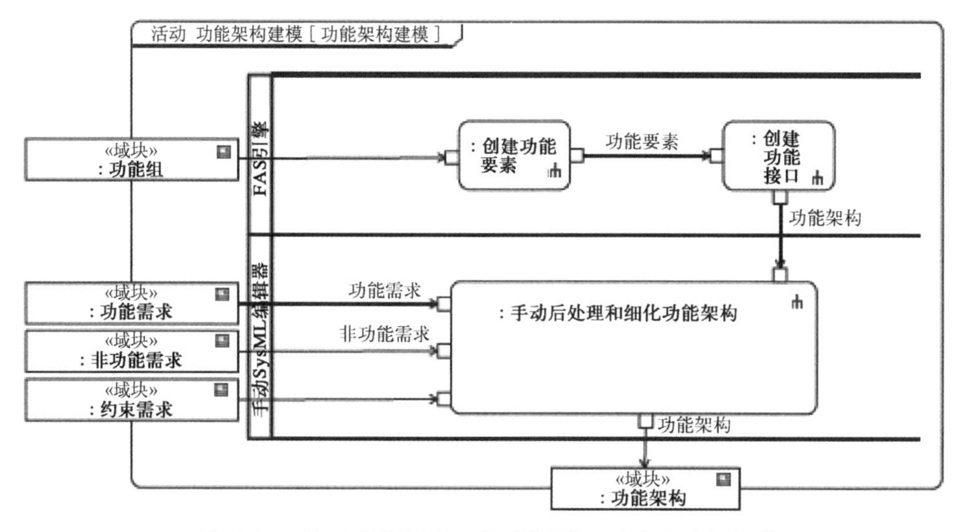

图 14.17 FAS任务“功能架构建模”的手动和自动化步骤

区动作而未流入 I/O 分区动作。再仔细查看发现，创建“识别用户”活动是为了避免冗余。该行为可在其他活动中重复使用。活动有自己的 I/O 分区(见图 14.19)。在这里，“HI_用户识别令牌”这一输入参数是 I/O 分区一个动作的输入。依据用例层次，将“识别用户”建模为辅助用例(另请参见 8.3 节)。

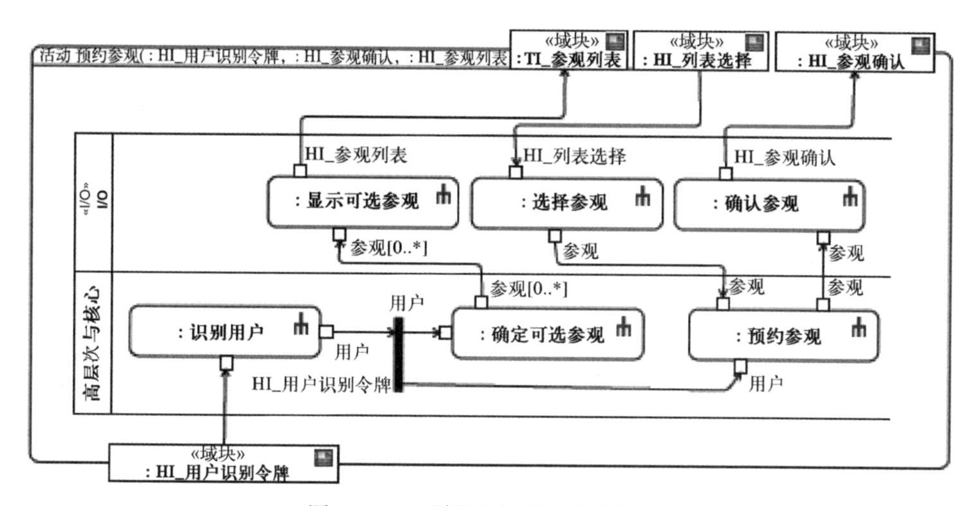

图 14.18 用例活动“预约参观”示例

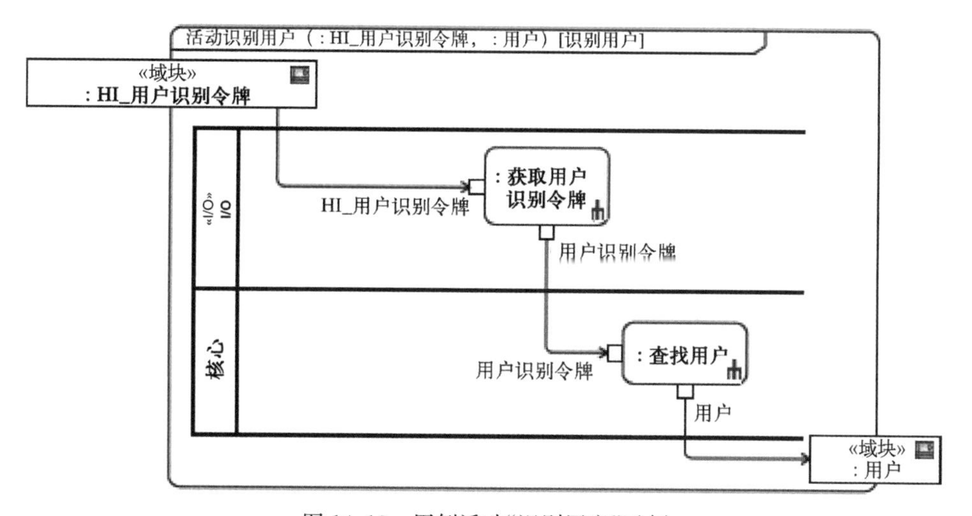

图 14.19 用例活动“识别用户”示例

在活动分组步骤，FAS 引擎可将从 I/O 分区中的动作所调用的所有活动自动分组到一个功能组“I/O”中(见图 14.16 中的“创建 I/O 组”)。此外，FAS 引擎还可以判断潜在的概念错误。不应从 I/O 分区内各个动作而应从非 I/O 分区内各个动作调用一个活动。与参与者连接的活动其输入和输出参数应流入或流出一个 I/O 分区内的一个动作。

此外，FAS 引擎可以将活动树的所有节点（叶子节点除外）分组为一个“顶层功能组”（见图 14.16 中的第二个动作）。这确保将活动树中的顶层活动分配到一个功能组中，并确保稍后创建表示整个关注系统的功能块并追溯到该功能组。

图 14.20 所示为功能组自动初始化的一个典型结果。最左边一列显示的是所创建的功能组，按 SysML 块及«功能组»版本为其建模。上文提到的两个功能组“I/O”和“顶层功能组”已创建完成，并已利用指向示例系统中的活动的追溯关系将在这些活动分配给功能组。用功能分组矩阵单元格中的小线段来表示成员关系。

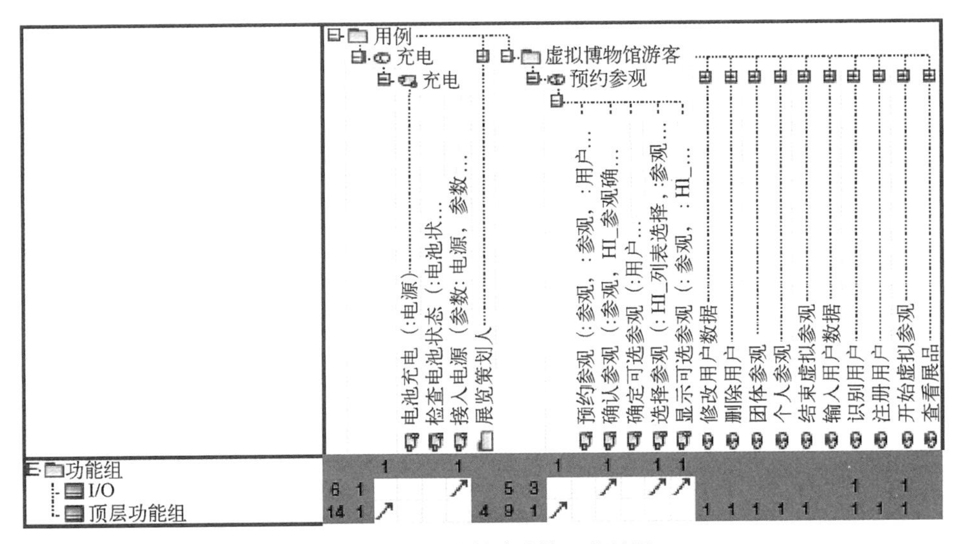

图 14.20 自动创建功能组的结果

14.6.2 更改和添加功能组

现在，系统架构师将手动编辑功能分组（见图 14.16 中的最后一步）。他将根据 14.4 节中提及的 FAS 启发法手动创建更多的功能组，而且给它们分配活动，直到功能组的分配活动出现活动集合的互斥分解。图 14.3 给出了这项工作的典型结果。

14.6.3 创建功能块及其接口

功能块由 FAS 引擎自动创建（见图 14.17 中的第一步）：首先，为每个功能组创建一个同名的功能块。功能块通过追溯关系链接到生成该功能块的功能组。其次，利用从表示整个功能架构的功能块到所有其他功能块的某种组合关系，使所有功能块成为功能架构的各部分。最后，还可以在功能块之间自动创建功能组的组合层次结构。

因为功能块之间的接口依赖于在底层用例活动中的对象流，所以可以借助工具（见图 14.17 中的第二步）创建功能架构中的接口（见图 14.13 中的端口及其连接）。FAS 引擎可自行验证不同功能块背后的活动之间是否有对象流，如果有，可以建议在相应的块之间创建一个接口。

现在系统架构师可以修改已创建的功能架构（见图 14.17 中的最后一步）。图 14.13 给出了这项工作的结果：虽然与使用 FAS 引擎合成的功能架构第一版相比，大多数块和端口没有变化，但是已经对指向系统参与者的某些附加接口和端口完成建模。在这一步骤中，系统架构师还可以创建功能要素的子元素，现在不仅要考虑功能需求，还要考虑非功能需求。

14.7 功能架构到物理架构的映射

功能架构无法自我实现。因此，能够在系统中实现架构之前，需要一个具有经确认功能的物理解决方案。该解决方案带有一个结构化视图，我们将其称为“物理架构描述”。我们区分了两种特殊的物理架构：逻辑架构和产品架构。

一个成熟的系统模型应有一个基础架构、一个功能架构、一个逻辑架构和一个产品架构。功能架构可以分配到逻辑架构，产品架构可由逻辑架构定制而来（见图 14.21）。

三种架构定义如下：

“物理架构”是表示系统物理要素及其关系的架构。

“逻辑架构”是一种涵盖在开发系统的技术概念和原则的特殊物理架构[64]。

“产品架构”是一种涵盖了系统具体技术实现的特殊物理架构。

实际上，通常只有一个物理架构其具有逻辑架构以及产品架构两方面的功能块，也就是说，一些块表示技术概念，另一些块表示具体技术组件。严格分开这两种类型的架构非常有用，例如，获得一个可在其他系统开发项目中重复使用的逻辑架构。

参考文献[53,14,75,139,115]已经介绍了实现物理系统功能的可能程序。系统架构师感兴趣的是从功能要素到物理架构中的要素分配（见图 14.22）。有关功能架构到物理架构映射的更多信息，请参见 9.8.1 节。

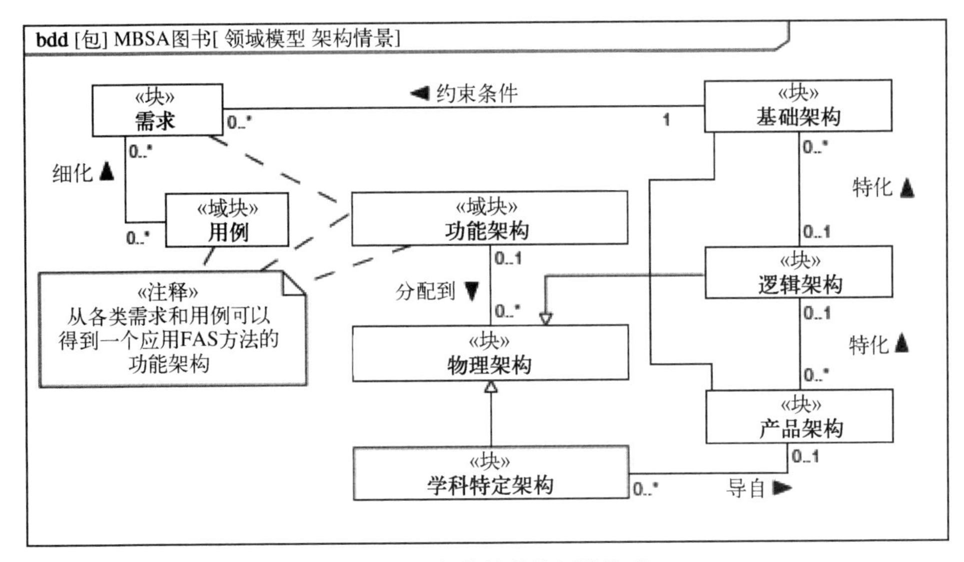

图 14.21　架构情景的领域模型

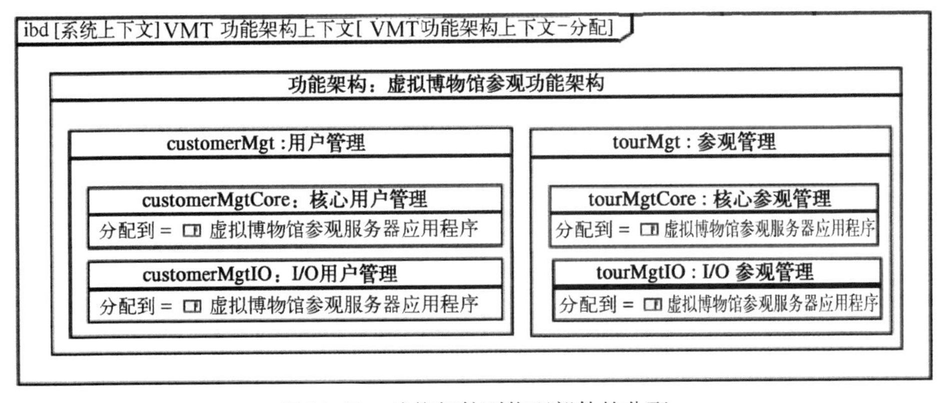

图 14.22　功能部件到物理部件的分配

在 SysML 中，使用模块定义图和内部模块图对物理架构建模，类似于对功能架构建模，现在块表示系统的物理实体，如软件、电气件或机械部件。SysML 提供了一种分配关系，可对从功能块到物理块的分配建模。可用矩阵表示法对这种关系创建最佳模型和视图(见图 14.23)。

例如，图 14.13 的功能部件属性“核心用户管理”可分配至虚拟博物馆参观系统物理架构的物理部件属性——“虚拟博物馆参观服务器—应用程序”，表示可用虚拟博物馆参观服务器上运行的一个应用程序实现“核心用户管理”功能(见图 14.22)。如果映射在任何上下文中都有效，则可以将功能部件的类型分

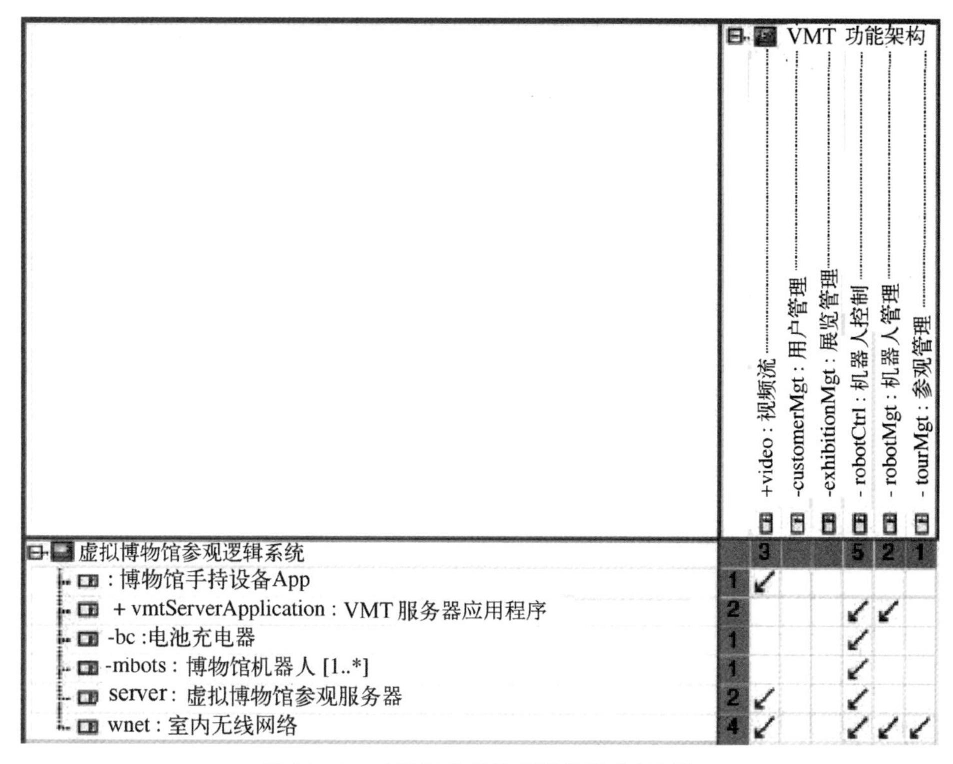

图 14.23　功能组建到物理组件的映射矩阵

配给物理部件的类型，即将功能块分配给物理块。属性之间的分配仅在定义属性的上下文中有效。

一个功能架构可以映射到不同的物理架构而功能架构仍保持不变。例如，在权衡研究时对同一功能架构的若干个物理架构或对共有同一功能架构的系列产品进行评估。

将功能架构映射到物理组件，需要系统架构师的经验。在大多数情况下，系统项目并不是发明全新的技术，而是采用部分新组件来改进现有系统。因此我们熟悉大多数功能架构到物理组件的映射。然而整个开发很少有文档记录，从而妨碍了优化策略的实施。我们已观察到系统架构师对于找到合适的功能-物理组件映射，往往有正确的直觉。

14.8　使用 FAS 方法的经验

自 FAS 方法首次发表[83]以来，已应用于多个工业项目[31, 78, 84, 152]。对于 FAS 方法在某个工业项目中的实际应用，必须将图 14.15 所示的程序映射到项目和组织的过程中。将 FAS 方法中所涉及的不同分析和架构设计任务分配给现有角色。通常，用例分析是系统分析师或需求工程师的任务，而创建功能架构则是系统架构师的任务。

在需求工程师和系统利益攸关方之间的紧密合作下对用例建模。在这一阶段中业已看到，利益攸关方可能对各种详细活动图中相当繁杂的技术表示法感到不堪重负。因此，在进行更正式的细化之前，我们宁可为这些活动图制作一个非正式版本，重点关注需求。

将 I/O 动作与核心动作分开是需求工程师与系统架构师开展密切合作的良好前提。我们发现，用例分析活动图与功能架构块图之间的转换可以促进需求工程师和系统架构师之间的沟通。虽然分析师在用活动图解释预期的系统功能方面有自己的优势，但是系统架构师在评估框图时表现得最好。FAS 方法使需求工程师和系统架构师能够在各自的领域中工作，并且通过借助 FAS 方法生成架构促使彼此之间的发现成果保持同步。

在某个工业项目中出现过这样一个例子：系统架构师在用 FAS 引擎综合功能架构后，立即发现了一个概念错误。虽然这位系统架构师之前也检查过相应的活动图，但是没有发现这个概念错误。借助已通过功能分组和架构创立而建成的追溯关系，可以容易地将功能架构中发现的这个错误追溯到最初的活动模型。然后修改活动图中的这个错误，并重新合成功能架构。只有 FAS 引擎可用于所使用的建模工具时，此种架构合成与重新合成的快速迭代才可能是有效的。

参考文献[31]讨论了在不同的实际项目中使用 FAS 方法的经验。所有项目得出的结论都是 FAS 方法值得推广。大多数项目系统都有许多非人类参与者。虽然 FAS 方法基于用例分析，与人类用户的交互更广为人知，但它也适用于网络系统。文中的更多观点表明，FAS 方法成本低，而且带来了可观效益，经验不足的人也能很好地运用它。

14.9 FAS 方法研讨会

在 FAS 方法研讨会上，需求工程师与系统架构师共同创建初始版本的功能架构，或者对现有架构进行较大幅度的更新。FAS 方法研讨会的最佳设置为 4～8 名参与者，需求工程师与系统架构师人数相等，为时一天。我们不建议在三人以上的研讨会环境中使用建模工具。在这种场景中，几乎不可能将每个人都纳入一个有效流程中。代之的是，我们提出了一种卡片技术，与一组人员一起以有效的方式精心创建功能架构。

研讨会流程包括如下步骤：如果某些步骤已有相关信息，则可以跳过。例如，研讨会是不是不应该创建初始功能架构，而是应该对现有架构进行大幅更新。在这种情况下，反而要考虑向研讨会与会者简要介绍现有信息。

（1）简要介绍 FAS 方法和本次研讨会的活动事项。

（2）确定系统上下文，并在活动挂图上绘制上下文图。在研讨会会场上应随时都能看到此挂图。

（3）根据需求和系统上下文确定系统用例。

（4）在卡片上写下每个已确定用例的唯一 ID 编号，并将卡片钉在墙上（见图 14.24）。

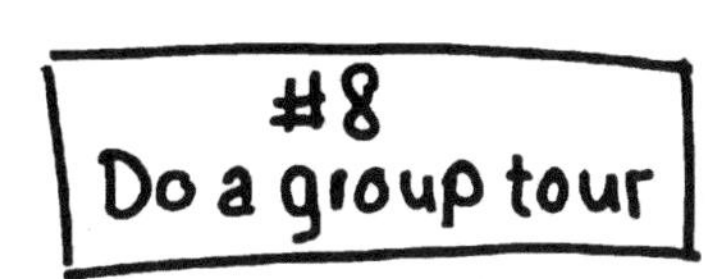

图 14.24 用例卡片示例

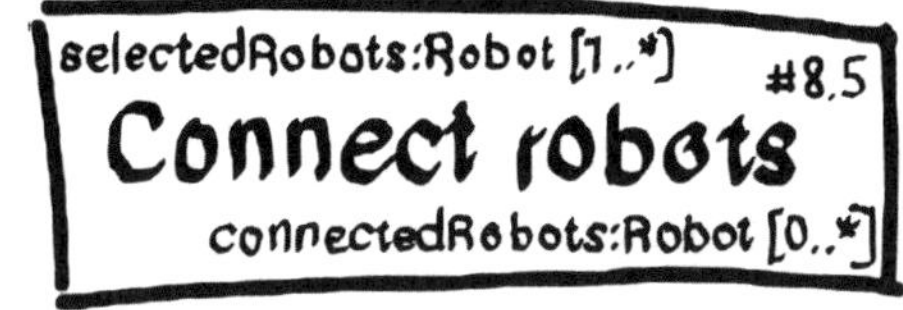

图 14.25 活动卡片示例

（5）描述用例活动及其输入和输出数据。将每个活动都写在卡片上，左边是输入数据，右边是输出数据。每个活动根据用例得到一个唯一子 ID，例如，#8 用例中第五个活动的子 ID 为“8.5”（见图 14.25）。把卡片钉在相应用例卡片下方的墙上。请注意，并不一定要求活动卡的顺序就是执行顺序，因为它对于功能架构并不重要。

（6）借助 14.4 节中的 FAS 启发法找到功能组。将每个功能组分别写在各自的卡片上，并将其钉在墙上。再在每张卡片上写下功能组的唯一 ID。将经过分组的活动卡片钉在功能组卡片下方。卡片上的活动 ID 确保可追溯到相关用例。

（7）最后，可在白板或活动挂图上以内部模块图的方式绘出一个功能架构（见图 14.26）。每个功能组映射到功能架构中的一个部件上。在研讨会期间，不必在模块定义图中显式定义功能块，而是在内部模块图中通过它们的用法进行隐性定义。部件类型，即功能块，应具有与相应功能组相同的名称。此外，还可以引用功能组的唯一 ID，以便可更改名称而又不丧失可追踪性。通过分析所含功能的输入和输出将各部件连接起来。使用部件端口作为连接点，并对它们适当命名。它们都是功能接口。如果是重要接口，可在单独一张活动挂图上进一步描述功能接口所具有的流属性。通常,该任务由系统架构师在研讨会外完成。不需要整个团队的需求工程师和系统架构师参与。

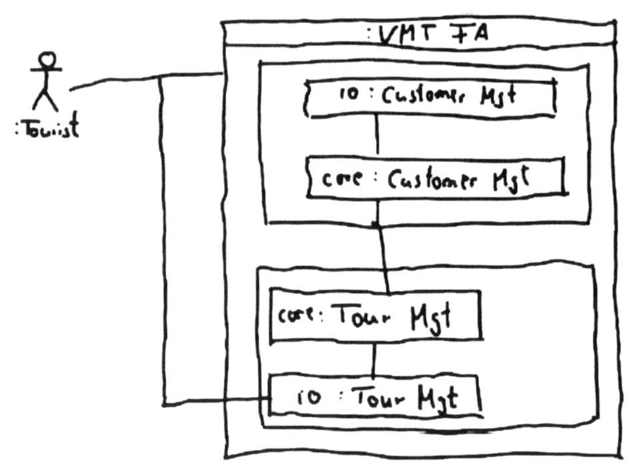

图 14.26 功能架构草图

(8) 讨论架构。是否符合架构原则? 根据你的功能需求和非功能需求,看其是否合适?

(9) 拍摄研讨会成果照片,给系统建模人员下达任务,将成果纳入系统模型。

(10) 要求研讨会与会者对利用此功能架构的已更新后的系统模型进行反馈。

14.10 非功能需求与功能架构

功能架构通过用例从功能需求中导出。这样功能架构就很好地涵盖了大多数功能需求。关于如何提高功能架构对功能需求覆盖率的方法,请参见14.11节。

但是非功能需求是什么情况呢? 一些非功能需求与功能需求直接相关。它们需要具有功能的质量,例如,某功能所需的持续时间或资源。需求工程师制作了表示功能需求与非功能需求之间关系的矩阵(见图14.27)。

既然功能需求可追溯到功能架构,那么功能架构也可追溯到非功能需求(见图14.28)。

一些非功能需求可以直接并入功能架构中。图14.29给出了满足功能架构中的一项非功能需求的约束条件示例。该非功能需求规定,系统产生的光照度

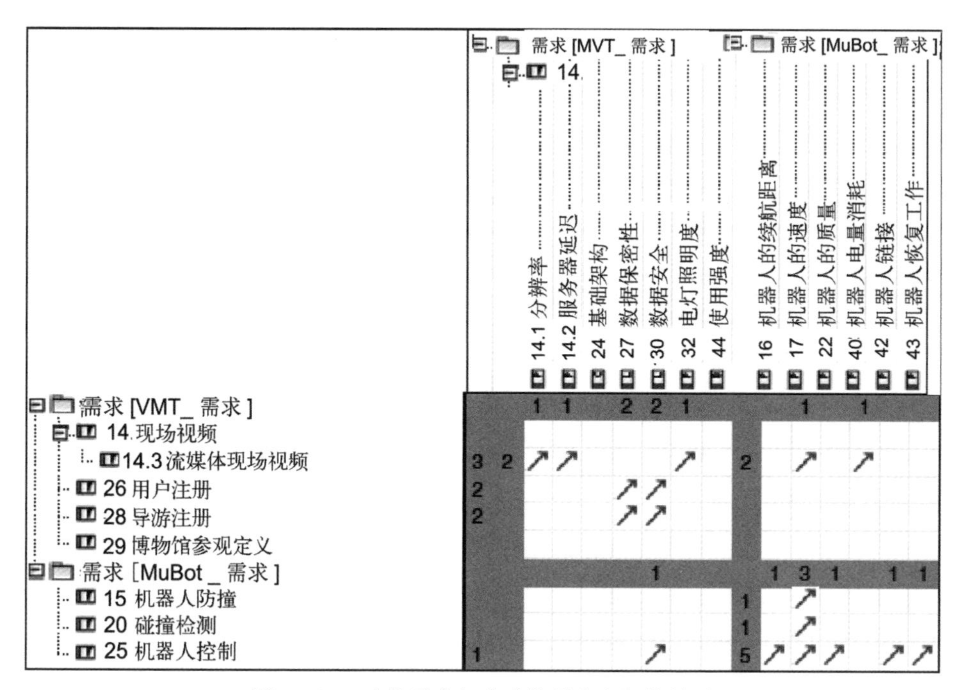

图 14.27 功能需求与非功能需求之间的关系

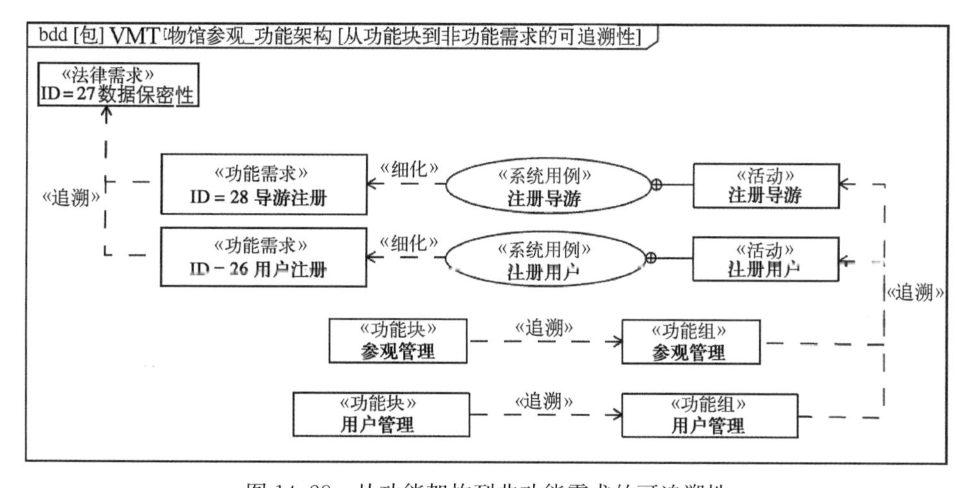

图 14.28 从功能架构到非功能需求的可追溯性

不得等于或大于 250 lx，以保护博物馆的光敏文物。在有关用例活动中，电灯是一个对象流，在功能架构的端口中，电灯为流属性。端口的一个附加约束条件（“自身电灯< 250 lx”）规定，电灯对文物的光照度始终要小于 250 lx。该约束条件通过“满足”关系与非功能需求相联系。

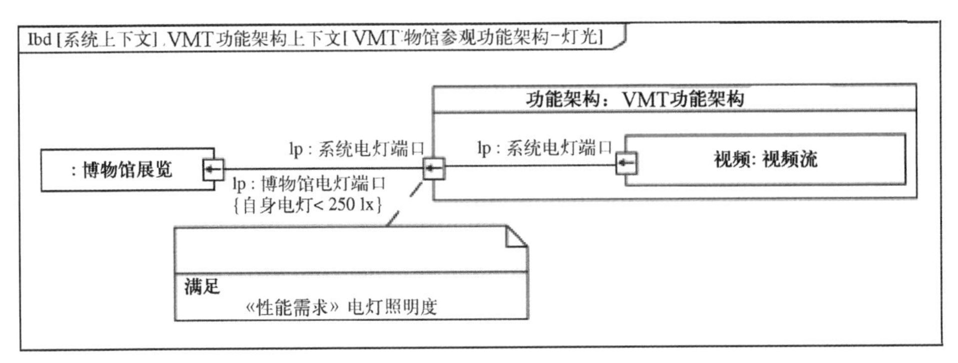

图 14.29 在功能架构中的非功能需求

《建模服务质量和容错特征以及机制规范的 UML 概要》一文定义了一系列表示服务质量和容错概念的 UML 扩展方法[140]。

还有一些非功能需求与功能需求没有直接关系，因此功能架构未涵盖它们。例如，博物馆机器人外壳的颜色或者单个机器人的质量不得超过 35 kg 等非功能需求。理论上，可以把颜色看作是一种光线转换功能或一种美观功能。然而，它在实际应用中通常并不重要。因此，存在着某些未被功能架构所涵盖的非功能需求。注意这些非功能需求，并在逻辑架构或产品架构中考虑到它们。通过模型查询，寻找与架构制品无关的需求，能够容易地找到这些非功能需求。

14.11 功能架构的完整性

根据相关系统所需的全部功能需求判断，最初几个版本的功能架构可能并不完整。功能架构是从用例派生而来，在通常情况下，用例和有关用例活动并不涵盖运行系统所需的所有功能。

首先，根据与系统或参与者交互有关的所有功能判断，用例并不完整。许多项目仅借助用例描述了系统的主要功能。而且有些功能不适合借助用例概念进行细化。

其次，运行系统需要更多的功能。基础设施功能为面向参与者的功能提供了基础。其中一个常见的例子是系统的电源管理。通常用例仅部分地覆盖了这些功能。例如，虽然“供电”有可能发生，而且可能很重要，但是很少有用例对它进行描述。

最后，确定的需求可能并未涵盖利益攸关方要求的全部功能。完整涵盖一系列需求是需求工程学科的范畴，我们在此不做进一步阐述。

下面，我们讨论如何提高功能架构对系统功能的覆盖率。首先，我们定义以下三种功能类型(见图 14.30)：

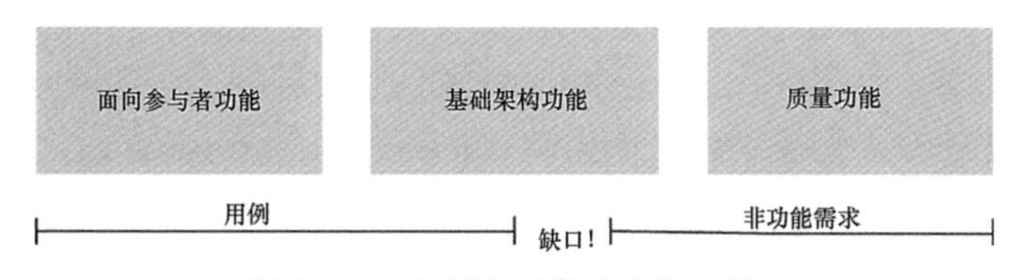

图 14.30 用例和需求的功能覆盖面

(1) 面向参与者功能。一个涉及广泛的用例分析涵盖了对系统与其环境交互有直接影响的大多数功能。

(2) 基础设施功能，如电源管理功能。

(3) 质量功能。提供这类功能是为了实现非功能需求所要求的质量。例如，确保数据和操作安全的用户授权功能。质量功能也可以是面向参与者功能或基础设施功能的一部分。

不需要将各功能具体分配到三种类型中的某个具体类型中。这些类型仅仅是一种支持功能识别的工具。通常基础设施功能中有一功能覆盖缺口空白。缺口包含通过需求分析(无论是通过一个用例，或者是通过一个非功能需求)未涵盖的功能。系统架构师或需求工程师通过分析基础架构可以发现这些功能。

其次，我们介绍提高在功能架构中各类型功能覆盖面的方法。

在用例分析过程中，可通过如下方法补充完整面向参与者功能：

(1) 检查系统的上下文是否详细说明了所有人类和非人类参与者的完整清单，注意主动参与者和被动参与者。主动参与者一开始就联系系统；被动参与者会等待系统的联系。不要把环境影响看作是温度或湿度之类的特殊类型的参与者。它们也与系统交互，而且可能与系统功能有关联。

(2) 检查系统边界和系统端口是否包含输入、输出系统的所有数据。同样要考虑热量或物理作用力之类的隐性数据。

(3) 对于系统边界上的各参与者和端口，检查用例是否涵盖输入和输出数据。如果没有涵盖，那么你可能发现了一个新用例。

若要将基础设施功能补充完整，则需要分析使系统运行所需的基础设施。注意“Z”字模式的级别，仅考虑属于基础架构一部分的基础设施功能(见 7.2 节)。一个良好的示例是电源管理功能。通常电源管理功能是基础架构的一部分。基于逻辑或产品架构中架构决策的基础设施功能是“Z”字模式的下一层功能架构的一部分。

可通过分析非功能需求来确定质量功能。其中许多质量功能将导出新的功能或用例。分解这些质量功能，直到使功能部件与真正的非功能部件明确地分开。

最后，完成这些步骤并不保证涵盖真实系统的全部功能，没有任何方法可以做到这一点。但是，它们不仅有助于提高覆盖面，还有助于在系统分析和架构过程中提出正确的问题。

14.12 功能架构与“Z”字模式

根据 SYSMOD“Z”字模式(见 7.1 节)，功能架构呈现出不同的层次。如果要分解功能块上的某一功能，那么需要知道某一级别上的技术决策，否则，就不能继续分解。技术决策可引出直接依赖于技术决策的新需求和新功能。

“Z”字模式描述了不同层次的需求和架构。架构决策可引出新的需求以及对新架构决策的需求等。有关“Z”字模式的详细说明，请参见 7.1 节。

图 14.31 所示为虚拟博物馆参观的防撞需求。通过某些用例，如图 14.31

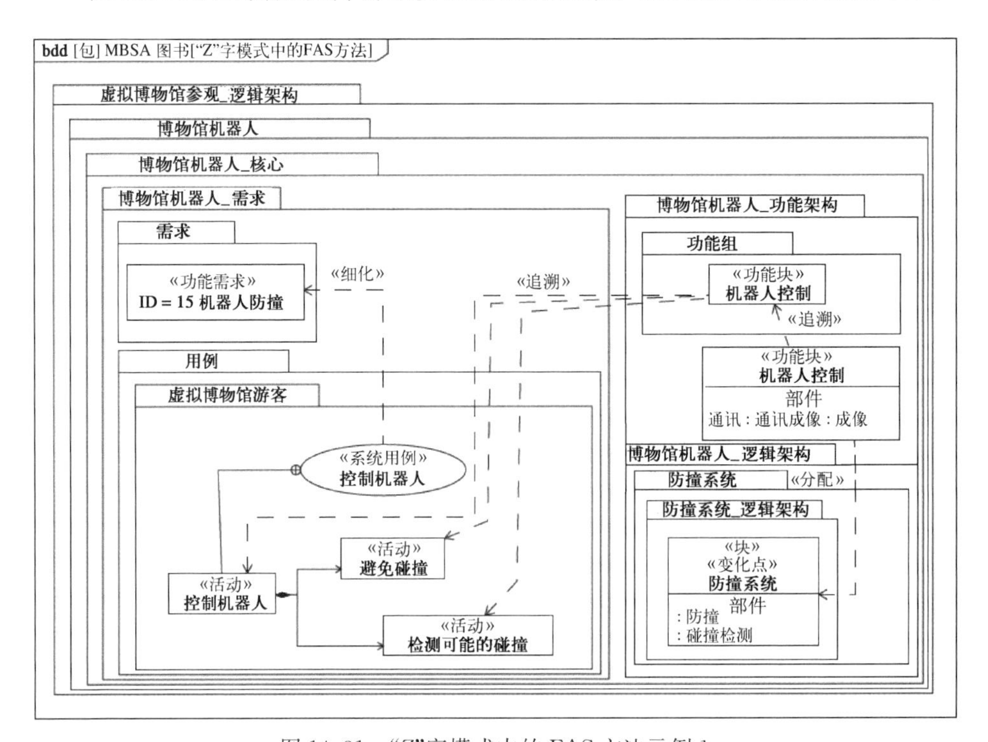

图 14.31 “Z”字模式中的 FAS 方法示例 1

所示的“控制机器人”，对“机器人防撞”需求实施细化①。将一些用例活动分组到“机器人控制”功能组中，得到同名的功能块。将该功能块与其他功能块一起分配给“防撞系统”(anti-collision system，ACS)。将防撞系统建模为一个变化点，以详细说明防撞系统的不同变体。基于摄像机的碰撞系统变体导出新需求，并展开了“Z”字模式的下一层次(见图 14.32)。基于摄像机的防撞系统是变化点防撞系统的一种特化。它有自己的功能架构和功能块“成像”和“通信”。这些功能块与“Z”字模式上一层次的功能块有一定的关系。图 14.33 中给出了这种关系。

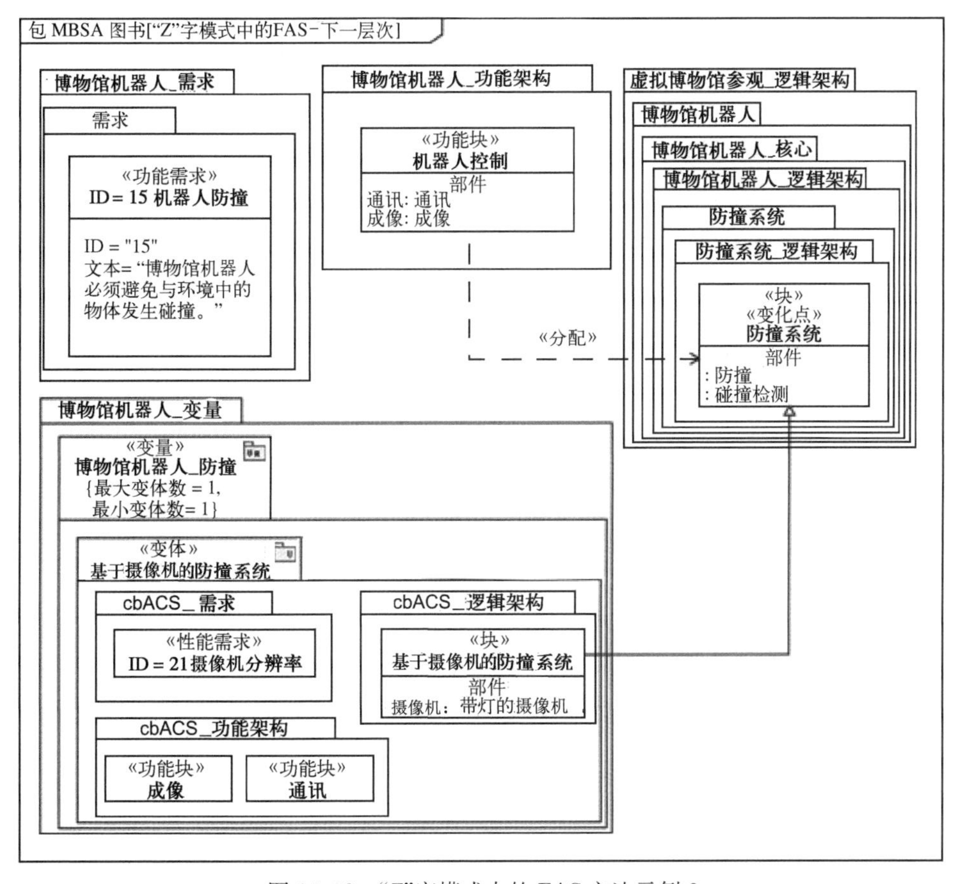

图 14.32 “Z”字模式中的 FAS 方法示例 2

① 原书图 14.31 有误，现已修正。——译者

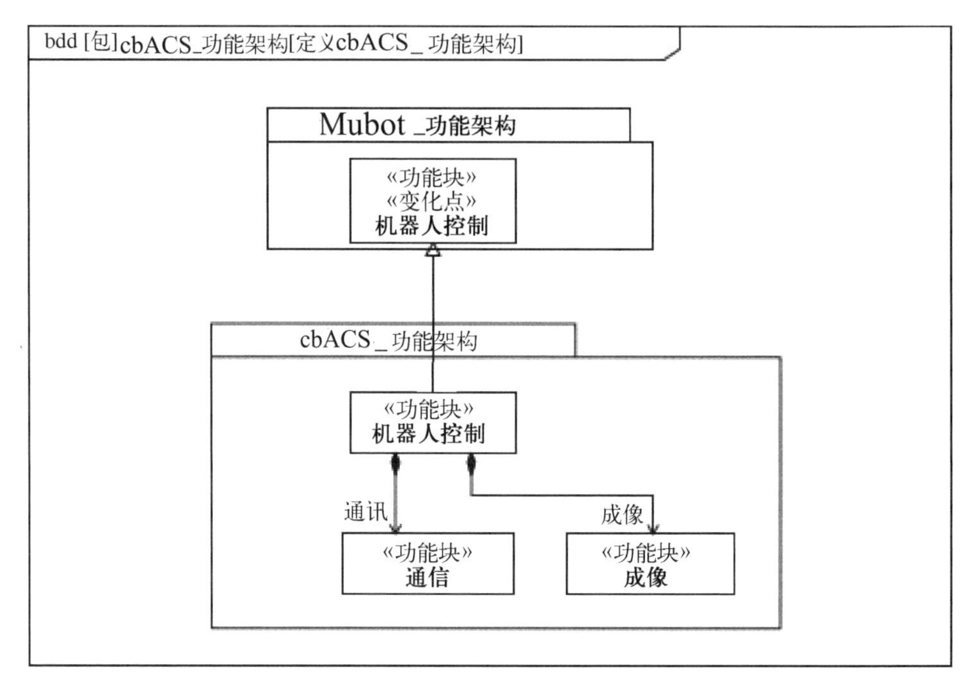

图 14.33 机器人控制的功能分解

你可以将防撞系统看作一个有自己的需求、用例和架构(包括功能架构)的系统。

15　产品线及变体

许多系统有不同的构型：产品线、定制产品或用于权衡研究的不同设计。通常，系统的单一变体只影响系统的少数几个部件。变体源自初始系统，只是略有变化而已。然而，不可能量化到数字或细节层次，其变化仍然是一个系统的变体，而不是一个全新的系统。

一辆汽车和一架飞机可能都是交通系统的一种变体。然而，在大多数情况下，将汽车和飞机作为同一个系统的变体来处理，并在单一系统模型中管理所有相关关系，实际上毫无意义。交通系统的共有部分过于抽象。很遗憾，你无法衡量抽象事物，我们也不能给出一个客观的衡量标准。你必须确定共有部分的抽象层次与变体部分的抽象层次是否足够接近，以至于有价值成为一个复杂模型的一部分。收益必须大于管理复杂模型所付出的努力。

变体描述是一项复杂的任务。创建对单一系统的良好描述已是一种挑战。每种变化都会给多维系统模型再增加一个维度。例如，发动机可能是汽车系统的一个变量，有三种可能的变体：柴油发动机、电动机和混合动力发动机。再一个变量可能是底盘：小型车底盘、豪华车底盘和敞篷车底盘。现在，可以将不同的变体组合在一起，例如，一辆车具有柴油发动机与小型车底盘，或者一辆车具有混合动力发动机与豪华车底盘等。对多维系统模型而言，每一变异都增加了另一个维度。

下面，我们先给出一些定义，再介绍使用 SysML 进行变体建模的概念。本章的部分内容基于本书作者之一威金斯的著作《使用 SysML 进行变体建模》。对于引用该书的每一陈述，若未做修改或更新，本书中都省略了引用标注。

15.1　变体建模的定义

我们给出了一些术语的简要定义，说明如何在变体建模上下文中使用它们。关于变体建模的概念，先在 SYSMOD 方法[145,147]中给出了介绍，然后在《使用

SysML 进行变体建模》[148]一书中做了细化。这些术语和概念与有关变体建模的出版物中所阐述的常见变体概念一致，例如正交变化模型（orthogonal variability model，OVM）[118]。

图 15.1 给出了变体建模方法的域模型。我们来区分核心要素与变体要素。“核心要素”用于所有系统组合中，与任何变体要素无关。“变体要素”仅出现在某些构型中，是某个变体的一部分。

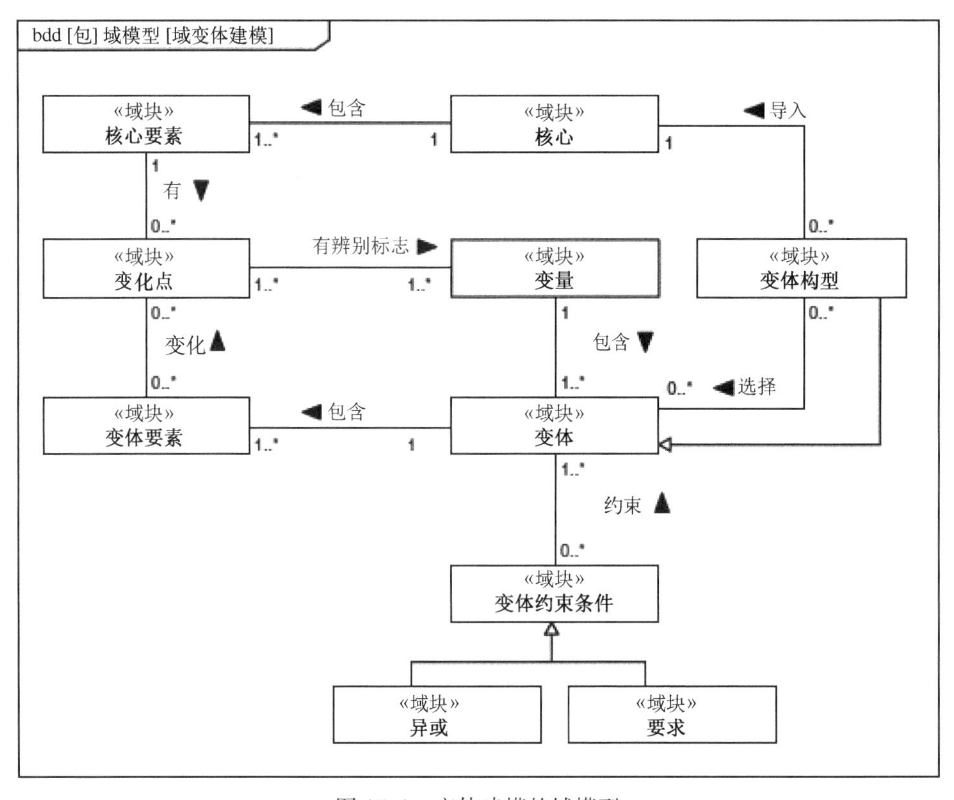

图 15.1　变体建模的域模型

“变化点”将系统的核心要素标记为变体要素的扩展点，例如汽车发动机。由于任何汽车都有发动机，所以发动机是核心要素。此外它是变化点。我们更改这一系统部件，可得到不同类型的发动机。

产生某个变体的原因称为“变量”。一个变量包含具有共同辨别标志的一系列变体。在汽车示例中，发动机类型是一个变量。它是区分各种变体的辨别标志。

“变体”是根据变量改变系统的变体要素的完整集合。变体也称为系统的特性。柴油发动机、电动机和混合动力发动机都是变量“发动机类型”的变体。

“变体构型”是变体与核心要素的有效组合，例如，一辆具有混合动力发动机和豪华车底盘汽车。变体构型是一种特殊的变体，也是变量的一部分。在示例中，变体构型“混合动力发动机＋豪华车底盘”是变量“经济车型”的一部分。

“变体约束”针对一个有效的变体集合规定了相关规则。预先定义两个常见的变体约束，即 *XOR*（异或）和 *REQUIRES*（要求）。“异或”用于若选定某个特定变体，则排除一个变体。“要求”规定若选定某个特定变体，仍需要另一个变体。

变体也可包含变量（见图 15.2）。这些变量的结构与顶层变量相同。这种递归结构可使变体建模概念扩展到任意大小的系统。

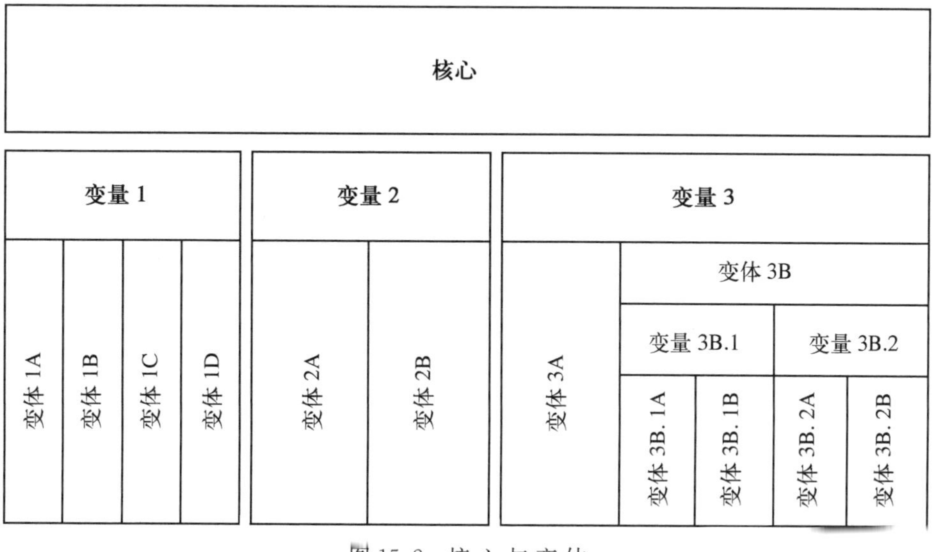

图 15.2　核心与变体

15.2　使用 SysML 进行变体建模

SysML 并未为变体建模提供显性内置语言结构。然而，SysML 对变体建模很有用，可以使用 SysML 概要文件机制以某种变体建模概念来扩展该语言。SYSMOD 为 SysML 定义了一个概要文件，其涵盖前一节[145]所陈述的变体建模。概要文件提供了对变体、变量、变化点、变体要素、变体构型和变体约束等概念建模的版型。

在虚拟博物馆参观示例系统中有不同的变量，例如博物馆机器人的防撞和

视觉系统。图 15.3 给出了模型的顶层包结构,带有用于变体建模的包。第一层有如下三个包:

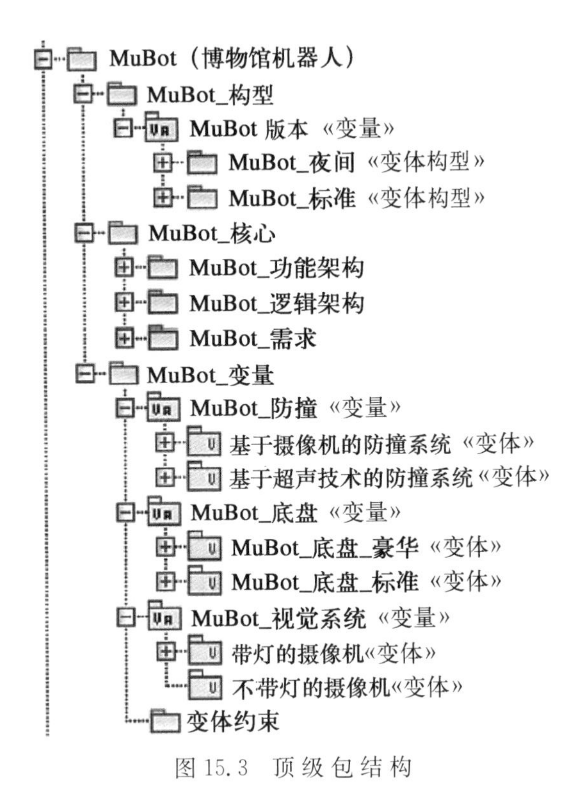

图 15.3　顶级包结构

(1) 构型包("MuBot_构型"),包含变体构型,也就是说,已组成系统或系统组件的核心要素和变体要素的有效结合。由于变体构型也是一种特殊的变体,所以在第一层有变量包,而将变体构型作为变体置于下一层。变量和变体包的结构随后阐述。

(2) 核心包("MuBot_核心"),包含所有核心要素。子包的结构与 7.9 节所述的系统模型结构一致。

(3) 变量包("MuBot_变量"),包含所有变量及其变体。在图 15.3 中,可以看到三个变量,分别是"MuBot_防撞""MuBot_底盘"和"MuBot_视觉系统"。

顶层变量包包含这些变量。一个变量就是一个«变量»版型包。每个变量包根据变量辨别标志包含多个变体。

变量包另有两个属性:"最小变体数"和"最大变体数",它们限制可供某个单一变体构型选择的该变量的变体个数。图 15.4 以 SysML 包图的形式示出包的结构，在«变量»中包形符号下给出了“最小变体数”和“最大变体数”说明。具体到防撞系统(ACS)，每个变体构型只允许有一个变体(“最大变体数＝1”)。例如，若“最大变体数”为 2，则允许在一台博物馆机器人中执行两个不同的防撞系统。防撞系统是强制性的，通过“最小变体数＝1”予以规定，即一个有效的变体构型必须至少选择 1 个变体。

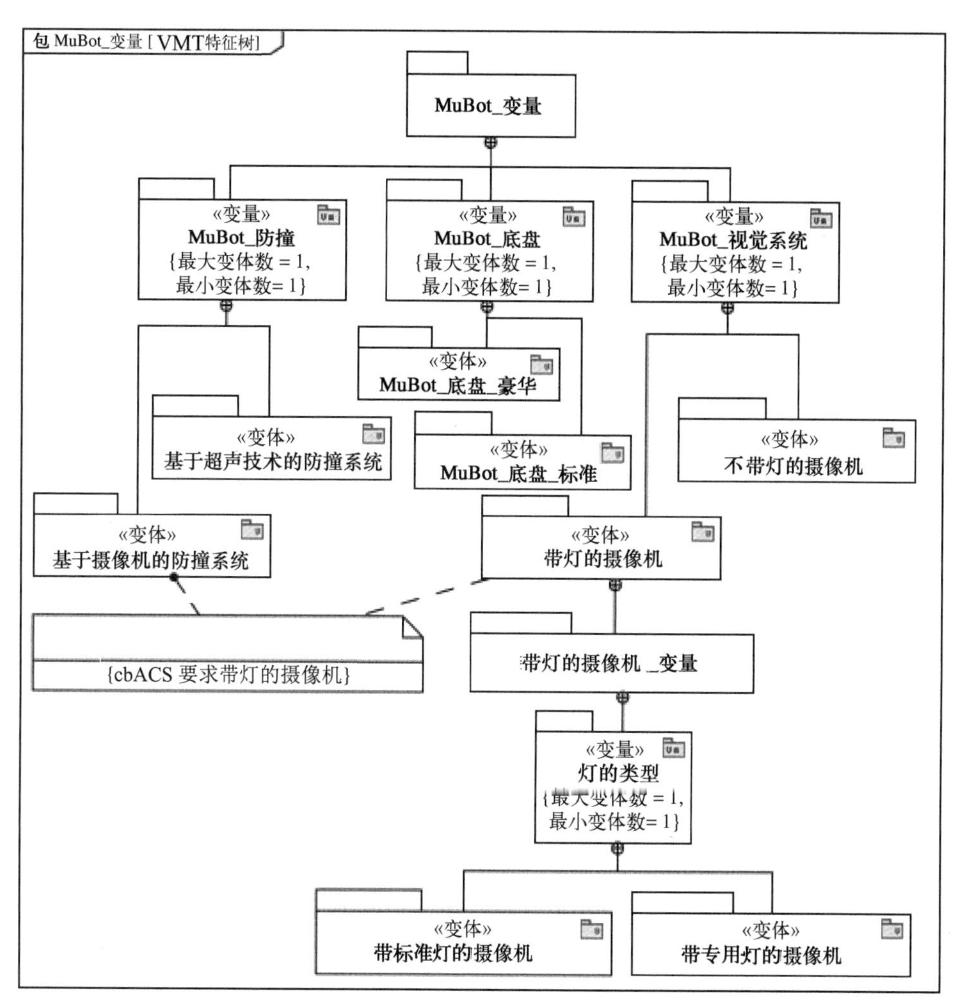

图 15.4　带变体的 SysML 特征树

一个变体就是一个以«变体»版型表示的变体包。变体包是所有变体要素的根，它们的组织形式类似于用于系统模型的递归式包结构(见 7.9 节)。可将变体视为系统或子系统来处理，含有上下文、需求、架构以及构型、变量和变体。

也许你已熟悉用以描述变量的特征树，例如，来自面向特征的域分析

(feature-oriented domain analysis, FODA)[70]。关于FODA的更多详细信息以及特征树的示例请参见15.3节。你还可以利用变体概要SysML的来创建如同图15.4所示的特征树。这种表示法与FODA不同,但是语义与FODA树一致。特征树规定了变体之间的规则。例如,相互排斥的变体或者要求其他变体作为系统一部分的变体。

"异或"和"要求"是两个特殊的变体约束,用于对同一变量的变体之间或不同变量的变体之间的规则建模。除防撞系统之外,博物馆机器人还有视觉系统变体和底盘变体。视觉系统有三种类型,即无附加照明灯的摄像机系统,带标准型照明灯的摄像机系统以及配套特殊照明灯(用于保护博物馆内对灯光敏感的展品)的摄像机系统。一台博物馆机器人仅能配置其中一种视觉系统。基于摄像机的防撞系统要求为摄像机配备照明灯,以确保探测到障碍物,即使在博物馆内黑暗区域也如此。图15.4描述了相应的变体约束。"REQUIRES"(要求)约束基于摄像机的防撞系统总是与带灯的视觉系统组合使用。由于有两个带灯的视觉系统,我们引入另一个变量"灯的类型",作为一种选择,我们可引入一个新的变体约束(A REQUIRES B,A要求B)OR(或)(A REQUIRES C,A要求C)。附加的变体层次较为灵活,因为如果定义另一个带灯的视觉系统变体,并且必须将A、B、C和D组合在一个单一约束中,则没有必要更改变体约束。在形式上,变体约束是通用SysML约束要素的版型("异或"和"要求")。

图15.4中的底盘变体取决于业务需求。豪华底盘更加耐用,对于频繁使用的系统则必不可少。标准底盘用于正常使用。模型中给出了变体与业务需求之间的关系,但在图15.4中并未反映。

变体与核心要素之间有一定的关系。变体要素始终依赖核心要素,反之则不然。通常该关系是一种泛化关系,即核心要素是变体要素的泛化,反过来说就是,变体要素是核心要素的特化。

图15.5将变体要素"基于摄像机的防撞系统"描述为核心要素"防撞系统"的特化,并将变体要素"带灯的摄像机"描述为核心要素"摄像机"的特化。变体要素是不同变体的一部分。相应的变体"基于摄像机的防撞系统"要求变体"带灯的摄像机",这样的要求不仅通过REQUIRES(要求)约束反射,而且通过图15.5中所示的组合关系反射。

图15.6所示为变体构型"逻辑 博物馆机器人 夜间"。变体构型的主要任务是将变体和核心绑定为一个有效的组件。"逻辑 博物馆机器人 夜间"块对逻辑架构中的核心要素"博物馆机器人"进行特化,将变体"基于摄像机的防撞系统"

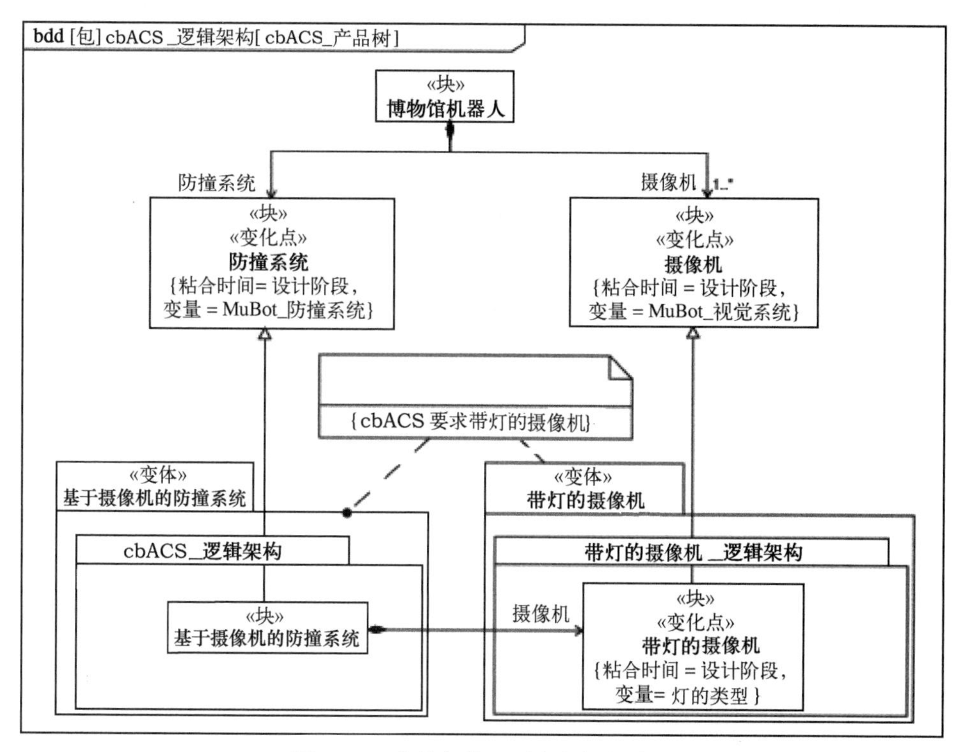

图 15.5 变量与核心要素之间的关系

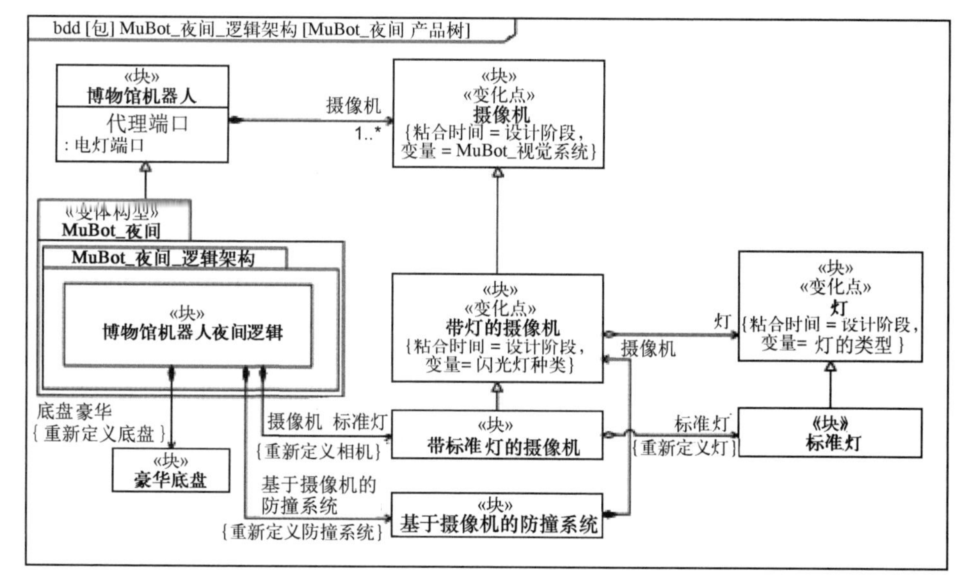

图 15.6 变 体 构 型

与“带标准灯的摄像机”的根要素链接起来。此外,变体构型能够定义自己的结构和行为。通常,它是黏合逻辑,用以组合核心要素与所选变体要素。

变体构型是一种对«变体»版型特化而得到的«变体构型»版型,用于 SysML 包中。一个变体构型可以捆绑一个系统、一个子系统或另一个系统单元。变体构型以特殊变体包的形式存储在顶层构型包中的变量包下。每个变体构型都有一个类似于系统模型的包结构(见 7.9 节)。

虽然所有这些版型都很简单、强大,但是对于处理模型的复杂性是个挑战。即使是处理没有变体的系统模型也是一个挑战。有变体的系统模型是一个多维构型空间。需要专门的视图、报告和模型变换来管理其复杂性。

15.3 其他变体建模方法

在本节中,我们简要介绍其他一些变体的建模方法。

常用的可变性建模方法是康(Kang)等人[70]提出的 FODA 方法。从利益攸关方的角度对可变性建模。模型给出了系统特征、可变性以及变体之间的约束。图 15.7 所示为虚拟博物馆参观的 FODA 特征树,描述了博物馆机器人的三个特性,即防撞系统、发动机和人机交互包。

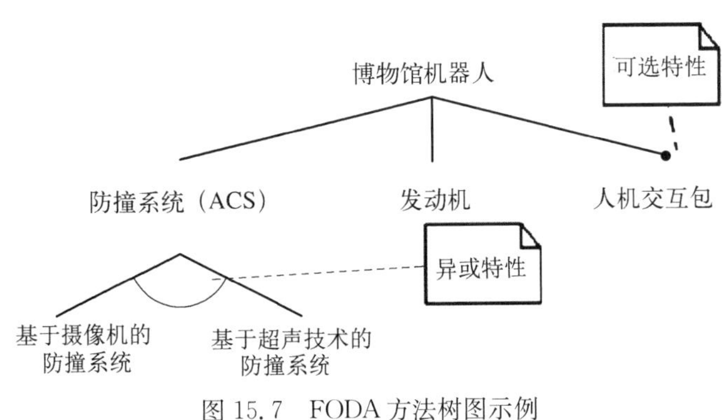

图 15.7 FODA 方法树图示例

后来,康(Kang)将 FODA 方法扩展为面向特征的再利用方法(feature-oriented reuse method, FORM),除了包含需求和架构透视图之外,还包含市场透视图[71]。

有如下两种不同的用于变体建模的基本方法,将变化性信息集成到系统模型中:

(1) 创建一个单独详细说明可变性的正交一级模型。

(2) 将可变性集成到正在开发的系统模型中。

第一种方法和第二种方法的示例可分别参阅参考文献[118]和参考文献[71]。15.1 节和 15.2 节中所述的方法是第一种方法的另一个示例。可变性信息要与开发模型分开，甚至可以存储在单独的存储库中。

通用可变性语言(common variability language, CVL)[102]是对象管理组织(object management group, OMG)即将推出的一个标准。它是一种只能对系统的可变性方面建模而不能对整个系统建模的一种建模语言。CVL 模型应用于基于元对象机制(meta object facility, MOF)的模型。MOF 是 OMG 的另一个标准[104]，类似于 UML 和 SysML 之类的语言都建立在 MOF 基础之上。将 CVL 模型应用于基于 MOF 模型，可得到产品模型(类似于前文所述的变体构型)(见图 15.8)。在撰写本书时，CVL 尚未正式发布，据我们所知，目前还没有可用于 CVL 的商用建模工具。

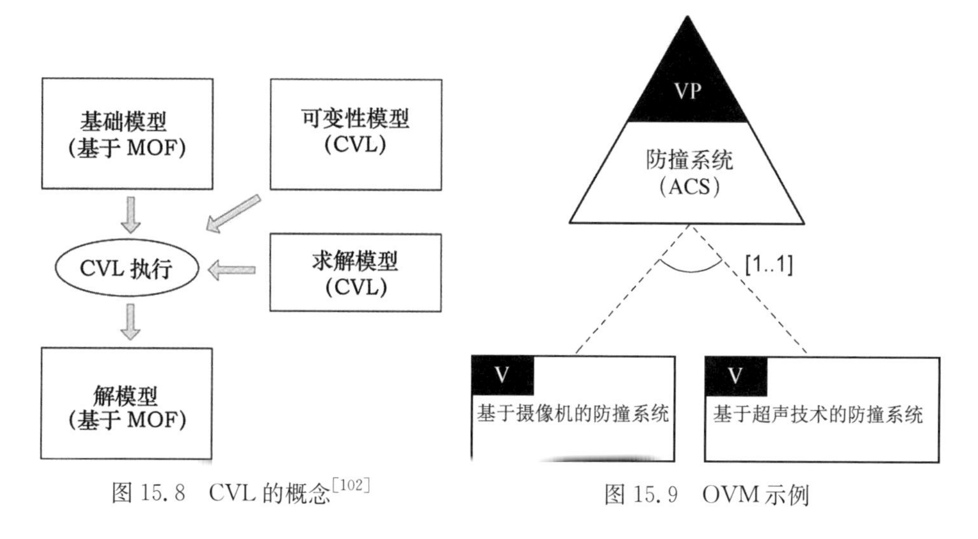

图 15.8　CVL 的概念[102]

图 15.9　OVM 示例

另一种变体建模方法是 OVM[118]。图 15.9 用 OVM 语言显示了图 15.7 中的 FODA 树摘录。

16 架构框架

术语“架构框架”经常遭到误解。人们经常认为架构框架为系统架构提供某种抽象或通用模板。有些情况类似于某种类型系统的“骨架架构”，为了得到一个系统的完整架构，必须弥补这些遗憾。例如，人们可能猜测一架飞机的基本架构，如机身、机翼、推进子系统、起落架、电源和能源子系统等，在某种“飞机架构框架”中有抽象定义，而且系统工程师可以利用该框架作为开发飞机系统架构的起点。

但是，这种看法并不正确。

当然，对于系统工程领域内的各种系统，存在经验证的基础架构，有时也称为“参考架构”，但是架构框架未定义它们！

那么，架构框架又是什么？国际标准 ISO/IEC/IEEE 42010：2011《系统和软件工程 —— 架构描述》[64]将架构框架定义为描述架构的约定、原则和实践。根据该标准，一个架构框架针对某个特定的应用领域或利益攸关方群体。

关于这个定义，首先要注意，它是关于架构描述的定义。因此，这些架构描述要符合某些标准，架构框架提供了一系列的约定、原则和实践，系统架构师可借以创建此类描述。从头开始创建和描述系统架构可能是一项艰巨的任务，因此架构框架可能是有用的，并能够提供一个很好的起点。它们应简化流程，并在架构开发的所有领域中为系统架构师提供指导。

其次，另一个值得注意的细节是，对于应进行系统架构描述的系统，该定义未对其类型给予具体陈述。它可以是技术系统架构、软件架构、企业架构（enterprise architecture，EA），或系统之系统架构，这里只列举少数几种可能性。定义非常笼统地表述为：“在特定应用领域和（或）利益攸关方群体范围内创建。”至于什么是“创建”，在不同领域中含义有很大的区别。

实际上，架构框架在企业架构开发和系统之系统工程（system of systems engineering，SoSE）中已经众所周知。有许多用于 SoSE 的不同框架，特别是在国防领域内。在深入讨论这些框架之前，必须先讨论术语"企业架构"，然后简要介绍关于 SoS 的值得注意的特征。

16.1 企业架构

如果在企业架构开发领域中经常用到架构框架，必须先定义"企业架构"(EA)这个术语。事实上，关于"企业架构"这个术语并没有普遍接受的定义。许多组织(公共的和私人的)都在宣传他们对这个术语的理解。例如，企业架构专业组织联合会(Federation of Enterprise Architecture Professional Organizations, FEAPO)对企业架构定义如下：

企业架构对于进行企业分析、设计和实现而言是一种界定良好的做法，始终使用一种全面的方法，以便成功开发并执行战略规划。企业架构应用各种架构原则和做法，在业务、信息、过程以及执行其战略所必需的技术更改的全程，指导各组织。这些做法利用企业的各方资源来确认、促进和实现这些更改[37]。

但是，企业又有什么含义呢？从广义上讲，"企业"这一术语包含各种类型的组织。组织的规模、行业、所有权模式(私有或公有)或地理分布并不重要。企业可以是一家中小型公司、一家跨国公司，也可以是一家由数个全球投资者为同一目标而创建的大型联合企业。一个企业可以是北大西洋公约组织(North Atlantic Treaty Organization, NATO)部队的一项调停或维和部署，也可以是美国国家航空航天局(National Aeronautics and Space Administration, NASA)的一项外太空研究计划。当然，本书附带阐述的用例研究中所列举的博物馆管理、运营和进一步开发，也可视为一个企业。

图 16.1 描述了如何从利益攸关方的业务目标和愿景中派生出技术系统架构的方法。仅仅是单个项目或产品开发满足利益攸关方的直接需求是不够的。相反，需要对企业的所有流程、系统和技术有一个长远的认识，以使得单个项目或产品开发能够提供通用功能。这对于投资决策、工作先后次序和资源分配都非常重要。在这个日益复杂、业务环境不断变化和全球化的世界中，一个企业能够恰当应对颠覆性力量不仅非常重要而且每个企业还要有适应未来变化的愿景和目标。这就要求对企业有一个整体的认识，而不是孤立地对待各个单元，例如业务部、个别部门或仅仅看中 IT 基础设施部门。企业架构开发是以业务为中心的方法，而不是以技术为中心的方法。

因此，企业架构(EA)以及企业架构开发学科具有如下主要目标：

(1) 企业架构及其各部门、政策、流程、策略和技术基础设施(如 IT 系统)应

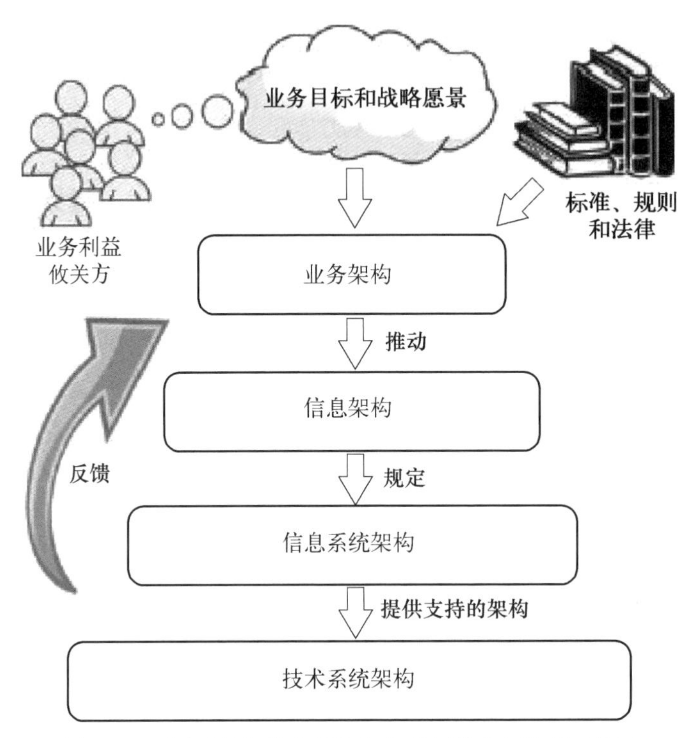

图 16.1 业务目标、信息架构与技术环境之间的相互关系

支持所有利益攸关方实现各项短期和长期业务目标和愿景。

(2) 企业架构应促进由某个企业所开发的并由该企业独自使用的技术系统与其业务目标和战略方向一致。

(3) 企业架构应帮助企业学习、成长、创新,并响应市场需求和不断变化的基础条件。

(4) 企业架构应促进并维护企业的学习能力,以使得企业可持续发展。

当然,企业架构在很大程度上取决于何种领域内的概念"业务目标"和"业务愿景"。国防部门或太空领域内某个企业的业务目标通常与商业环境中的企业(如保险公司、金融界或贸易公司)的业务目标不同。但是在抽象层面上,它们都是相同的:企业做出的所有决策、活动、开发或采购都必须支持这些目标,而且企业架构开发学科是关键。

16.2 系统之系统

实际上,没有任何系统是在全新的基础上开发出来的,也没有任何系统能够独立于其他系统单独使用。每个系统都有前后联系，也就是它一方面与人交互，另一方面与其所在环境中的各系统交互。而且，系统有些时候要与许多其他技术系统和社会技术系统一起使用，作为一个更大更复杂系统的一部分。在某些情况下，这种由多个分散的独立系统组成的系统称为系统之系统（system of systems，SoS）。

SoS不同于单一的单层系统以及其他类型的系统组（如系列系统）。两者的区别如下所示：

（1）各要素松散耦合。通常，耦合这一术语是指各组成部分的相互依赖程度。其中一个显著特征是它的各组成部分，即各组元系统之间呈现显著的松散耦合，让你知道你面对的是一个SoS而不是一个单一的单层系统。各组元系统之间不存在力、流体或大量能量的交换。它们之间的耦合通常通过IT接口的数据交换来实现。这通常伴随着各组元系统的地域分布。

（2）突现行为。SoS行为由其各组元系统的累积作用和相互作用产生。SoS行为不仅仅是其各组元系统功能的总和。要想产生突现行为，所有组元系统必须相互交互。前提条件是每个系统都可以与其他系统交换信息。由于“突现”是SoS的一个关键特征，因此下面一个小节对这个术语做深入阐述。

（3）独立运行。如果将SoS拆分为各组成部分（组元系统），这些系统可以在SoS之外独立运行，也可以并入其他的SoS。

（4）各要素的独立管理。构成SoS的大多数组元系统都是独立开发、制造、采购和管理的。它们的生命周期与整个SoS的生命周期和其他组元系统的生命周期无关联。

（5）渐进开发。通常并不存在一个完全成熟的SoS。它的开发和存在是一个不断演化的过程，即在整个生命周期中，根据新的需求或更改后的需求、所需的新功能、修改后的基本条件或更改后的目标，增补、删除、修改或交换组成系统。

虽然并不是每个SoS都具有上述所有属性，但是这些判断标准是体系的典型特征。SoS最显著的特征是它的突现性。在这方面，SoS与系列系统的概念有很大的不同。对于一个系列系统而言，除参与联合的各组元系统原有选项功能外，各系统联合后并不增加任何其他功能。

16.2.1 突现性①

英国哲学家乔治・亨利・刘易斯（George Henry Lewes，1817—1878）在

① 原文只有16.2.1。——编注

1875 年出版的著作《生命与心灵的诸问题》(*Problems of Life and Mind*)[87]中首次对“突现性”做出了如下的恰当定义：

每个合力要么是各分力之和，要么是各分力之差；当各分力方向相同时，合力为各分力之和；当各分力方向相反时，合力则为各分力之差。此外，每个合力都可以清楚地追溯到它的各个分力，因为它们同质而且可同单位度量。而对于突现事物，则是另一种情况，其时，如果不是把可度量运动加到可度量运动中，或者把一种事物加到该种类的另一个事物中，不同种类事物就会有相互合作。突现事物不同于它的各个组成部分，因为它们是不可同单位度量的，不能归结为组成部分之和或之差。

术语“突现性”是指一个系统中的各要素相互作用而产生的新特性，而这些突现特性不能直接从该系统的各个部分派生出来。即使对各组件有充分的了解，也无法预测整个系统的某些特性。

16.2.2 突现性示例

在自然界中经常可以看到突现特性。一个典型的例子是有鸟群或鱼群的形状和行为。从人类的角度来看，一群鸟或一群鱼的行为就像一个单一的大型有机体。但是，每一个个体只与最邻近的群体成员进行少量的互动。一只鸟或一条鱼对整个群体的形状和位置一无所知。集体性质通过突现性得到呈现，不是由群体的组成部分体现。

突现行为的另一个典型例子是蚁群。单只蚂蚁不知道如何协同觅食。生物学家发现，一只蚂蚁没有目标地四处寻找食物。突然，从某个时间开始，蚂蚁的移动方式由混沌变得有序。似乎整个蚁群有一个共同的协调觅食策略，整个集体表现为一个高效的复杂网络。

即使在人类文明中，也有大量突现性的例子。例如，当今复杂的商业界就非常熟悉并担心突现特性。因为，这个术语通常与大型企业中各种重叠的管理决策可能产生的意外影响相关联。突然发生了一件谁也没有预见到，或者更确切地说，一件无法预见的事情。对于传统层次组织而言，这些影响日益成为一个问题，因为这些影响越来越频繁地给公司带来损害。同样的道理也适用于全球相互复杂关联的金融界。

即使在系统工程中，这些涌现的突现特性可能是有意的，也可能是无意的。通常，特别是在系统集成后，可能出现一些不需要的突现行为。组元系统的所有要素独自都能正确地工作，但是，如果将这些要素组装到一个系统中，这个系统可能表现出不合乎期望的行为。

一套 SoS 会依赖突现行为来实现目标。这就明确要求 SoS 需演化出某些突现特性。SoS 工程师面临的一个特殊挑战是，在创建架构时，要确保这些特性会有目的地突现。这可能是一项艰巨的任务，因为人们一般对突现组合不太了解。试想一下，你要根据不可靠的组件系统搭建高度可靠的 SoS 会如何。

16.3 架构框架概述

如前文所述，目前有多种不同的架构框架。它们的主要区别在于应用领域不同。其中一些是在军事领域中创建的，一些是在企业架构 IT 开发领域中创建的，还有一些是专门为太空领域的复杂 SoSE 设计的。

一些架构框架定义了一系列应由 SoS 工程师创建的透视图和视图(视图的概念在 6.2.2 节中有详细论述)。为此，这些架构框架指定了一个基于 UML 的元模型，其定义适当的模型要素和关系。这些元模型通常可作为概要文件版型而导入建模工具中。一些框架还分别说明了企业架构开发过程的方法。

以下各小节概述了各种框架，并列出了几个著名架构框架的最重要属性。

16.3.1 扎克曼(Zachman)框架™

"用于企业架构与信息系统架构的 Zachman 框架"[151]，通常简称"Zachman 框架™"，由美国业务和 IT 专家约翰・扎克曼(John A. Zachman)在 1987 年提出的(见表 16.1)。它被认为是最重要的框架之一，并对当代企业架构的理解产生了重大影响。后来开发的许多企业架构框架都以 Zachman 框架为基础。

表 16.1 Zachman 框架™

项　目	简　要　说　明
首次发布年份	1987 年
开发与发布机构	John A. Zachman，Zachman International® Inc.
主要应用领域	IT 企业架构
开发过程或方法	无
元模型(本体论)	无

该框架定义了用于表示信息技术(information technology，IT)企业的预结构化视图和层级。与通常包含过程模型的类似框架不同，Zachman 框架没有规

定任何过程或方法。它重点关注所涉及的角色，并将它们分配给应从不同角度查看的对象。因此，Zachman 框架是一个全面的工具，可以在设计和开发企业 IT 架构时从各个角度考虑所有相关方面。

尽管该框架在系统工程中几乎没有任何作用，但它被认为是架构框架领域的先驱之一。

16.3.2 开放组织架构框架(TOGAF)

开放组织架构框架(TOGAF)[136]最早发表于 1995 年，是在美国国防部信息管理技术架构框架(technical architecture framework for information management, TAFIM，一种架构，这里不做讨论)的基础上提出的。它是由开放组织(由一家厂商和技术中立行业联盟组成)开发的(见表 16.2)。该框架为企业 IT 架构的设计、规划、实现和管理提供了一种方法。最新版本是 2011 年 12 月 1 日发布的 TOGAF 9.1。

表 16.2 开放组织架构框架(TOGAF)

项 目	简 要 说 明
首次发布年份	1995
开发与发布机构	开放组织
主要应用领域	企业构架
开发过程或方法	架构开发方法(ADM)
元模型(本体论)	无

与许多其他框架不同，TOGAF 标准提供了一个具体的过程模型。架构开发方法(architecture development method, ADM)是企业架构开发的所有阶段中的一个迭代过程，适用于特定需求(见图 16.2)。

在其他准备工作中，应在初步阶段调整 ADM 以支持特定需要。在 A 阶段，确定利益攸关方，并定义范围、约束和期望。此外，还要开发项目愿景。企业架构开发的核心阶段是 B、C 和 D 阶段。在这三个步骤中，分别开发业务架构、信息系统架构和技术架构。另一个阶段(F 阶段)是计划迁移，即如何从现状(企业当前架构)迁移到目标架构。G 阶段确保实现项目符合计划架构。每个阶段都与 ADM 图中心位置的需求管理具有双向关系。这是为了强调需求在每个阶段中的重要性，并且由于新的认识，每次都可以发现新的或已变更的需求。

相反，TOGAF 标准没有定义或规定其过程结果的形式和外观，即开发过程

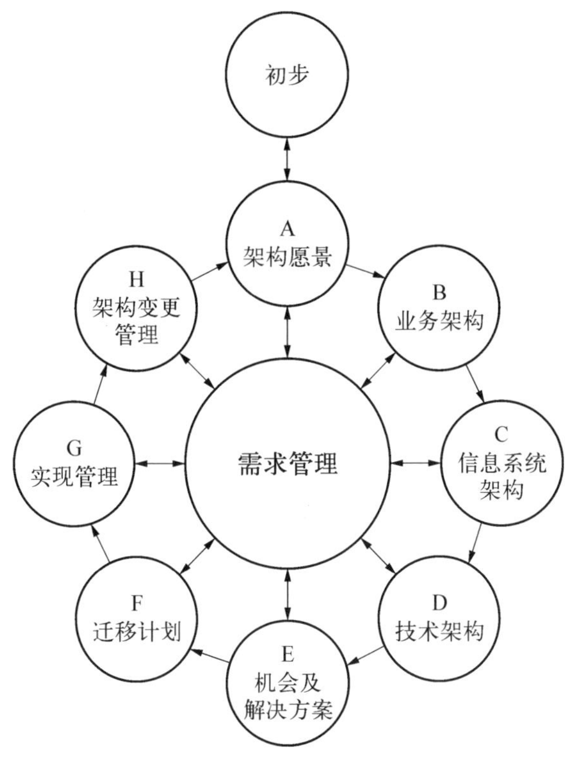

图 16.2 TOGAF®架构开发方法(ADM)

中的每个开发阶段都必须构建的可交付成果。例如,对于阶段 D 中的技术架构,未定义以何种形式完成必须有的文档记录以及如何分别可视化。其形式可能是一份含有文本说明的简单文档,一份 Wiki 形式的文本+图片说明,或一个用建模工具建成的技术架构模型。由于这个原因,因此 TOGAF 经常与其他面向视图并有基于 UML 的元模型的架构一起使用,而其又没有成熟的流程或方法。

虽然 TOGAF 标准更适用于企业 IT 架构开发,但是该框架也可以用于系统工程领域。例如,挪威军方选择 TOGAF 的 ADM 作为其架构开发方法,北大西洋公约组织架构框架(NATO Architecture Framework, NAF),用于元模型和内容组织(视图)[89](见 16.3.5 节)。

16.3.3 联邦政府组织架构框架(FEAF)

在美国,首席信息官(chief information officers, CIO)是联邦信息技术(IT)的中枢信息源。1996 年,美国国会颁布了《克林格-科恩法案》(Clinger-Cohen Act, CCA)(原名《信息技术管理改革法案》),旨在改革和改进联邦机构获取和管理IT资源的方式。随即,1999年9月,CIO发布了FEAF1.1版架构框架(见表16.3),以支持联邦部门和机构开发企业IT架构,即联邦企业架构框架(Federal Enterprise Architecture Framework, FEAF)。2013年1月,发布FEAF 2.0修订版[135]。

表16.3 联邦政府组织架构框架(FEAF)

项　目	简　要　说　明
首次发布年份	1999
开发与发布机构	美国首席信息官(CIO)
主要应用领域	联邦政府的企业架构
开发过程或方法	协同规划方法(CPM)
元模型(本体论)	修改后的参考模型(CRM)

顾名思义,FEAF主要用于联邦机构中的企业架构开发。该框架应使这些联邦机构内部及其之间的架构开发和使用实现标准化。FEAF提供了一种结构[综合参考模型(consolidated reference model, CRM)]和一种方法[协同规划方法(collaborative planning methodology, CPM)]。CRM由六种参考模型组成,并为战略模型、业务模型和技术模型提供标准化分类。CPM是针对联邦企业架构的一套完整规划和实现生命周期的方法。它包括两个主要阶段:组织与规划阶段以及实现和计量阶段。这两个主要阶段可进一步细分为几个步骤。尽管CPM看起来有严格的顺序,并且让人联想到瀑布式方法,但是它强调的是在阶段内部和阶段之间频繁迭代。

目前还不清楚联邦企业架构框架(FEAF)是否也可用于任何SoSE架构开发目的。然而,FEAF开发表明,特定领域中非常特殊的需求和需要可能导致高度专门化的架构框架。

16.3.4 美国国防部架构框架(DoDAF)

美国国防部架构框架(Department of Defense Architecture Framework, DoDAF)(见表16.4)的前身是C4ISR架构框架(C4ISR AF,一种框架,这里不讨论)2.0版。C4ISR是一个军事缩写词,用于指挥、控制、通信、计算机、情报、监视与侦察。这一术语主要指所有管理、信息和监测系统的互联互通,以创建更精确的全局态势图,从而提高决策和领导能力。

2003年发布的DoDAF 1.0替代了它的上一版本。随后,该框架持续开发,并于2009年5月发布了DoDAF 2.0版。DoDAF 1.0版和2.0版之间的一个主要变化是从以产品为中心的过程转变为以数据为中心的过程。当前版本是DoDAF 2.02[141]。

表16.4 美国国防部架构框架(DoDAF)

项目	简要说明
首次发布年份	2003年
开发与发布机构	美国国防部
主要应用领域	军事行动与SoS
开发过程或方法	六步架构开发过程
元模型(本体论)	基于UML的DoDAF元模型(DM2)

DoDAF是一个面向视图的架构框架,也就是说,它为特定的利益攸关方关注点提供了一个有组织的和基于元模型的可视化基础设施。因此,该框架由八个主要视角组成,术语"视角"的含义与其在SysML中的含义一致。一个视角对正在开发的系统创建一个视图(透视图)规定各种规则,包括一组相关的利益攸关方以及处理其关注点的意图。

八个视角中的每一个视角都包含一整套从视角角度表示企业架构的视图。例如,DoDAF的作战视角(operational viewpoint, OV)包含九个不同的视图(OV-1~OV-6c),共同描述对于开发必须通过经规划的SoS而实现的那些功能所必需的作战场景、活动和需求。整个DoDAF 2.0版框架共有52个视图。

所有DoDAF视图都必须遵循基于UML的元模型(DoDAF元模型,DM2),其定义了关于如何构建符合DoDAF的SoS企业架构模型的特定类型、语义、关系、规则和约束。对于市场上的许多知名的UML/SysML建模工具,该元模型可用作UML 2概要文件版型,单独作为一个插件。DoDAF/MODAF统一概要文件(unified profile for DoDAF/MODAF, UPDM)包含DoDAF建模所需的所有版型(见16.4节)。

与非常详细的元模型相比,DoDAF只包含应对企业架构开发过程所用的高层次六步阶段模型。若需要更具体的方法,将DoDAF 2视图映射到TOGAF® ADM可交付成果和活动,也许是可行的解决方案。

16.3.5 北约架构框架(NAF)

NAF于2004年9月首次发布,是一个企业架构框架,北约用它来定义作战背景、系统架构以及描述企业所必需的支持标准和文档(见表 16.5)。该框架被广泛接受并应用于国防领域。NAF 的主要目标是在北约政府间军事联盟的联合任务背景下,在所有利益攸关方之间成功交换架构数据。

表 16.5 北约架构框架(NAF)

项 目	简 要 说 明
首次发布年份	2004 年
开发与发布机构	北大西洋公约组织(北约)
主要应用领域	军事行动和复杂体系
开发过程或方法	NC3A 的架构工程方法(AEM)
元模型(本体论)	NAF 元模型(NMM),与 MODAF M3 相同

第一版 NAF 是在 DoDAF 基础上开发而来(见 16.3.4 节)。由于 DoDAF 是一个面向视图的框架,因此那些视图称为“视图模板”。虽然当前版本的 NAF 3.1 仍基于 DoDAF 实现向后兼容,但是元模型却受到了英国国防部架构框架(Ministry of Defense Architecture Framework, MODAF)的影响(见 16.3.6 节)。NATO 元模型 3.1 版与 MODAF 元模型(M3)1.2.003 版相同。

描述整个框架的是一组文档,包括执行概要、NAF 第 1~7 章和三个附录(A~C)。模型师最感兴趣的章节是第 4 章和第 5 章,前者描述所有主视图和子视图,后者描述元模型。

即使是 NAF 也没有规定任何过程或方法。附录 B 介绍了几种可与 NAF 一起使用的过程模型和方法,例如 TOGAF ADM、DoDAF 的六步模型或 NC3A 的架构工程方法(architecture engineering methodology, AEM)。对 AEM 做了全面论述。

可以认为 NAF 是促成架构开发过程结果达成有效沟通的关键因素,能够在联合行动中有效联合各种作战能力对于北约军队取得联合作战成功乃至关重要。因此,使用 NAF 的架构开发应确保不同武装部队的各组元系统实现最佳协同行动,并使所实现的 SoS 各项功能符合利益攸关方的预期。

同时,NAF 也常以定制形式用于一些非军事项目和企业。其中一个例子是欧洲单一天空空中交通管理研究计划(single European sky ATM research program, SESAR)。SESAR 是由欧洲委员会和欧洲航空安全组织(European Organization for the Safety of Air Navigation, EUROCONTROL)共同发起的一项联合行动。它的目标是彻底改革欧洲领空及其空中交通管理。SESAR 在其开发阶段使用了一个基于 NAF 和 MODAF 的框架，但对它们进行定制，以适应它们的某些方面，从而满足空中交通管理(air traffic management, ATM)的需要。

NAF4.0 版目前正在开发中。这个新版本将有一个新的元模型，称为 MODAF 本体数据交换模型(MODAF ontological data exchange model, MODEM)，最早由瑞典军方和英国国防部开发。MODEM 是一种 IDEAS 模型，也就是说，它是基于多国国际国防企业架构规范(international defense enterprise architecture specification, IDEAS)本体，将其定义为一种正式的本体以促进企业架构模型互操作性。IDEAS 定义为 UML 概要文件版型，并可将其视为一种元-元模型，即表达企业架构中常用概念的一种基本框架，因此，通常在架构框架(如 NAF)的元模型中必须将其表示为"元类"。有关 NAF 4.0 版及其开发阶段的更多信息，请访问其网站[100]。

16.3.6 英国国防部架构框架(MODAF)

英国国防部架构框架(MODAF)[46]是一种面向视图的架构框架，其基于 DoDAF 1.0 版基线。MODAF 1.0 版于 2005 年 8 月发布。最新版本 1.2.004 于 2010 年 5 月发布(见表 16.6)。

表 16.6 英国国防部架构框架(MODAF)

项目	简要说明
首次发布年份	2005 年
开发与发布机构	英国国防部(MOD)
主要应用领域	军事行动与 SoS
开发过程或方法	MODAF 架构过程
元模型(本体论)	MODAF 元模型(M3)，基于 UML

与 DoDAF 和 NAF 一样，MODAF 的每个视角都提供了 SoS 项目的不同透视图，以支持不同的利益攸关方关注点和利益点。MODAF 1.2.004 包含七个不同的视角：所有视图视角、战略视图视角、作战视图视角、系统视图视角、技术标准视图视角、采购视图视角和面向服务视图视角。这些视角都包含不同数量的视图，共有 47 个视图。

MODAF 元模型(M3)定义了一个符合 UML2 的概要文件版型，规定了在 MODAF 视图中显示的架构信息结构。即使是 DoDAF/MODAF 的标准化统一概要文件(UPDM,请参阅16.4节)也支持对符合MODAF的企业架构进行建模。

MODAF未规定正式的架构过程或方法。然而,MODAF网站上有一篇描述六步方法的文章,标题为“MODAF架构过程”,该方法只是其中的一个例子。

16.3.7 TRAK

TRAK[116]是在开源许可下发布的一种有趣的架构框架范例(见表16.7)。它的逻辑定义是在GNU自由文档许可(GNU free documentation license, GFDL)下发布的。TRAK的实现,例如建模工具的插件或概要文件版型,是在GNU公共许可(GNU public license, GPL)下授权的。

表16.7 TRAK

项目	简要说明
首次发布年份	2010年
开发与发布机构	伦敦地铁有限公司、英国运输部
主要应用领域	各种复杂的系统或SoS
开发过程或方法	无
元模型(本体论)	TRAK元模型,基于MODAF的元模型(M3)

此外,TRAK是一个专门针对系统工程的框架。它于2009年开始开发,暂定名为“铁路架构框架”,因为当时考虑专门针对铁路运输领域。原因是它是基于伦敦地铁当时的架构描述视图开发的,伦敦地铁是英国首都的公共快速交通系统,也称为“The Tube”。然而人们很快发现,最终开发的框架与领域无关,也就是说,它不包含铁路专用视图或元模型要素。这就是为什么今天它称为“TRAK”的一个原因,原来的暂定名称已经毫无意义。

据他们自己承认,TRAK符合国际架构描述标准ISO/IEC/IEEE 42010:2011。此外,TRAK不要求任何开发过程或方法。

TRAK是一种轻量级、实用、面向视图的框架,适用于各种复杂系统。它有五种架构透视图(企业透视图、概念透视图、采购透视图、解决方案透视图和管理透视图),每种透视图都包含多个相关视图。与国防领域其他流行框架中有大量视图不同(如MODAF有47个视图,DoDAF有52个视图),TRAK只定义了22个视图。

由于TRAK是开源的,因此整个文档都托管在SourceForge上(http://

trak. sourceforge. net)，这是一个基于 web 的存储库，主要用于软件工程领域，是免费和开源项目的集中地。

16.3.8 欧洲航天局架构框架(ESA - AF)

该框架的确切发布日期不详(见表 16.8)。欧洲航天架构框架(European Space Agency Architectural Framework，ESA - AF)[44]基于已建成的框架，如 MODAF 和 TOGAF。它的元模型基于 UPDM(见 16.4 节)。由于 MODAF 出现在国防领域，而 TOGAF 主要是为企业 IT 系统和商业领域的基础设施开发的，所以这两个框架都没有解决航天领域的关键问题。因此，ESA - AF 对这些已知的框架和方法进行了调整和扩展，以满足代表航天 SoSE 特征的特定需求。其中一些特殊需求列出如下：

(1) 跨国环境下的监管需求。欧洲航天计划通常有多个欧洲成员国参与。每个参与国都有本国关于政府政策、流程和程序的国家规定。ESA - AF 支持 SoS 工程过程，可逐一协调和调整这些规则和政策，使航天计划能够成功。

(2) 航天领域需求。该框架支持对航天领域概念及其关系的精准表述。例如，可用航天特定建模类型和航天系统领域内独有的一个大型参数集合来表示这些概念。此外，ESA - AF 还支持对程序化活动和采购活动的表示，而这些活动正是欧洲航天环境的核心。

(3) 易于供大量不同利益攸关方使用。航天计划属于跨国事业，涉及具有截然不同背景的参与者，关系到他们的领域经验、职能(政治家、官员、管理人员、研究人员、航天器工程师、软件工程师和各种其他技术人员)、技术技能和他们的文化各抽象层次上的成功沟通是整个计划成功的关键。ESA - AF 通过最大程度提高技术和战略决策的有效性和一致性来处理这一需求并支持 SoS 工程师。

表 16.8 欧洲航天局架构框架

项 目	简 要 说 明
首次发布年份	不详
开发与发布机构	空间通信 VEGA，代表欧洲航天局(ESA)
主要应用领域	航天 SoS
开发过程或方法	基于 TOGAF(ADM)
元模型(本体论)	ESA - AF 元模型，基于 UPDM

ESA - AF 用于支持如下有关项目的 SoSE 活动：伽利略(GALILEO)计

划，哥白尼(Copernicus)计划[曾定名全球环境与安全监测(global monitoring for environment and security, GMES)]以及太空态势感知(space situational awareness, SSA)计划，后者可对外太空的危险情况发出警告。

16.3.9 中等复杂系统的架构模板

并非系统工程领域的所有人员都会遇到大型SoS架构或大型企业架构。大多数系统架构师开发的是具有中等复杂性的技术系统。对于这些系统，前文介绍的大多数架构框架都过于庞大和沉重了。

由德国系统工程协会(Gesellshaft für Systems Engineering, GfSE，国际系统工程协会德国分会)与瑞士系统工程协会(Swiss Society of Systems Engineering, SSSE，国际系统工程协会瑞士分会)共同组建的一个工作组——中等复杂系统工作组(the working group on moderate complex systems, AGMkS)专为较低或中等复杂性的系统设计开发了一个系统架构文档模板。第6章中已对该模板做了详细论述。

有趣的是，不能仅将这个模板视为简单的文档编制骨架结构。从最广泛的意义上说，我们也可以说它是中等复杂系统的架构框架。参考ISO/IEC/IEEE 42010：2011中的架构框架定义，即使是中等复杂系统的架构模板也满足框架的大部分特征。它考虑了利益攸关方需求及其关注点和视角，描述了系统用途，并包含了一个架构描述章节，其中的视图应与视角一致。

与上文讨论的全面架构框架不同，中等复杂系统的架构模板没有定义元模型或过程。它是一个非常轻量级的模板，只规定了一个良好的架构描述中应包含的基本要素。

16.4 UPDM标准

更为重要的是，建模工具厂商需要对各种符合DoDAF和MODAF框架的适应性(如NAF)提供支持，近年来，业已完成对这些适应性的开发，以满足一些领域和国家的独特需求。UPDM是对象管理组织OMG的一项标准，旨在合并两个框架的元模型，并解决工具之间的互操作性问题。当前版本UPDM 2.1于2013年8月发布。

UPDM概要文件是一项倡议活动的结果，旨在开发一个符合UML并支持DoDAF和MODAF的建模标准。因此，UPDM 2.1符合DoDAF 2.02级别3，也就是说，它的物理数据模型与DoDAF 2.02一致。预计许多其他面向视图的架构框架，无论是以基于 DoDAF 的元模型作为其基础或是以基于 MODAF 的元模型作为其基础；都得到了很大程度的支持。

UPDM 面向包的语言架构提供了两个符合性级别如下：

(1) UPDM 2.1 符合性级别 0 是 UPDM 的一个执行版本，它扩展了 UML 2 元模型，并从"面向服务的架构建模语言(service-oriented architecture modeling language, SoaML)"概要文件中导入了几个版型。例如，从 SoaML 导入的一些版型包括功能、服务接口、服务和参与者。面向服务的架构(service-oriented architecture, SOA)是一种定义人、组织和系统如何提供服务和使用服务以取得成果和开发潜能的架构范例。DoDAF 和 MODAF 都包含一个面向服务的视图，分别为企业的视角，例如在 DoDAF 中的服务视角。因此，导入的 SoaML 版型可按视角分别用于支持对这些视图建模。

(2) UPDM 2.1 符合性级别 1 是 UPDM 的一个执行版本，它包含级别 0 中的所有内容，并导入整个 SysML 概要文件。换言之，该执行版本可以无缝引入 SysML 建模中。借助这个符合性级别，系统架构师能够在建模中建立具有完全可追溯性的无缝整合，即从整个企业架构(愿景、运营目标、服务、组织)到具体系统(SysML)和软件(UML)。

16.5 我们在接触到架构框架时该怎么做

作为系统架构师，我们能够以不同的方式接触到架构框架。

其中一种可能的方式是，我们只须为 SoS 中的一个组元系统做系统工程。如果是这样，也许我们甚至都没有意识到这一点。例如在国防领域，可能是政府采购部门向你所在的组织授予一份系统开发合同，但是显而易见你并不清楚，其本意是将该系统集成到某个 SoS 中。下述情况的可能性非常高，即签署合同部门所表述的需求源自一个重叠的企业架构，其分别来自一个经规划的 SoS。如果是这种情况，那么从可能已有的 SoS 模型到组元系统模型之间建立一种无缝可追溯性就非常重要。如果 SoS 模型和组元系统模型都基于相同的建模概念，也就是说，两者都使用 UML 或 SysML 作为其核心建模语言，那么这种可能性就非常大。

在较为罕见的情况下，系统架构师出面开发 SoS，作为企业架构的一部分。正如本章前文所述，各种架构框架在目标和方法方面彼此截然不同。有大量的架构框架可供使用，既有利，也有弊。至于有弊，是因为它增加了为现时应用程序选择最合适的正确框架的难度。另一方面，这种多样性提供了一个很大的机遇，因为通常最佳选择是以一种最便于现时应用程序工作的方式将不同的框架混合在一起。无论选择哪种框架，都要考虑企业，架构的主要目标是尽可能快地向其利益攸关方提供实在的商业价值。

16.6 结论

本章对架构框架领域进行了广泛介绍。由于这个主题的复杂性以及有各种各样可供使用的架构框架，更深入的探讨将超过本书的范围。

或许可以认为本书案例研究中的组织和文化机构——博物馆，是一个可借助架构框架规划和开发的企业和 SoS。

但是，设想一下：假如世界各地的许多博物馆相互合作，希望提供一种无法通过实际参观实现的难忘体验。所有博物馆一起提供一场超越时空的全球虚拟博物馆参观，对于虚拟游客而言，这意味着他们可以以艺术家专场参观形式欣赏到分布在各参展博物馆的所有的毕加索绘画作品；或者他们可以观看某一时期的各种艺术作品，而不管这些作品的实际位置是在纽约、伦敦、巴黎，还是在柏林的展览会上。

这样一个项目需要多个技术系统来控制和协调所有参展博物馆的机器人移动和视频流传送。显然，可以借助架构框架合理开发和规划此类企业。

17　横切关注点

横切关注点是与跨越架构不同层次(级)和透视图有关的那些关注点。有许多不同的关注点具有这一性质。在本章中,我们将讨论一些主要的横切关注点。下面每一小节讨论其中一种横切关注点。最后,将讨论权衡研究和预算,作为处理横切关注点的一种手段。

17.1　制胜的非功能性方面

弗里德(Fried)和汉松(Hansson)写道:"速度、简洁、易用和清晰是我们关注的重点。这些愿望与时间无关。人们不会在10年后起床说:'哥们儿,我希望软件更难用。'"[42](第85页)这句话强调了非功能性方面的重要性,这里是指速度和易用性。

通常,非功能性需求是横切关注点,因为许多系统部件的损坏可能妨碍系统满足非功能性需求。分层不合理的架构以及差强人意的产品架构都可能破坏某系统的反应速度。系统单个部件过重可能导致系统总质量不符合需求。

系统架构描述应说明如何将非功能性需求映射到不同的系统要素。对于线性叠加参数(如质量或储存空间消耗量)的需求,针对不同的系统要素制订最大参数值预算量可能就足够了(见17.5节)。

重要的非功能性需求是以"-ility"结尾的英文单词表述,称之为"ilities"。即"xxx性",是一个技术术语,源自《INCOSE系统工程手册》中的"术语和定义"这一节,例如,"availability—可供使用性","maintainability—可维修性","manufacturability—可制造性","reliability—可靠性","supportability—可支持性","usability—可用性",等等。即使不以"-ility"结尾的此类单词,如"safety—安全性",也应列于重要非功能性需求清单中。

非功能性方面通常是横切关注点,因为我们可能需要在不同的透视图中进行优化,以满足这些需求。例如

(1) 在功能透视图中,可通过询问如下问题来促使电力消耗优化:我们是否真正需要这项功能?我们可以让它再简化一些吗?

(2) 在物理透视图中,可通过询问如下问题来促使电力消耗优化:我们能优化这个耗电电路的物理实现吗?

17.2 人与系统交互及人为因素工程

在8.2节中介绍系统上下文时,我们将“虚拟博物馆游客”这样的用户放在系统边界外。为了确定开发工件的正确范围,必须这样做才能确保开发的是系统而不是用户。因用户不是系统的一部分,很明显,用户接口必须是输入系统架构设计过程的系统需求的一部分。如果用户是系统的一部分,那么用户就变成另一个系统要素,系统架构师可决定在系统内四处移动它,或者甚至可将其从系统中删除。对于VMT示例系统的情况,这当然是毫无意义的。在涉及运算符的系统中,它的确可以作为移动甚至是限制该运算符的一个选择。思考一下当你给供电公司打电话询问电费账单时所涉及的系统。20世纪,人们自己家中的电话与电力公司的电话系统需要通过人工接线员来接通。今天,我们只需要拨号就可以接通在电力公司工作的人工接线员。这一领域的一个趋势是将接线员岗位迁移到低工资的国家,或者将他们安排在各个时区,以便每天提供24小时服务,而且接线员不需要上夜班。有些公司甚至在无须任何人员互动的情况下,通过一种可以合成语音的计算机系统,回答一些简单的问题,如“我上一笔账单支付了吗”,并要求打电话的人通过电话上的按键操作。

因此,人类可以是系统的一部分,也可以不是系统的一部分。在这两种情况下,都必须考虑人与系统的交互。特别是当人不是系统一部分时,如在虚拟博物馆参观的示例中,我们看到了用户未得到足够关注的风险。但是用户是系统上下文的一部分,因此是系统架构师关注的焦点,即使在系统边界之外也是如此。

因此,我们应考虑在整个生命周期中系统内部或与系统交互的所有人员(包括生产和维护人员等)。人为因素工程关系到系统与这些人员的拟合。例如,这涉及确保人们能够正确使用该系统,而且还要关心他们的安全。它还包括“为用户体验而设计”等方法[51],关注人员与系统接触时的情绪。

洛克特(Lockett)和鲍尔斯(Powers)指出人为因素工程应“超越常识应用去设计系统”[90](第493页)。因此,它是一门详细阐释工作分解结构和计划的学科,须具备这一工程领域的专业知识。至于提供有关这一特殊且非常重要领域的更多详细信息,已超出本书的范围。

17.3 风险管理

同样，由于系统以及分解到部件的每一系统要素都会产生风险，因此风险是横切关注点。

我们必须区分产品风险与项目风险。产品风险是指产品在使用过程中可能引起的潜在问题，项目风险是指在实现项目目标过程中可能出现的问题。例如，项目风险可能是如下方面的潜在问题，即满足最后期限、保持预算或确保产品开发完全可行。

在系统架构范围内，这两种风险具有如下相关性：

(1) 系统需求可以描述降低产品风险的措施，这些措施必须通过系统架构转换为解决方案。

(2) 系统架构师在工作中可能会发现项目风险，他们应将这些风险纳入风险管理。

(3) 系统架构师应积极参与旨在监测和管理产品和项目风险的活动。

《INCOSE 系统工程手册》[56]规定了风险管理过程，为项目提供风险策略、风险概况和风险报告。在这个过程中风险要得到处理，这意味着，要对万一风险变得不可接受时应采取的行动予以规划。为此，需要通过调查发生不良事件的可能性及其后果进行风险分析。

根据不同的因素，如待开发的产品类型、目标市场或开发此产品的组织的类型，在进行风险管理时可能需要考虑现有的法规。由于具体情况各不相同，所以我们对此不做详细讨论。我们建议任何负责风险管理的人员要了解适用法规。

最后必须指出，仅仅关注风险可能是一个过于狭隘的观点。福斯伯格(Forsberg)等人[41]曾写过关于“机遇及其风险”的文章，他们指出，在追求新的机遇时可能产生风险，而意识到这一事实，就可在风险与机遇之间寻求平衡，并对其进行优化。

17.4 权衡研究

《INCOSE 系统工程手册》[56]导入权衡研究，作为“从两种或更多种备选择方法中选出其一以解决某个工程问题的客观依据”。在本书上下文中，推荐权衡研究，例如，用于在功能架构向物理架构映射的过程中选择正确的产品架构。

在权衡研究过程中，应确定用于决定解决方案的判据。然后，将确认不同的解决方案选项，其中有些在早期阶段已被否定，因为其不满足系统需求。之后，运用做出的决策，决定要有待执行的解决方案。这可通过简单的正反分析来实现[厄尔曼(Ullmann)[138]引用来自本杰明·富兰克林(Benjamin Franklin)的一封信，据此将其称为“富兰克林方法”，信中针对正反分析给出了逐步指导]。也可以考虑类似于决策树[例如，斯金纳(Skinner)[127]]的更为正式的方法。

最后，重要的是要获得充分的确定性，以选择足够接近最优解的解决方案。该决定及其理由也须说服利益攸关方。斯金纳指出，在决策的过程中，要使参与者对采取的行动建立信心，沟通计划非常重要。欧洲社会企业研究网络[35]建议根据决策的范围选择利益攸关方。

17.5 预算

与带孩子进入玩具店之前给他们的预算不同，下面的预算与金钱无关。本节论述的是关于每个系统要素的某些系统属性的预算，为的是能够满足整个系统范围内的某项非功能需求。

如果多个系统要素对整个系统的同一属性有贡献，则需要预算。这些属性的例子有电流消耗、散热、内存使用和质量。很容易验证，其中每一属性都是由系统中具有相应属性的所有部件的贡献所组成。

为了进行预算，需要知道系统要素的属性值与整个系统属性值之间的关系。在质量示例中，这种关系由求和算子给出：总质量是所有部件的质量之和。在考虑存储时，这个等式变得较为复杂，因为也许不得不考虑数据结构组织的运营费用或数据压缩算法的非线性影响。

只要能计算或估算所涉及值之间的关系，就可以制订每个部件的预算。例如，可以根据规定的系统最大质量推导出各部件的最大质量。在做预算时，注意公差是重要的，质量之类的属性常常通过标称值和公差范围而规定的。为确保满足最大质量需求，必须制订预算，规定公差范围内的最大值，而不是规定标称质量。或者采用更为普遍的做法，通常根据最坏的情况制订预算。然而，在某些情况下，利用统计效应是有意义的。在上面给出的示例中，可以通过把低于标称质量的部件和高于标称质量的部件组合在一起构建系统，这样与标称质量的偏差相互部分补偿。

18 架构评估

经验丰富的系统架构师对设计的优劣有一种敏锐的直觉,他们必须在开发阶段的早期根据假设做出若干决策。如果决策错误,则可能导致项目失败。通常难以重新制订或修改架构决策及挽回其后果。为了让重要架构决策的基础可靠,应对架构做出评估。

架构评估方法可评估架构的品质。架构评估不是架构分析,架构分析可以自动进行,而且会得到一系列客观的性能指标。我们建议架构评估方法基于结构化的沟通过程,包含所有有关利益攸关方和视角。评估方法不能代替系统架构师决策。它重点关注主要问题方面,包含利益攸关方以加强决策,并提供支持决策和反对决策的可复现的文档。

架构权衡分析方法[SM](architecture tradeoff analysis method, ATAM[SM])① 由卡内基·梅隆大学软件工程研究院(SEI)开发,是软件工程领域的一种常见架构评估方法[72]。由于它不关注具体的软件技术,所以也可用于系统工程学科[39]。SEI 还为系统工程开发了一种针对 SoS 的特殊 ATAM 变体。

ATAM 引发对系统目标、有关的品质属性、架构方法和决策的明确考虑。

典型的架构品质属性包括性能、可靠性、可使用性、安保性、可生产性、可处置性和可修改性等。它们与物理架构紧密耦合。某些品质属性也与功能架构相关(见 14.10 节),例如,与功能运行时间相关的性能属性。

ATAM 过程可以在系统开发项目的早期阶段执行。因为不需要真实系统来评估架构,所以可使用架构文档的早期版本来进行评估。可以尽早发现潜在的风险和敏感点,如有必要,则调整架构。ATAM 还强调权衡点,促使利益攸关方对其需求排定优先顺序。例如,利益攸关方要对如下问题给出答案,即系统满足能耗需求是否比满足性能需求更为重要,这是两类相互矛盾的需求。

---

① 架构权衡分析方法是卡内基·梅隆大学的服务商标。

ATAM 主要考虑三个方面，即系统的目标和围绕系统的业务，满足目标所规定的品质需求，最后是满足品质需求的架构。ATAM 有如下九个过程步骤(见图 18.1)：

(1) 呈现 ATAM 过程。

(2) 展示业务驱动因素。

(3) 介绍系统架构。

(4) 确认架构方法。

(5) 开发品质属性效用树。

(6) 分析架构。

(7) 确定系统使用场景并排定优先顺序。

(8) 重复步骤 6，根据步骤 7 的结果分析架构决策。

(9) 展现 ATAM 结果。

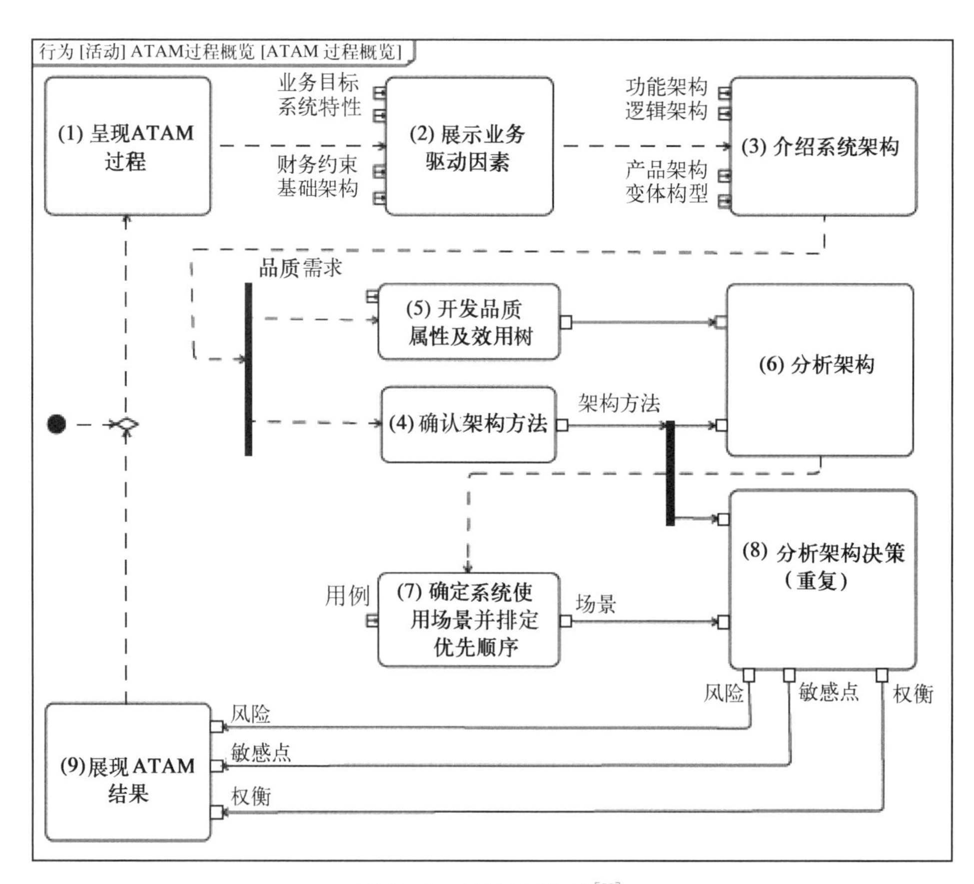

图 18.1 ATAM 概 览[72]

本章的后半部分,我们将简要地描述了 ATAM 过程,以理解这些概念,我们已经将 ATAM 概念用于系统架构师工具箱,并将基础、逻辑和产品体系架构之类的制品集成到 ATAM 流程中。有关 ATAM 的更全面文档请参考来自 SEI 的报告[72]或者巴斯(Bass)等人的著作《软件构架实践》[10]。

前三个步骤向选定的系统利益攸关方介绍 ATAM 过程、业务目标和拟定架构。这清楚地表明,架构在很大程度上与沟通有关,并不局限于单纯的工程任务。有关系统架构师的沟通技巧,请参阅 20.1 节。在介绍了 ATAM 过程之后(通常由系统评估团队的负责人介绍),项目负责人介绍系统的业务驱动因素。这些是业务系统范围最重要的特征(功能需求)、业务目标、财务和其他约束以及其他重要方面。图 18.2 的右侧示出了关注系统的四个主要目标。这些目标引出系统营运商的关注点,也就是一座博物馆。业务目标引出 VMT 开发商和供应商的关注点。VMT 的一项业务目标是,供应商应成为虚拟博物馆系统的市

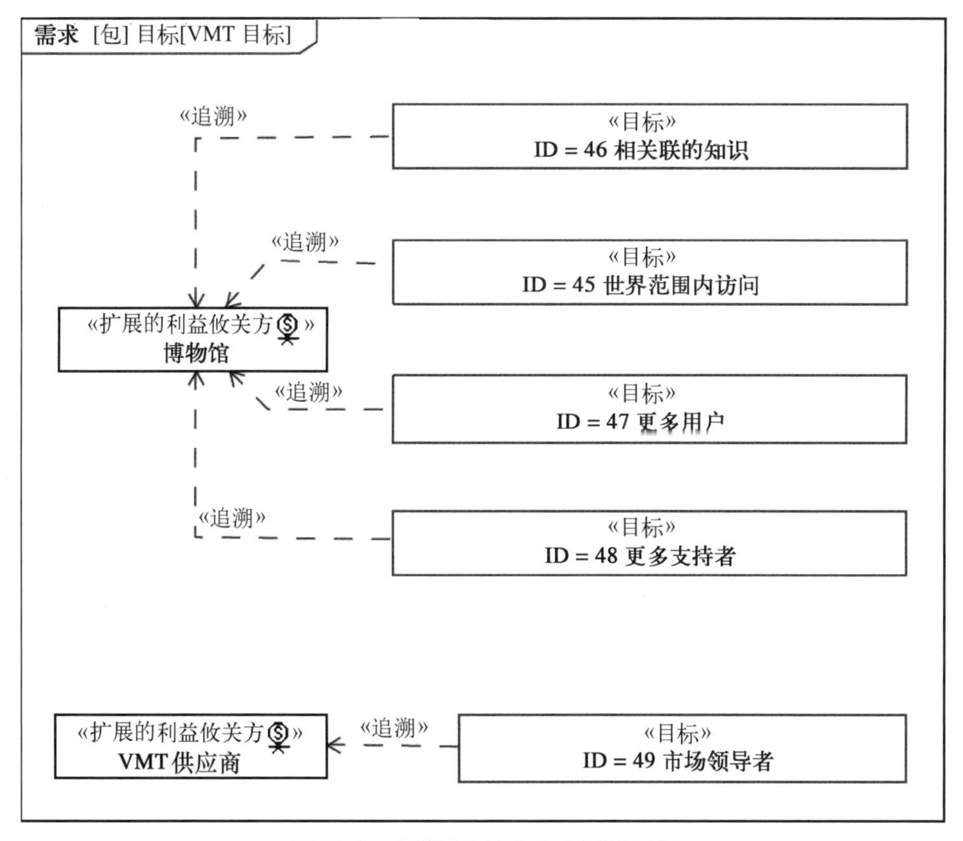

图 18.2 虚拟博物馆参观(VMT)目标

场领导者。财务约束是开发的最大成本。其他约束包括基础架构(见 7.2 节)和项目开发组织(人员、位置和流程)等。每一项介绍应不超过 1 个小时。

系统架构师给出一份架构介绍。其应涵盖不同的架构类型,也就是功能架构、逻辑架构和产品架构及其之间的关系以及架构的要素。此外,还提出了架构的主要驱动需求,例如,低系统质量之类的性能需求,并给出一些主要用例场景。系统模型是用于架构介绍内容的最佳信息源。可以创建具体图表,以标识观众的关注点。所有图表都出自同一模型的视图。它与系统开发使用的模型为同一模型相同。介绍内容与实际情况相同。这是最后一轮介绍,用时应在一个小时左右。

第四步是确认架构方法。在 ATAM 术语中,架构方法是一系列架构决策。一个架构决策可能属于一种架构风格。一种架构风格为架构要素、链接接口和约束条件提供了一套如何才能使它们实现联系的沟通语汇。它不是解决具体问题的具体模式。一个模式可以是一种风格的一部分。软件工程中的一个架构风格示例是客户端和(或)服务器或点对点架构。术语“架构风格”的定义见参考文献[43]。虽然它起源于软件工程学科,但它在系统工程学科中同样有效、可用和有价值。

在开始分析之前的最后一步是通过构建品质属性效用树来确定最重要的品质属性并排定它们的优先顺序。业务透视图中的品质需求通常过于模糊。例如,“系统必须消耗很少的能量”或者“系统必须容易使用”。效用树是将高层次品质需求分解为具体场景的一个工具。图 18.3 给出了 VMT 的效用树。第一级别是品质需求类别(如性能、可供使用性、安保性和安全性)列表。树叶表示可以优先考虑的具体场景。凯兹曼(Kazman)等人提出了一个二维优先级次序[72],其中第一个维度表示场景的成功对系统是何等重要,第二个维度表示成功实现场景是决定性的。优先权的简单分级是高(H)、中(M)和低(L)。在这一步骤中,通常确认新的需求或需要更改的需求。这个时候,应让需求工程师参与。这是需求工程师和系统架构师密切合作的另一个例子。另请参见 7.1 节和 7.2 节。

ATAM 过程的核心是第六步和第八步,这两步分析架构决策(在第四步中确认的)并报告每个决策的风险、敏感点和权衡。以第五步中开发的效用树及其所包含的按优先等级排序的场景作为分析的切入点,从优先等级高的场景开始分析,每个场景都与实现场景相关的架构方法相链接。第五步的输出是一份架构方法的列表以及一份风险、敏感点、权衡和问题的列表。

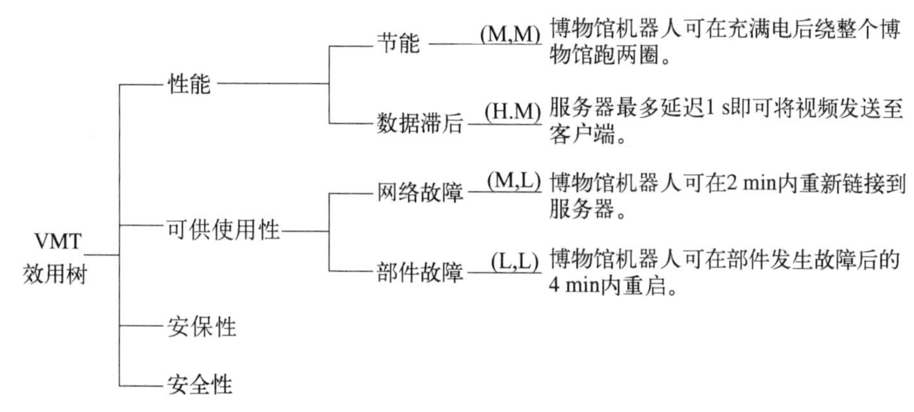

图 18.3 VMT 质量属性效用树摘录

系统品质需求推动效用树的创建。在 ATAM 的第七步中，我们对描述系统使用情况的场景和描述系统潜在变化的场景开展头脑风暴。使用场景的一个可靠来源是在系统需求分析期间确认的用例列表(见 8.3 节)。如果你进一步确认使用场景，那么你或许已经发现了一个新的用例，并且必须将新的信息集成到需求和用例分析中。变化场景用于测试系统适应未来变化的能力。凯兹曼等人描述了两种变化场景：增长场景和探索场景[72]。一个增长场景可对预期的不久将来发生的变化做出描述，例如，使用 VMT 的游客数量大增或将 VMT 组合起来，提供一个跨多个博物馆的 VMT，即形成一个巨大的虚拟博物馆。探索场景就是一种极端的生长场景。该场景的一个示例是同时使用 VMT 的用户数量增长过快。这种情况预计不会出现，但是有助于确认架构的敏感点。

第八步重复第六步的分析过程，并得到第七步的结果。最后，第九步是向利益攸关方展现 ATAM 的总体结果。当然，ATAM 的结果可能引起架构决策、品质需求甚至是业务目标的变化。做出相应的变更之后，可以重新开始 ATAM 过程，以此类推。

我们不建议将 ATAM 过程视为严格的工作流程指示。请遵守 ATAM 原则，并根据自己的具体需求调整流程。

19 让它在组织中发挥作用

到目前为止，尚未见过一个组织是由系统架构部门就地创建的。随着时间的推移，大多数组织发现，为了提高效率、质量和竞争力等，他们的产品或其他相关系统的开发需要系统架构设计。将系统架构引入某个组织是一个组织变革过程，而且这并不是一件容易的事情：虽然一些组织变革的目的是使同样的工作更有效率，但是将系统架构引入某个组织可能产生不同类型的工作，这要求有不同的思维和行为方式。

即使组织中已经有成熟的系统架构，它也必须在未来的组织变革中保持可操作性。人们坚信系统架构设计是促使系统成功的手段之一，据此观点，需要在组织中持续推广系统架构设计的方法和思维模式，而不管先前业已创立了多少系统架构。在习惯使用系统架构设计的组织中，这一持续过程确保可以提醒大多数人并向新员工提供展示。对于先前来采用系统架构设计的组织，这个过程可确保该组织学会清晰构建其相关系统的系统架构。

不管系统架构设计是自上而下来自管理层，还是自下而上来自喜欢建立新思维模式的工程师，都需要不断努力使系统架构在组织中一直发挥作用。本章中，我们首先围绕系统架构设计讨论组织结构，然后根据我们自己的经验提供一些方法，使系统架构设计在组织中发挥作用。通常不能认为组织中推动系统架构的人就一定要担任执行组织变革项目的职务。因此，本章不讨论组织变革的管理，而是重点讨论有助于在点对点级别上为系统架构建立信任的方法。即使目前正在推动组织变革，仍然需要这样做，从而让利益攸关方对系统架构设计的价值充满热情。

19.1 系统架构设计的组织结构

组织结构是指“组织中人员和工作的正式分组模式”[定义参考吉布森(Gibson)等人所著《组织》一书中的词汇表[45]]。可用组织图来表示组织结构。

布兰查德(Blanchard)[13]呈现不同的组织图，用以表明潜在的组织结构，借助组织中的专门实体为系统工程提供支持。

由于本书的内容仅限于系统架构设计，所以我们所讨论的组织结构图的重点是系统架构设计。应考虑将不同的系统工程学科组合成一个系统工程实体，但是由于它超出了本书的范围，所以这里未做论述。换而言之，凡我们书面所示“系统架构设计”之处，可将其读作“系统工程”，并将“系统架构设计”视为其中的一个实体。

在布兰查德提出的组织图启发下，我们在图 19.1 中展示了一些承载系统架构工作的假设组织结构。不同层次的名称和一些组织单元的名称取自布兰查德的著作[13]。我们预期这些名称以及整个组织图的形状因组织而异，因此仅应将它们视为示例。我们之所以选择代表按层级划分的传统组织结构类型为例，因为这是为人广泛熟悉的类型。在现实中，我们可能会发现不同类型的组织结构。在格雷(Gray)和范德・瓦尔(Vander Wal)所著的《互联公司》一书中总结了一些示例[47]。

图 19.1 中给出的三种不同的组织图，旨在确保将第 11 章中所定义的系统架构师角色分配给组织内部的一些工作人员，简述如下：

(1) 在图 19.1(a)中，当需要时，这个角色可以自由分配给具有适当技能的员工。当然，这些员工应接受过系统架构师培训(见 11.5 节)，并且应组成系统架构团队(参见 11.2 节)，其未显示在组织图中。具有系统架构师角色的人员组成了一个实践社区[149]。

(2) 在图 19.1(b)中，有一个专门从事系统架构设计的组织实体。它存在于“工程”实体内部。

(3) 在图 19.1(c)中，一个专门从事组织架构实体设计的直接向总裁汇报。它只是一种假设的可能性，用于讨论随之出现的利弊。

为了找到组织中最佳的系统架构设计锚定，必须对图 19.1 中的不同选项进行比较。这正是我们下面要做的，但首先我们想指出，为了提高找到最佳解决方案的可能性，还需要考虑不同选项之间的组合。在对图 19.1(a)所示的纯角色方法与(b)和(c)所示的基于组织实体的方法进行比较之前，我们应首先讨论选择组织中的哪个层次进行系统架构设计。其次，我们将讨论不同选项之间的组合方案。

当我们考虑系统架构师必须以某种整体方式对系统进行优化时，应以一种径直的方法将负责系统架构设计的某个实体与定义并实现不同子系统的那个实体置于同等层次，或置于其顶层。仅基于这一方面的考虑，将系统架构设计与类

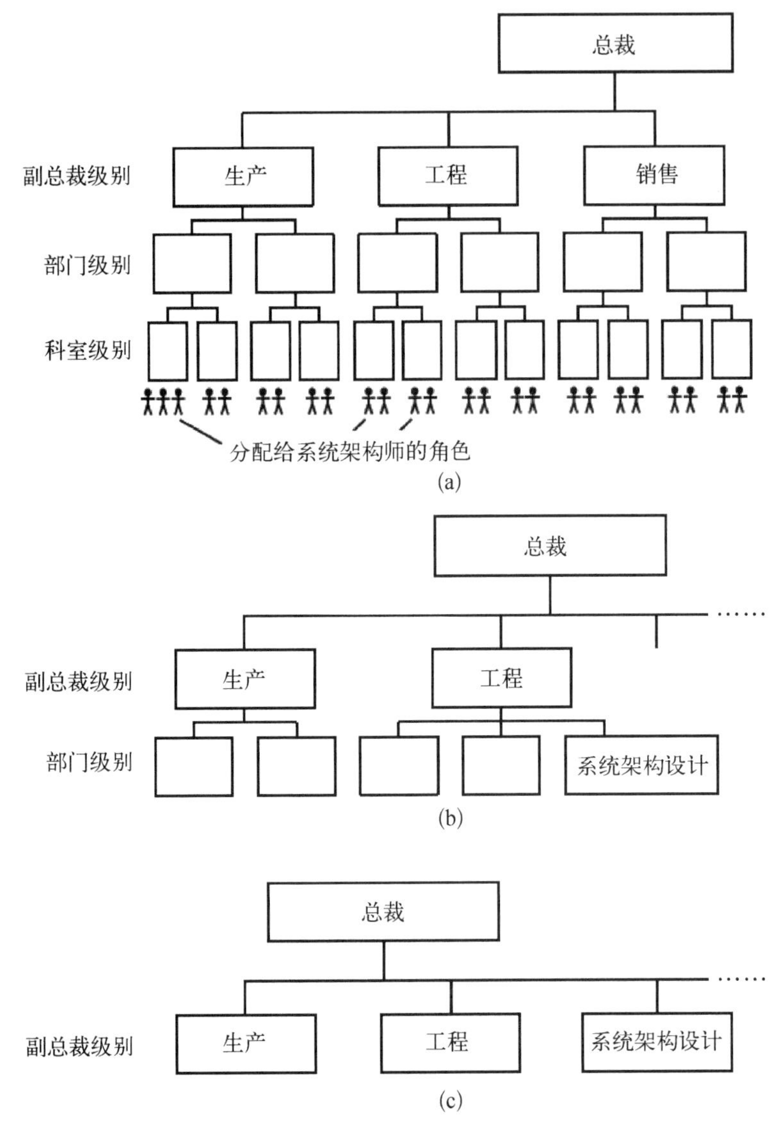

图 19.1 将系统架构插入组织的不同替代方法示例，其中方案“(c)”纯属假设

似于与图 19.1(b)所示的不同工程学科置于同一层次或许是个不错的选择。然而，让我们回顾一下第 10 章中的一个结论：系统架构师不仅应关心关注系统，还应关心它的使能系统。考虑将生产系统(类似于在装配、编程和最终产品生产测试过程中使用的自动机)作为使能系统的一个示例。在图 19.1 所示的组织图中，它们可能属于实体“生产”的责任，因此不在“工程”部门的范围内。在组织结构很难进行远距离互动的组织中，需要使系统架构与实体“生产”至少处于同一

层次，得到如图 19.1(c)所示的变体。在这里，实体“生产”只是我们举的一个例子。还有许多与系统架构师相关的实体，例如信息技术实体以及确保产品维护和售后支持的实体，只能在图 19.1(c)所示的层次上直接实现。

现在，我们可以自问，如图 19.1(c)所示，直接向总裁报告的系统架构设计实体是否合理？在许多情况下也许并不合理。对于组织图中很难进行远距离互动的组织，系统架构师所处层次应靠近非常重要的工程利益攸关方，特别是那些从事实际工作的开发人员。对于层次距离并不要紧的组织，系统架构实体的位置并不那么重要。

应该提出一个问题：是否所有的系统架构设计都需要由组织实体来表示？或者系统架构是否可以如图 19.1(a)所示，通过将系统架构师角色分配给现有实体中的不同人员来实现？在讨论这个问题之前，让我们回顾一下这个角色的分配方法，并补充一些具体信息：这个想法是让那些具有组织所属工程学科内工程背景和现有任务的人员进行系统架构设计。可将他们作为系统架构师进行培训。然后，让他们担任系统架构师角色，并将部分工作时间用于系统架构设计工作。其余时间仍可用于他们的其他工程工作。担任系统架构师角色的人员加入系统架构团队，而且必须确定该团队的负责人。这种方法显著的优点是它在工程工作和系统架构设计工作之间建立了直接联系。它确保系统架构师了解工程学科的现状，并且他们能够以点对点方式容易地将系统架构与工程学科联系起来。当然，这种方法也有一些缺点。这里做如下比较：

(1) 根据图 19.1(a)，通过系统架构师角色向组织中的个人分配系统架构设计，其优点如下：

① 系统架构师可与工程学科保持密切联系。

a. 易于在系统架构设计和工程之间维持通信和网络链接。

b. 系统架构师始终与现实保持联系。关于这一点，值得注意的是，马勒(Muller)[98]认为系统架构师“脱离现实”的原因是从事抽象工作时间太长的结果。

c. 系统架构师可跟上不同工程领域的最新发展形势。

d. 系统架构师可在工程学科中保持可信度，因为他们被认为是同事。

② 不需要改变组织结构。这是一种优势，尤其是如果系统工程对于该组织而言是新的方法，这意味着毫无关于系统架构设计的知识或经验，这样就为衍生合适的组织结构留出余地。

③ 与所示的其他选项相比，系统架构设计的效率对于组织变革更具不变性，因为系统架构师惯于在跨组织的网络中工作。

(2) 根据图 19.1(b)和(c),在组织中创建专用系统架构实体的优点如下:

① 组织中系统架构设计任务具有可见性。

② 容易理解谁必须要处理系统架构设计任务。

③ 随着时间的推移,系统架构设计工作量更可预测(另请参见 10.5 节)。

④ 系统架构设计实体中的人员,在他们的工作日内有饱满的系统架构设计任务,而不会与工程任务冲突。

⑤ 系统架构设计实体中的某个人可以成为系统架构设计方面的一位专家,而不会与其继续成为某个工程学科专家的需求相冲突。

如果允许担任系统架构师角色的人员将他们的时间完全用于这个角色,那么方案(b)和(c)的后两个小项可能也适用于方案(a)。

以上所做的比较表明,并没有理想的解决方案。需要根据组织中的现状来优化设置。在系统架构设计达到一定的成熟度之后,最佳设计也许与当初组织有意识进行系统架构设计时的不一样。

如上所述,也可以组合不同的选项:

(1) 一名或几名专职架构师可在组织的一个专门实体中工作,并与来自各工程学科的分配了系统架构师角色的人员一起运营架构团队。

(2) 根据图 19.1(b),某个专门实体可以容纳从事关注系统工作的多名系统架构师,而从事使能系统工作的若干人员担任系统架构师角色。

因此,结论就是不存在锚定组织中系统架构设计的理想组织结构。应根据业务详情、能使系统、组织中系统架构设计成熟度以及其他多个因素对组织进行逐项设计。不论是否存在从事系统架构设计的专门实体,与组织实体内部人员建立直接联系似乎都是一个好办法,他们负责设计关注系统,开发、购买并使用使能系统。是通过将系统架构师角色分配给实体内部人员来实现,还是通过建立良好的系统架构师网络来实现,必须根据具体情况来决定。

19.2 作者的经验之谈

一方面,以下方法旨在使系统架构设计用于一个以前没有有意识开展系统架构设计的组织中;另一方面,它们应有助于维护和改进组织中已经达到一定成熟度的系统架构设计。

19.2.1 谦虚

我们已经知道,系统架构涉及很多利益攸关方(见第 10 章)。有了运气和专业技能的完美结合，其中一些利益攸关方可以让系统获得各方面的成功：需求工程师将描述成功所需的正确产品，工程学科将正确实现子系统，验证人员将在产品上市之前按标准检查所有应检查的产品。

那么系统架构师呢？他们是否对系统的成功做出了贡献？当然。一个架构糟糕的系统不太可能成功，而一个良好的架构有多种方式让系统获得成功（已在第3章中对此做过讨论）。因此，系统架构师可以为自己参与了成功的系统开发工作而自豪。但是，系统架构师要谦虚，而且要承认对系统成功有直接影响的利益攸关方的贡献。否则，系统架构师可能会被认为是依赖他人成功的寄生虫。这可能会妨碍对组织中系统架构设计的承诺。

19.2.2 评价利益攸关方

为了能够按照上文的建议保持谦虚，系统架构师可以认为系统架构的利益攸关方才是真正的英雄，而系统架构师则是在各个学科之间进行协调并确保可以从整体上得到正确解决方案的人。系统架构师要向利益攸关方表明，他知道利益攸关方贡献的重要性。在此基础上，更容易表明系统架构师自己对成功实现系统所做的贡献是重要的。理想的是，系统架构师连同利益攸关方应看到，作为一个优胜团队，其成员只有以团队方式通力合作才能有效地取得成功。

19.2.3 关心组织界面

系统架构师的重要组织界面是与该架构的利益攸关方的联系。系统架构师应定期评估是否很好地建立了这些界面，换言之，确定是否存在这个网络。这与锚定组织中系统架构设计的方法无关，因此，它既适用于在专门的组织实体中从事系统架构设计工作的人员，也适用于分配了系统架构师角色的人员。

可以按照如下步骤定期评估组织界面：

（1）思考你所知道的组织内部和周围的所有可能实体，评价系统架构师与该实体的链接是否重要。

（2）对上一个步骤建立的重要界面，评价界面建立是否良好。

（3）凡是界面的重要性和强度不匹配之处，有必要采取行动，评价需求是否迫切；然后创建如图19.2所示的映射。

当需要采取行动时，确定一个用于改进组织界面的策略。以下是如何实现此目标的建议清单（非详尽）：

（1）对于需要改进接口的利益攸关方，凡涉及他们的活动要优先考虑系统架构工作。

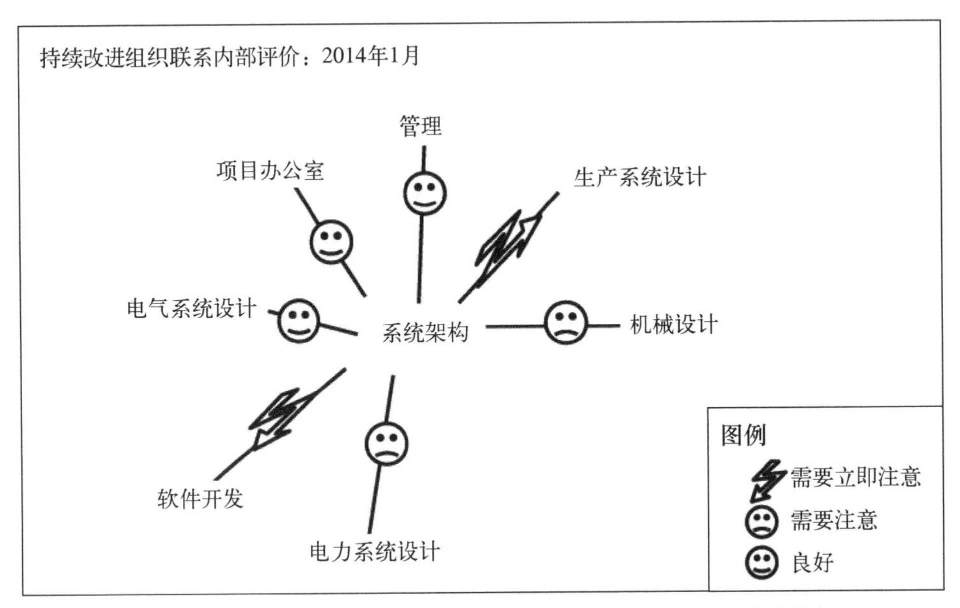

图 19.2 反映所建组织界面良好程度的示例。组织信息是随意虚构的

(2) 邀请特定利益攸关方参加系统架构团队的会议，并确保会议期间讨论的议程项目与他们相关。

(3) 扩大特定利益攸关方的任务范围：确保完成比平时更详细的工作，以便与利益攸关方达成更好的共识。

19.2.4 它一直都在

如第 4 章所述，每个系统都有一个系统架构。在系统实现过程中，即使从来没有一个专门的系统架构设计任务，这个系统架构依然存在的。因此，在进行系统开发时，系统架构也许已暗中建立。当利益攸关方必须学会与系统架构师合作时，我们经常注意到他们担心额外的工作量。在这种情况下，有助于解释为什么在没有系统架构师在场时，利益攸关方本身就在暗中执行系统架构设计任务。这样，就可以认为系统架构设计是一项一直有人在做的工作。它与正常系统架构设计的区别在于：相应的工作均以显性方式完成，而且每位系统架构师都在帮助完成此工作。因此，系统架构师是在帮助完成工作，而不是增加额外的工作量。

19.2.5 以身作则

以自己的行为推动变革。在组织中建立和持续进行系统架构设计也是如此。如果希望他人遵循自己的范例，那么系统架构师自己先要遵守。

例如，如果决定采用基于模型的方法，并将模型作为唯一的真实信息来源，那么系统架构师在归档临时文档时永远不要认为“先临时归类，等有时间了再把它放入模型”。当然，我们在 9.10.2 节中已经看到，为了举办有效的研讨会，可能要制作海报，并且可能在稍后将信息反馈到模型中。斯科特·安布勒(Scott Ambler)[8]也曾指出，有些模型甚至不需要归档。我们不鼓励任何人仅仅因为他们遵循的方向可能与给定的范例有一些表面上的相似之处就开始毫无意义的活动，而是鼓励大家寻找优秀范例来体现已选定的系统架构设计方法的价值。在上文所给的示例中，有人可能会说：“在这个研讨会上，我们对海报上的模型做了很多修改。我们稍后会把它们放入模型中。然而，这次研讨会的一个关键成果是为博物馆机器人的服务界面添加了一个新的操作。我们现在打开建模工具并插入新操作，这样所有的模型用户现在都能看到它了。”如果后来发现建模工具在一群人面前使用起来太麻烦，那么就没有完成功课。

为了以身作则，需要做功课。如果你觉得正在推广的方法、过程或工具让你感到不舒服，那么应该想到别人也会无法使用。所以，在你要求别人跟随你之前，最好自己先做好准备，把事情做好。

19.2.6 收集成功案例，并进行适当的分享

系统架构设计间接地产生价值：它使组织能够获得某些利益，正如第 3 章中已讨论过的那样。因此，必须展示系统架构设计是如何为组织成功而做出贡献的。这可以通过在适当时机讲述系统架构设计的成功案例来展示。其中一位作者最近刚刚使用了一个四年前的成功案例获得了新系统架构设计活动的预算批准，因为这个成功的老案例与当前的新情景非常匹配，所以它又成了一个热点新闻。

我们的经验表明，若使用类似“XYZ 公司发布了一份报告，证明他们通过系统架构设计成倍地提高生产力”的案例，是有问题的。没有人能证明 XYZ 公司的先决条件与你的组织和你当前情况中的先决条件相同。使用组织自己的成功案例更有吸引力，因为与发布的报告相比，即使自身案例的支持数据不够充分，人们也会记住并根据直觉认可案例。但是，要想能够在需要讲述的时候信手拈来，唯一的办法就是在取得成功后将成功案例收集起来。建立自己的成功案例收藏集，并记住根据每一新的成功案例予以更新。

这些成功案例可以包含什么内容？在 3.3 节中，我们曾建议收集肯定反馈。

可将这些反馈归档，并在今后用来讲述某个成功案例。但是，我们强烈建议，在出现频率较高的文档中引用它们之前，先要取得反馈者的许可。除了肯定反馈之外，你也可以表达自己对成功的体会，只要对他人而言这些案例是透明的。如有疑问，可让利益攸关方来评论你的成功案例。

可以把成功案例写成案例报告：问题是什么，是如何解决的，所选择的系统架构设计方法对成功有多大的贡献？避免收集以"ABC部门忘记分析某种依赖关系"之类的问题开头，然后讲述来自系统架构设计的英雄们又如何拯救沉船的成功案例。有些人不喜欢这个故事(尤其是ABC部门的人)，这可能会损害整体任务。好的成功案例形式是这样的："一个典型的A系统项目需要N个月的时间，但是在B项目中，所需时间要少两个月。我们应用了FAS方法，因为需要考虑新需求的问题，而组织中没有任何关于如何满足新需求的先验知识。因为需要以结构化的方式对问题空间和解决方案空间进行分析，所以我们选择了FAS方法。"

理想的是，你要准备一个用于收集成功案例的模板，本书的一位作者在组织的企业设计中使用于一张空白幻灯片，作为模板。模块包含标题"关于DEF的成功案例"以及一些附带说明。案例报告编撰者可以填写"DEF"空档，以形成一份具有视觉吸引力的成功案例报告，假如成功的幅度或系统架构设计对成功所做贡献的佐证随时间的推移而增加，则可以继续引用此成功案例。重要的是要记录先决条件和取得的成就。这样就可以把将来的情况与现在现时手头上的情况进行比较。因此，在未来就可以判断从一个成功案例中学习到的经验是否适用于新的情况。

当合适时，讲述成功案例，这可以是要求你做情况汇报时，也可以是希望某项新活动或某项预算得到批准的时候。在做情况汇报时，你可以陈述通常情况"EFG活动在计划时间和预算内完成"，然后接着陈述"但是，这次我们得到的工程师约翰的反馈，他从工作一开始就对他的任务有一个非常好的概述，因为系统架构师已从模型中生成的一个特殊视图，在直观图表中显示来龙去脉和基本假设。"当询问预算时，你可以这样说："上次我们使用这种方法时，比平时提前了2个月完成任务。这次我们希望为该方法投入一些工具支持。"

19.2.7 承认感染力胜于强行推广

赫雷罗(Herrero)[52]指出，变革可以通过网络传播，并"感染"他人。因此，为了使变革朝着更好的系统架构设计发展，联网非常重要。

系统架构师不要认为名片上的“系统架构师”几个字自动赋予了他们权力(可以指定有效的系统架构)。确定系统架构来自与利益攸关方的合作,而非单方面的推广发布。

如果能在与利益攸关方合作时让他们相信系统架构设计的价值,那么对系统架构的认同会像计算机病毒一样迅速传播。当然,如果整个系统受到仅由一门工程学科提出的解决方案的影响,理想的是,系统架构师应有最终决定权。但是,系统架构师可以用利益攸关方专用视图让利益攸关方意识到他们的工作对整个系统的影响,而不是借助最后话语权来优化解决方案。当利益攸关方了解到影响之后,通常就没有必要再说服他们相信某个整体解决方案了。他们自己就会明白其中的道理,并更容易投入。

19.2.8 给自己分配系统架构师角色

如果组织根本不打算进行系统架构设计,而你认为只有自己一个人意识到有必要进行系统架构设计,该怎么办?我们在第 11 章中看到,可以将系统架构师角色分配给个人,就像将总裁角色分配给一个从未当选过的参与者一样。那么,为什么不把系统架构师角色分配给自己,哪怕你的组织中没有对该角色进行过描述。

当然,你不要站起来宣告“我给自己分配了系统架构师角色”,而是要使用从系统架构设计方法中获得的灵感,例如,可以在本书中阅读这些方法,并了解如何使用它们提高日常工作效率。试图在组织中传播任何东西之前,都要先自己验证在自己的工作领域中哪些有效,哪些无效。一旦你为自己的工作找到了适当的方法,那么你的工作方法就很有可能“感染”[52]其他人。

不过,你应为组织上决定正式启动系统架构设计的那一天做好准备。如果你已经发现的方法足够好,并达到足够的可见性,那么你可能有幸参与朝着开展更多系统架构设计的组织变革中。如果你没有那么幸运,那么就要始终做好准备,作为一名自我提名的系统架构师,你推动测试的所有方法都有可能被一名正式提名的系统架构师否决。

如果你觉得你的处境是作为一名自我提名的开拓者而推动了系统架构设计,那么你可以在社团中寻求帮助。如果你还不是会员,则可以考虑加入自己身边的 INCOSE 分会(www. incose. org)。看看当地分会是否有活动,甚至在你居住的地方或者距离居住地很近。你可以通过参加活动来认识与你处境相同或曾经与你处境相同的人。他们可以给你建议,或者帮你发现并不是只有你一个人有问题。艾森宁(Eisenring)等人[32]在报告中说,系统工程团体的一些小组成员惊讶地发现,各小组成员在日常业务中遇到的挑战与其他小组成员的经历存在如此多的巧合。

19.2.9 担任领导者

系统架构师确保遵循系统架构中的定义和所选的架构模式。任何需要追随者的人都是理想的领导者。这就是为什么领导能力对于系统架构师而言是重要的(见 11.1.5 节)。在坚持自己的方法时,不应把领导与固执混为一谈。领导是一种行为,基于系统架构师对他们的情况和观点的了解,使其他人理解为什么必须对系统架构设计做出贡献,并遵守因此产生的定义。这是为了确保大家在感到轻松的同时,能够一起朝着正确的方向前进。

20 软 技 能

对于一个成功的项目而言，良好的沟通与协作至关重要，这已经是老生常谈。它是所有成功组织的共同本质。一个兴盛的企业可以汇聚人才，并能创造出一个团结合作、相互欣赏的工作环境。特别是在日益复杂的全球化时代，人才及合作往往是成败的决定性因素。

这些都是自明之理，几十年前就已经为人们所熟知。而且，几十年来，为人们创建协作性环境是所有组织都面临的主要挑战之一。人们的个性特点、社交能力、沟通能力、语言能力、个人习惯、受教育程度和友善程度各不相同。这就意味着除了所在岗位的职业要求(通常称为“硬技能”)之外，一个人还应该具备关系到与他人互动和沟通的其他重要技能。这些所谓的软技能受到一个人对人性、社交、情感、情绪、同理心、个人见解和文化因素等方面认知的显著影响。

有许多关于软技能的出版物和书籍，讨论了软技能的重要性，并提出了如何改进这些技能的方法。

本章的目的并不是全面介绍这一主题，而是对一些基本问题做一点概述。在本章中，你还将了解到沟通心理学和人格类型学方面的一些模型，这有助于解释一些人际交往和过程。首先，这些模型都是错误的，因为它们大大简化了这些主题的实际复杂性，把逐个主题进行某种归类基本上是不对的。另一方面，这样的模型对于用通俗科学的方式解释某些现象是有用的。正如英国数学家乔治(George)和博克斯(Box，1919—2013)所说：“记住，所有模型都是错误的，实际问题在于：要错成什么样才会没有用处。”[121]

20.1 都与沟通有关

组织内部沟通主要是指组织成员之间的沟通；如果是一家公司，指的是员工沟通。此外，内部沟通是组织的企业形象的一部分。在这种背景下，良好的沟通文化应培养一种团队精神，即组织成员之间的一种共有身份。

公司内部的有效沟通对于公司的成功至关重要。对于聘用知识工作者的开发组织而言,更是如此。当今世界日益复杂,市场潮流变化莫测,对破坏性力量迅速做出反应的能力对于组织生存非常重要。在应对高度多变性、复杂性、创造性和生产性时,需要各级人员的深入沟通。

在对沟通模型进行分析时,沟通科学家主要考虑了如下两种不同的沟通类型:

(1) 信息发送者和接收者之间的信息传输和传递过程。

(2) 社会组织中的一种社交活动。

不能认为这是两种对立的沟通类型,因为一种类型总是包含另一种类型。区别主要在于沟通过程的重点不同。后一种类型认为沟通不仅是个体行为的总和,而且是一个具有突现性质的复杂社交过程。

基本来说,只要是沟通都容易出错(易错)。无论你在沟通技巧上付出多少努力,都无法完全消除这种易错性。一般来说,在沟通过程发生后,无法确定相互之间的理解是否会如期而至。

本节强调了沟通在系统工程项目中的重要性,并讨论了一些可能对系统架构师日常工作有用的主题。

20.1.1 沟通中的损失

香农-韦弗模型以美国数学家兼电子工程师克劳德·埃尔伍德·香农(Claude Elwood Shannon, 1916—2001)和美国数学家沃伦·韦弗(Warren Weaver, 1894—1978)的名字命名,将沟通描述为消息从发送者到接收者的点对点传输[126]。它被认为是最简单的模型之一,广泛应用于各种沟通理论。在该模型中,各种影响因素起着重要作用,香农和韦弗将其称为“噪声”。在香农-韦弗模型中,这种“噪声”主要影响发送者与接收者之间的传输路径,即只涉及外部干扰。因此,经常听到对这个模型的一种批评是,它过于简单,无法描述人类沟通的实际复杂性。

就像电信工程中的信息传输一样,人与人之间的沟通也从来不是没有损失的。想象一下,你要向别人描述上次去度假的美丽海滩,让别人能具体想象到美丽的画面。无论你多么努力的描述,别人的脑海中永远无法出现和你完全一样的画面。

当你试图用语言表达你对海滩的记忆时,可能出现第一次损失。即使你能想起很多细节,也很难用语言来表达每一个细节。“海滩上的沙子几乎像雪一样白”不足以描述确切的沙子颜色。信息接收者想象的沙子颜色取决于多种因素。

也有可能他根本没见过雪,所以这个比喻没有起作用。

在你(发送者)与对方(接收者)之间的沟通路径上,会出现第二次损失。只是因为你说的一些话,不一定会传到接收者那里。这时,香农和韦弗描述的所谓"噪声"开始发挥作用。外界影响,如干扰或干涉,可以影响甚至是阻止沟通。例如,手机网络可能有一些问题,这些问题直接影响手机通信。然而,在人类沟通中,这种损失并不总是由技术问题造成的。也许你的沟通对象没有注意听你说话,因为他分心了或者没有关注你。

如果对方不理解你的意思,那么可能会再次出现损失。这并不一定意味着这些理解缺失是由语言障碍造成的。当然,在国际项目中,语言和翻译问题往往是造成沟通问题的原因。在系统工程项目中,沟通中的损失常常是由于不了解特定领域的主题,或者是由于不同利益攸关方之间领域知识差异造成的(参见第10章)。系统开发项目中的不同利益攸关方有不同的关注点。一些利益攸关方是领域专家,一些是系统用户,还有一些是业务人员,但是他们通常不是系统工程方面的专家。对系统架构师来说,最大的一个挑战可能是一方面要了解这些利益攸关方及其需求,另一方面要向他们解释为满足他们的需求,关注系统将如何工作。

但即使几乎不存在理解上的障碍,仅仅因为有条信息被你的伙伴理解和认可,就认为他已同意其中的内容,这种思维绝对不可!遗憾的是,并不是所有人都知道这个重要事实。很多人认为,仅仅将信息发布给接收者就足够了,就万事大吉了,但是这一做法不能让信息接收者做出承诺。我们举例说明一下:亲爱的读者,以你为例,你可以阅读本书,但是你可能不认可它的全部内容。虽然作者很高兴得到你的反馈,但是你没有义务告诉作者你的不同意见和观点。

20.1.2 四个方面信息

关于人类沟通,有很多不同的模型。解释沟通复杂性的一个著名模型是所谓的"四耳模型",有时也称为"四个方面信息",由德国沟通心理学家、教授弗里德曼·舒尔茨·冯·图恩(Friedemann Schulz von Thun)博士开发[143]。

图恩假设每次沟通总是同时包含四个方面信息,因此可以在四个层面(有时也称为通道)上接收信息:事实信息层面、诉求层面、关系层面和自我表露层面(见图20.1)。说明如下:

(1) 真实信息层面。在这个层面,我们分别发送和接收纯粹的事实信息。这个层面的信息关系到与特定主题有关的数据、事实和环境。

(2) 关系层面。在这个层面,信息应表达发送者和接收者之间的关系类型。

(3) 自我表露层面。在这个层面,信息应传达发送者的有关信息,关于他(她)身上发生的事情。

(4) 诉层面。在这个层面,信息传达某个愿望、某个请求、某个建议或某个指令;发送者希望它对接收者产生影响的某些事情。

这四个沟通层面既存在于发送者一方,也存在于接收者一方。因此,很有可能发送者讲些什么接收者未必就听到什么。在一个业务范围中两个参与者之间的沟通案例如图 20.2 所示。

图 20.1 四耳模型的可视化

图 20.2 这一沟通中的四个消息是什么© [2015 雅各布・K(Jakob K),转载已取得许可]

当然,这在很大程度上取决于接收者感知其中每一层面信息时对方音调的高低程度。发送者可以用一种实事求是和冷静的方式表述,或用一种关注和担心的语气来表述。此外,尤其是关系层面和自我表露层面,都显著依赖发送者的非语言表达方式(手势、模仿等)。与此相反,在这种情况下,事实层面就简单和明显得多(见表 20.1)。

表 20.1 图 20.1 中所描述沟通中的四个消息

	发 送 者	接 收 者
事实信息层面	这份文件的截止日期是星期五	这份文件的截止日期是星期五
关系层面	你知道我对你和你的工作评价很高	他显然认为我没有遵守我们的协议

（续表）

	发送者	接收者
自我表露层面	我有压力。我需要你的帮助！	客户让他/她有压力
请求层面	无论如何，你都必须在星期五之前完成它	他想让我最先完成这个文件

通过研究关系层面，我们发现在该层面上发送者和接收者之间似乎存在干扰。在这一层面上，虽然发送者对接收者的评价很高，但是接收者听后认为是一种不信任。关系层面上的这一干扰可能举足轻重，因为关系层面控制着事实信息层面。保罗·瓦兹拉威克(Paul Watzlawick，1921—2007)是一位奥地利裔美国心理学家、沟通理论家和彻底的建构主义者。他指出，沟通具有内容和关系两个方面，后者对前者分类，因此是一种元信息传递[66]。这意味着，如果关系层面受到干扰，就不能进行事实信息层面上的沟通。因此，先讨论干扰非常重要，而对于信息的讨论要一直等到发送者和接收者之间关系已阐明和重建（如果有必要）之后再进行。

在直接沟通中了解这四个层面有助于避免误解。你可以主动避免惹你的谈话对象生气、不舒服或伤心。而且你也许能猜到为什么对方对你的信息有超预期的惊人的不同反应。

20.1.3 影响沟通的因素

（1）语言。语言几乎影响到日常生活的方方面面。我们需要用语言来表达情感、分享感受、讲故事以及传达复杂的信息和知识。参与系统工程项目的所有人员之间的沟通也是如此。由于语言障碍，利益攸关方可能难以传达他们需要什么，甚至无法获得关于关注系统的必要信息。由于全球化导致开发团队遍布世界各地，因此语言变得更加重要。

因为许多项目的国际性质和该学科的历史根源，所以英语是系统工程的主导语言，然而它通常不是所有参与人员的母语。

这可能会导致沟通障碍和误解。此外，语言也一直是文化的一部分。我们将在20.1.3(4)节讨论词项的各种内涵时以及在20.3节讨论关于跨文化环境的合作技能时，再深入理解此问题。

（2）使用的媒介。理想的是，应始终面对面沟通，也就是说，发送者通常通过语言将信息直接传递给接收者，这也称为直接沟通。但是从经济的角度看，这对于一个组织来说太耗时且代价过高。在与工作相关的环境中，全部采用直接沟通方式来交换所有必要的信息显然是不可行的。因此,直接沟通往往由间接沟通所取代,间接沟通也称为媒介沟通,其特点是使用不同类型的媒介,示例包括电话或电子邮件。

间接沟通通常没有非语言沟通层次。这种沟通没有目光接触,也就是说,你看不到其他沟通参与者的面部表情和手势(也称为“肢体语言”)。视频会议系统除外(见 20.1.4 节)。

此外,在这种沟通中,反馈往往会延迟。因此,有时可能需要几天或几周的时间才能通过电子邮件得到问题的答案。

(3) 空间距离。麻省理工学院(Massachusetts Institute of Technology, MIT)组织心理学与管理学专家托马斯·J. 艾伦(Thomas J. Allen)教授在其 1977 年出版的创新著作《管理技术流》(*Managing the Flow of Technology*)[6] 中,描述了空间距离与沟通频度之间强烈的负相关关系。所谓的艾伦曲线(见图 20.3)是显示这种相关性的一种图形表示。这是艾伦教授一个研究项目的成果,他在该项目中探索了工程师办公室之间的距离对他们之间的技术沟通频度有何影响。

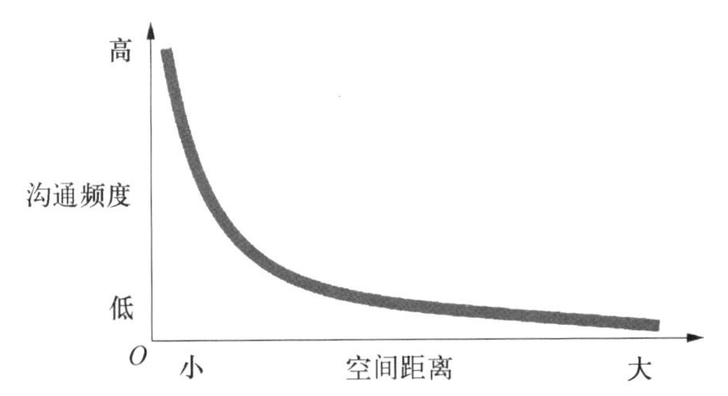

图 20.3 艾伦曲线表明沟通频度与空间距离之间的负相关关系

艾伦曲线表明,与在较远房间、不同楼层或甚至不同大楼内办公的人员相比,与离我们最近(例如在同一办公室)的某些人员可能有更多的沟通。换言之,一个组织的成员之间如相距较远,不利于沟通。

现在,我们可以随时随地访问虚拟办公室。因此,有人可能会怀疑,今天的技术如电子邮件、云办公系统或视频会议系统,能够跨越空间距离,艾伦曲线不再有效了。但是这种怀疑是错误的。最近的研究表明,艾伦曲线不仅适用于直接沟通,而且适用于数字通信。本·瓦贝尔(Ben Waber)等人[144] 证明,在近距办公的同事之间,沟通频度比距离较远同事之间的沟通频度要高 4 倍。

在航天工业中，人们在多年前就认识到，工程师之间的密切合作对一项复杂任务的成功至关重要。因此，欧洲航天局（European Space Agency, ESA）在荷兰诺德维克（Noordwijk）建立了一个并行设计设施（concurrent design facility, CDF），使来自多学科的专家在一个小组内在高度合作的环境中并行工作。该建筑架构专门为支持团队并行工作而设计。CDF 由几个不同大小和不同用途的房间组成。设施中心的主设计室和其他所有房间都配备了最先进的计算机工作站，并通过高带宽网络相互链接。所有设计室及辅助室均设有视频会议系统，并设有视听网络，可将任何屏幕或工作站的数据显示在其他房间的任一或所有屏幕上。

（4）语词的内涵。内涵是指与某个语词有关的除其字面意义外的一个隐含意义，而其字面意义也称为“外延”。外延是中性的，可直接从某本百科全书中检索到。相反，隐含意义取决于各人的社交、文化以及个人经历，或者也可能有情感上的原因。内涵是该语词在读者心灵中唤起的一个联想，可以是肯定的，也可以是否定的。

举例而言，当你提到没有固定居所的人时，你可以说他们是流浪者或者是无家可归者。前一个称谓“流浪者”有一个负内涵，经常与妨害公共安宁的人联系在一起。然而，当你称其为无家可归者时，往往会让人联想到需要帮助、同情和慈善。

《动物庄园》是英国小说家乔治·奥韦尔（George Orwell，1903—1950）所著的一部寓言式反乌托邦中篇小说。含有许多内涵。故事中多种动物各有一个内涵。例如，“猪”暗示有权势、腐败的人；“拳击手”是一个忠诚、善良、敬业、努力工作、受人尊敬的驮马，暗示劳动阶层。

语词和术语在不同的文化中可能有不同的内涵。这种情况时常引起非故意的，有时令人尴尬的误解。一个明显的例子是颜色，在不同的文化中，其有不同含义。例如，词语“白色”指称一种色彩，在西方文化中，象征着纯洁、高贵、道德善良和天真。相反，在中国，“白色”代表苍白、虚弱和缺乏活力。因此，在西方文化中，婚礼上新娘穿白色婚纱，而在中国，新娘则穿红色礼服。

此外，随着时间的前移，语词的内涵可能会发生变化。如，语词“drug”，最初是一个中性词，表示各种活性物质，包括医生开出的药物，中文译为“药品”。术语“drug store（药店）”就是在那时出现的。如今语词“drug”通常与危险的成瘾性物质联系在一起，其内涵已演变为“毒品”。因此，在医学语境中，已不再使用语词“drug”，而是以“medicine（医药）”或“medication（药物）”来表示与医学有关的事物。

20.1.4 沟通辅助用具和工具的使用

除了单纯的个人对话之外，还有许多能帮助和促进组织内部沟通的潜能，或者支持直接沟通的工具。如果使用得当，系统架构师可以充分利用这些潜能。

(1) 电子邮件。在过去的几十年里，通过电子邮件(e-mail)进行的沟通不仅在很大程度上取代了普通信件，而且被看作是一种普遍接受的另一种通信方式，像直接通信或打电话一样使用。如今，电子邮件媒介有时甚至被认为有害。许多员工每天收到大量的电子邮件可能让人不堪重负。每天收到几百封电子邮件并不罕见。处理这些消息既耗费时间又让人厌烦。研究表明，长期收发电子邮件会给员工带来压力。一些公司在项目中期宣布了放弃电子邮件的计划。

不要轻率地使用电子邮件。在发送电子邮件之前，你要仔细考虑是否真的有必要。尤其是，像"回复所有人"或"抄送"这样的功能会引起不愉快。如消息可能会发送给非预期收件人。此外，更加经济地使用这些功能可防止电子邮件泛滥。

(2) 博客和维基。过去几年，网络日志(简称"博客")和维基①成了组织内知识共享的一个重要部分。这两个应用程序通常都基于网络，而且组织成员可以通过组织内网访问它们。这两个应用程序之所以有强大的协作和沟通能力，是因为它具有"任何人都可编辑"的功能。

由于博客按时间顺序排列的特性，它们通常像日记一样使用。例如系统工程项目成员可以使用项目博客定期向团队成员和其他利益攸关方通知项目进度、重要事件、新见解、相关问题等。这在项目中创建了透明性，但是通常只有组织范围内的有限用户才能访问这些信息。

与此相反，维基更像是一本参考书。它们更适合于整个组织、跨部门和团队边界以及项目结束后的知识管理。在一些组织中，维基是所有公司信息的唯一来源。

维基和博客都是通过参与来实现的。个人要想从这些应用程序中获得信息，他们必须积极地访问这些应用程序。如果利益攸关方不积极访问内容，可能会出现问题，因为这会导致通过这些渠道的信息流停止。因此，博客和维基都允许通过真正简易聚合(really simple syndication, RSS)订阅②送出更改通知。这

---

① 术语"Wiki"源自夏威夷语"Wikiwiki"，即"快点"。

② 缩写 RSS 描述一种允许发布频繁更新信息的文档格式。

样，当维基或博客内容出现变动时，就可以通知对特定主题感兴趣的用户。而且，它还可以确保人们仍然对这些内容保持很高的兴趣。

(3) 即时通信（聊天）。即时通信（instant messaging, IM）通过互联网或内网提供实时文本传输。它与短信服务（short message service, SMS）非常相似，短信服务允许使用固定线路或移动电话设备交换短信息。

即时通信仅用于个人聊天和娱乐的时代已经一去不返。即时通信在商业环境中的使用正在以指数级的速度增长。它提供了一种与员工、客户和供应商保持联系的强大可能性。

与通过互联网进行的所有沟通形式一样，即时通信的使用也并非没有风险。除了一些安全方面的问题（病毒、蠕虫、恶意软件、故意或意外泄露机密材料或知识产权等）之外，它也并不适合所有类型的沟通。它通常比电子邮件等其他电子媒体更私密，其沟通风格通常以网络俚语和快捷方式为特征。这并不总是适合于业务环境，而且可能导致误解或敏感。

(4) 电话会议和（或）视频会议。在全球化和全球分布式开发团队的时代，广泛认可电话和视频会议是作为直接通信的一种替代方式，可以大大减少出差需要。由于高容量宽带电信服务的可用性成本相对较低，视频会议已在许多领域（例如，商业、教育、工程、医学和媒体）得到了广泛的应用。市场上有许多种不同的视频会议系统。此外，一些社交网络也提供有视频会议功能。这些系统的一个优点是可以与所有参会人员共享计算机桌面或应用程序，从而允许与系统架构模型协作工作。

(5) 信息发射源。术语“信息发射源”最早由阿利斯泰尔·科伯恩（Alistair Cockburn）于2000年前后创造，并在他的《透明水晶方法》（*Crystal Clear*）一书[22]中进行了描述。这种沟通辅助用具在敏捷运动中非常有名。科伯恩将信息发射源描述为一个可读性很好的显示器，挂在一个显眼的地方，人们在工作或路过的时候都可以看到它。一个好的信息发射源要大，可读性好，并且可以被观察者一眼看到。通常，它可以是一块黑板、一张海报或是一个屏幕。它是一种单向沟通用具，通常用于显示状态信息。

在许多软件开发项目中，都可以看到电子信息发射源的示例。墙上的一个平板屏幕显示了一个仪表板，将自动连续构建和集成过程的状态可视化。

(6) 白板和活页挂图。特别是在召开研讨会的情况下，白板和活页挂图是非常好的工具，可让参与人员以高度协作的方式一起工作。例如，可以草拟和讨论系统架构草案，可以及时澄清问题，而且所有参与者都可以对系统架构有一个共同的了解。在会议结束后,可以对白板或活页挂图拍照并存档,图片可以嵌入在博客或维基文章中。也可以将草图传输到 SysML 建模工具中。

在 14.9 节中,我们表明如何使用这些工具为研讨会范围内某个系统协作开发首个功能架构。

20.2 人格类型

所有的人都是平等的,但却有很大的不同。自古以来,人类就试图用多种方式来描述他们的人格并进行分类,进而产生了各种各样的模型,它们都试图将复杂多变的事物按照人格归入特定的类别。正如本章引言中提到的,所有的模型或多或少都有错误。无论你使用哪种人格类型模型,这个世界上的任何人都不是严格的“A 型”或“B 型”人格。与所有的模型一样,它们代表的是一种简化类型,根本不能代表复杂的现实。

此外,重要的是要记住,人格类型模型只是一个辅助工具,用来模糊预测人们在某些情况下的可能行为。这些模型都不适合用来准确判定一个人在各种情况和环境下的行为。因此不要把它们视为真理。

20.2.1 荣格的心理类型

一个著名模型可追溯至 20 世纪早期,它是瑞士精神病学家和心理治疗师卡尔·古斯塔夫·荣格(Carl Gustav Jung, 1875—1961)的智慧结晶。荣格的心理类型模型首次发表于 1921 年的《心理类型》(*Psychologische Typen*[68])一书中,可能是人格类型学中最有影响力的理论。

根据荣格的理论,首先,可以通过人们的基本态度偏好确定他们的心理特征,这些偏好分别是外向型(E)与内向型(I)。在心理学上,外向型的人更关心外在现实,而不是内心的想法和感受。

其次,可以根据人们对两种感知机能偏好哪一种来确定他们的心理特征,它们分别是感觉型(S)与直觉型(N)。感觉型是指一个人更注重通过他的五种感官获得的信息。相反,直觉型是指一个人更注重他在收到的信息中看到的模式和可能性。

最后,偏好描述了对两种判断机能偏好哪一种,也就是说,它描述了一个人喜欢如何做决定,它们是思维型(T)与情感型(F)。思维型的人更注重客观原则和客观事实;情感型的人喜欢做那些能带来或保持和谐的事情。

荣格将基本态度偏好(E 与 I)、感知机能(S 与 N)和判断机能(T 与 F)组合为8种心理类型，如表20.2所示。

表20.2 荣格的8种心理类型

基本态度	感 知	判 断
客观	外向感觉型	外向思维型
	内向感觉型	内向思维型
主观	外向直觉型	外向情感型
	内向直觉型	内向情感型

荣格指出，通过所谓的“主导机能”确定我们的心理类型。

例如，如果我们最喜欢使用外向的感觉机能，那么我们的心理类型就是外向感觉型。我们喜欢搜集事实数据，并用我们的感官去看、去感觉、去触摸、去闻和去聆听这个世界正在发生什么。属于外向感觉型的人通过他们的经历应对生活，并且能够活在当下。

相反，如果我们的主导机能是内向的情感，那么我们就喜欢根据情绪而不是客观事实和数据做出决定。内向情感型的人能够“看穿别人”，并且具有所有类型中最高水平的同理心。

美国心理学家凯瑟琳·C.布里格斯(Katharine C. Briggs，1875—1968)和她的女儿伊莎贝尔·布里格斯·迈尔斯(Isabel Briggs Myers，1897—1980)继承了荣格的工作，并进一步发展了他的理论。她们的研究成果是一个包含16种不同人格类型的扩展模型，并提出了迈尔斯-布里格斯类型指标®(Myers-Briggs type indicator，MBTI®)①评价方法。MBTI测试是人们发现自己人格类型的一种工具。对MBTI的详细讨论已超过本书范围，访问迈尔斯-布里格斯基金会网站(myers & briggs foundation)[134]，可获得更多信息。

这一知识的实际应用是多种多样的。了解心理类型对职业规划、沟通、教育、辅导和咨询都很有用。它可加深我们对他人就某些情况所做反应的理解。

20.2.2 伯尼斯·麦卡锡(Bernice McCarthy)的4MAT系统

作为一位系统架构师，你经常会遇到这种情况，即需要向利益攸关方解释系统架构，并证明你的架构决策，这些通常以演讲的形式进行。对你的听众来说，你的演讲在大多数情况下是他们的一个学习过程，因为他们必须学习和了解新

① 迈尔斯-布里格斯类型指标和MBTI是迈尔斯-布里格斯基金会在美国和其他国家的商标或注册商标。

事物。每个人的学习方式不同,他们有不同的学习风格。20 世纪 70 年代,美国教育理论家戴维·A. 科尔布(David A. Kolb)认识到了这一事实并进行了科学研究。科尔布开发了一个关于不同学习风格的模型,并于 1984 年发表[77]。该模型为科尔布的经验学习理论(experiential learning theory, ELT)奠定了基础。科尔布凭借其评估工具“学习风格量表”(learning style inventory, LSI)蜚声教育界。

在科尔布的学习风格模型基础上,美国教育科学家伯尼斯·麦卡锡(Bernice McCarthy)博士开发出了 4MAT 系统[95]。麦卡锡发现,人们在学习过程中至少会问自己如下四个基本问题中的一个:

(1) 为什么?(动机/哲学家)——典型问题:我为什么要学习这个?它对我有利吗?

这类学习者会仔细研究这种感觉,并且想知道为什么你的系统架构演讲能引起他的兴趣。

(2) 什么?(知识/科学家)——典型问题:事实是什么?能告诉我更多的细节吗?

这类学习者需要事实、数据,并且希望得到对事物的解释(例如,系统架构的属性)。

(3) 怎么样?(演示/从业者)——典型问题:它是怎么样工作的?你能展示给我看看吗?

这类学习者想要深入了解一些事物是如何工作的,并且愿意立即尝试所有事物(例如,根据你的架构来构建和测试系统)。

(4) 那又怎么样?(解说/梦想家)——典型问题:我可以在什么情况下应用它?万一……怎么办?有没有可能……

这类学习者有更多的追求,探索隐藏的可能性,并考虑未来的场景(例如,系统架构的扩展)。

在准备和实施你的演讲时,了解这四种学习风格类型是一个很大的优势。有了这些知识,你可组织你的演讲,以使你可满足所有四种类型学习者的需求。首先,从“为什么”环节开始,满足那些需要应用程序和示例的听众。其次,向“为什么”类型的学习者提供关于你的架构的若干事实。再次,向“怎么样”类型的学习者提供关于你的架构如何工作的细节,例如,你可以在一个建模工具中进行模拟你的架构演示系统将如何工作。最后,你要向“那又怎么样”类型的学习者提供一个展望,如架构未来扩展的可能性。

掌握这一知识的另一个优势在于我们可以避免误解。如果沟通出现问题，那么我可以试着把对方归类四种学习风格类型中的一种，并相应地做自我调整。否则，"什么"和"怎么样"类型的学习者可能会产生矛盾。

20.3 跨文化协作技能

今天的组织通常是多元文化网络，大型组织分布在各个大洲，因此，在不同文化的发源地附近自然就有地方机构，但是小型组织仍然需要在全球范围内寻找要聘请的专家或要分包的供应商。我们在第 10 章中了解到，系统架构师与组织网络中的多个利益攸关方要进行沟通与协作。今天，这种沟通与协作经常会涉及接触不同的文化。因此需要跨文化协作技能。因此，在本节中，我们将简要讨论跨文化协作。坏消息是：即使是汉普登-特纳和琼潘纳斯（Hampden - Turner and Trompenaars）这两位调查多元文化合作的主要研究人员，也不得不承认今天的两大主要研究观点"并不充分"[50]，他们鼓励读者独立思考。作为汉普登-特纳和琼潘纳斯出版物的读者，我们正是这么做的。我们根据自己的观察、结论和经验，就参与多元文化对话提出了自己的建议如下：

（1）我们认为"文化"具有多个维度。到目前为止，我们已经讨论了跨国网络，这是多元文化环境中最微不足道的示例。然而，"文化"并不仅仅是那个可以在地理或国家意义上依附于个体起源的东西。我们还可以看到不同的企业文化、不同政党的不同文化和不同宗教的不同文化，甚至软件工程教育与机械工程教育的不同文化。所有这些类型的文化差异都可能导致误解，而在我们看来，这些误解的根本原因往往是缺乏对差异的认识。正如我们在下文中所看到的，正是这种认识可以帮助我们克服误解。我们要提出一个非常笼统的建议：不要期望任何人有和你一样的文化背景，即使是与你母语相同的人。

（2）确认共同目标。一旦我意识到其他人有不同的方法，我可能会发现在某些方面我正在努力实现与他们相同的目标，只是方式有很大的不同而已。一旦我能够与我的对话伙伴一起确认共同的目标，就可以更容易地对那些仍未达成一致目标的主题进行协调。

（3）认为别人与我们不同。我们见过很多情况，来自 A 文化的人遇到来自 B 文化的人，并开始正常业务往来，就像与同村已至少三代为邻的人家的一个成员开展业务一样。我们后来听说，在有些情况下仍难以达成共识。如果你有理由认为与你交谈的人与你有着不同的文化背景，那么你最好做好需要额外说明的准备，而且要在对话的过程中格外谨慎，保持开放、灵活的态度。如果你不明白“他们”在说什么，那么就直接询问他们是什么意思。

(4) 避免在多元文化对话中使用隐喻性语言。正如先前在 20.1.3 节中所讨论的那样，不同的人可能将不同的含义与同一个单词联系起来。这与隐喻的关系更大，因为它们经常暗指某一种文化的文学或历史。例如，“遭遇滑铁卢”这个短语的意思是遭遇重大失败。它暗指拿破仑最终的失败，是指在“滑铁卢”(这个地方现在属于比利时)附近开展的一场战斗结果。英国人根据这次事件取了“滑铁卢站”的名字，因为他们在这场战役中是胜利者。许多英国人都能联想到这个短语。拿破仑是法国人。由于本书的作者都不是法国国籍，因此我们甚至不敢想象一个法国人对“遭遇滑铁卢”这个词语有什么感受，而在世界上大多数地方，这个词语或许根本没有任何意义。我们建议在多元文化对话中避免使用任何隐喻。既然隐喻是用来解释事物的，那么一定可以用简单的词语和明确的技术术语来解释相同的想法，而不是用隐喻来混淆它。我们可以用“失败”来代替“遭遇滑铁卢”。

(5) 慎用幽默语或反语。琼潘纳斯和汉普登-特纳[137]不建议使用反语，因为它与本意相反。他们还报告了不同文化的商界人士对幽默的不同看法。尽管幽默在一个相互理解玩笑界限的团队中可以起到很好的促进作用，但是我们建议在新的跨文化环境中严格限制使用幽默。

(6) 如果你认为“他们真傻”，那么你就会陷入无知。不同文化背景的人在一起开完会，我们会从一些参会者的评价中看出，他们认为其他参会者不胜任，或没有以正确的心态来处理手头的任务。通常，不同参会者之间的方法确实不同，但这并不直接意味着一种方法不如另一种方法。相反，能够找到不同的方法反而是一种优势，因为它扩大了解决方案的空间。我们已经发现，当文化发生冲突时，人们对什么是最直观方法的看法有所不同，我们建议认为“别人的方法很愚蠢”的人重新思考。认为“他们的方法不同”，这是与提出不同方法的人进行有效合作的第一步。如果你发现自己认为别人提出了一个愚蠢的方法，那么就要询问他们为什么要提出这个方法，而不是最后得出你不会去照办的结论。

(7) 阅读基辛格(Kissinger)的著作。在谈到拿破仑最后的失败时，我们要提到亨利·基辛格(Henry Kissinger)的《大外交》[76]这本书。尽管它讲述的是世界历史和政治中的多元文化现象，但它对一些应避免的典型的多元文化误解提供了一些见解。你可以感觉到基辛格在这本书中表达了自己的观点。如果你不同意该观点，那么这本书会训练你如何接受不同观点的存在，这是进行任何沟通，尤其是多元文化对话时一个不可谈判的先决条件。

最后，要记住我们需要多元文化和多样性来成功开展业务。未来跨文化沟通仍将是一个挑战，并不会一帆风顺，但只要我们坚持认为多元文化工作会比单一文化产生更大竞争力，我们就有希望激励自己与其他文化进行艰难但必要的对话。

21　展望：产品线工程出现后的世界面貌

迄今为止，每种方法都有它出现的时间以及被其他方法取代的时间。目前，我们看到产品线工程出现在不同的组织中，并且我们相信这些组织通过一次性设计整个产品线架构而不是设计某个单一产品架构来实现投资回报。我们相信，围绕产品线工程的研究将提供比我们今天所知道的更有效的产品线方法。

然而，需要意识到的是每一种方法都会在将来的某个时间点过时。这种情况迟早会出现在产品线工程中。接下来会发生什么呢？当然，我们并不知道，但是我们将在这里描绘一个场景，从这个场景开始讨论产品线工程的优缺点。

你见过生产产品线的厂家生产的博物馆机器人吗？你是否曾遇到过这样的情况，你认为同一组织生产的不同品牌的博物馆机器人看起来很相似吗？你见过昂贵的博物馆机器人吗？它们几乎和便宜的同类机器人一样，只是稍大一些而且易更换的零件是由更昂贵的材料制造而成的吗？我们也不知道。如果你见过这样的博物馆机器人或者能想象出它们的样子，那么问问自己：客户用这个会觉得舒服呢，还是会觉得被愚弄了？

想象一下，一家公司，如果其将所有的开发工作都投入到一项定制产品并只针对一个特定的细分市场，则可能搅乱整个市场。不鼓励重复使用模块，也不鼓励使用通用架构，只鼓励实现对细分市场的最佳匹配。如果该公司成功地做到了并成功售出最终产品，那么它至少有机会获得较高的全球市场份额。我们把这个产品称为全定制产品。

表 21.1 将该假设场景与可应用于同一细分市场的产品线场景进行了比较。当然，整个比较都基于高度假设，并忽略了自全定制产品业务到形成现实的用例而需要考虑的方方面面。我们展示这张表的目的并不是为了让任何人相信可以轻松成为世界市场领导者，而是为了用它来激励你们，亲爱的读者，去挑战当前的系统架构设计方法，如产品线工程以及本书中介绍的所有其他好概念。经过

深思熟虑，有充分的理由选择它们。

表 21.1　产品线工程与以全定制产品取得市场领先地位

判　据	赞同产品线工程的理由	赞同全定制产品的理由
规模效益	通过从不同细节市场采购相同的零件和组件来实现规模效益	通过变成全世界市场的主导并销售大量的产品来实现规模效益
对市场需求变化的反应	改变产品线范围的管理，仔细管理市场需求变化而引起的高成本	可在一个产品的范围内以敏捷方式处置新的市场需求，而不需要分析对整个产品线的影响
满足用户需求	在用户需求满足程度和可变性成本之间进行权衡	在用户需求满足程度和开发成本之间进行权衡
优化产品	优化与来自细节市场需求之间的最小偏离	按已给定的细节市场进行优化
用户满意	用户有在各种产品之间进行选择的权利	用户有在细节市场购买最好产品的选择权
重复使用零件和组件	产品线架构设计时已包容重复使用	全定制产品已在不同的细节市场取得成功并已显露出某些共通性之后，可确立重复使用

我们不知道产品线工程研究是否能满足不同细分市场和市场的具体需求。我们也不知道未来是否需要大批量的个性化产品，或者未来的买家是否要求大规模复制完全相同的产品构型，以便获得普惠性的廉价技术。

所有这些因素决定了系统架构设计在未来的竞争中结局如何。我们确信，无论结果如何，系统架构设计正成为成功销售更好产品的关键因素之一，一切都希望是在基于模型的系统架构设计的基础之上。

附录A 对象管理组织系统建模语言

对象管理组织系统建模语言(OMG SysML)[105]是基于模型系统工程的一种建模语言。它支持系统说明、分析、架构和设计以及验证和确认。SysML 定义模型元素的符号、语义和抽象语法(数据结构),以及作为模型视图的一组图表。这些图表主要集中在结构和行为图以及需求图(见图 A.1)。

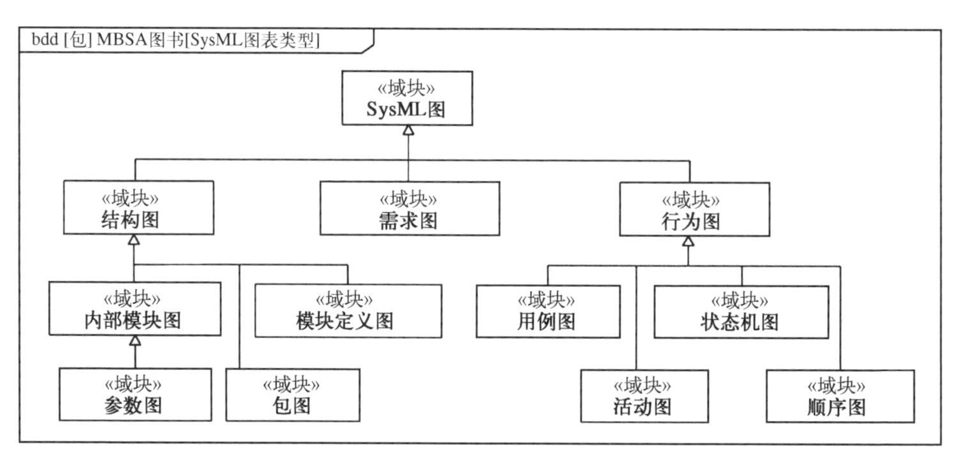

图 A.1 SysML 图表类型

SysML 以 UML 为基础[106]。这两种语言都由 OMG 定义和维护。2001 年,INCOSE 决定将 UML 作为系统工程的标准建模语言。那时,还没有针对系统工程的标准建模语言可供使用,而 UML 已广泛应用于软件工程和系统工程局部,并拥有工具、受过教育的工程师和 UML 最佳使用范例。为避免语言混乱,他们决定不向 UML 中添加系统工程透视图。相反,应开发一种使用 UML 概要文件扩展机制的新的建模语言。作为标准化过程的结果,2006 年发布了 SysML 1.0[105]作为一份 OMG 标准。在形式上,SysML 是 UML 的一个概要文件，即 UML 的一种特殊扩展(见附录 A. 5 节)，尽管它本身被当作一种独立的建模语言。

SysML 增加了 UML 中没有的新模型元素，如需求或者系统工程的特定元素，如模块。SysML 还从 UML 词汇表中删除了在系统工程中无用的元素，如软件工程的特定类或组件。

总之，SysML 比 UML 小得多。例如，SysML 只有 9 种图表类型，而 UML 有 14 种图表类型。下面，我们简要描述每种 SysML 图表类型。在参考文献[145,147]中有关于 SysML 和建模方法的详细描述。本章只给出了简要概述，不能替代关于 SysML 的完整书籍或培训。

A. 1　图表和模型

SysML 遵循模型与模型表示分开的原则，也称为“视图与模型”(见 7. 7 节)。该语言定义了语义和抽象语法(模型)、符号或具体语法以及一系列图表语法(视图)。SysML 图表信息(如元素位置或大小)与模型信息分开存储。图 A. 2 的左侧描述了抽象语法，比如“预约参观”用例，但未显示具体的语法。

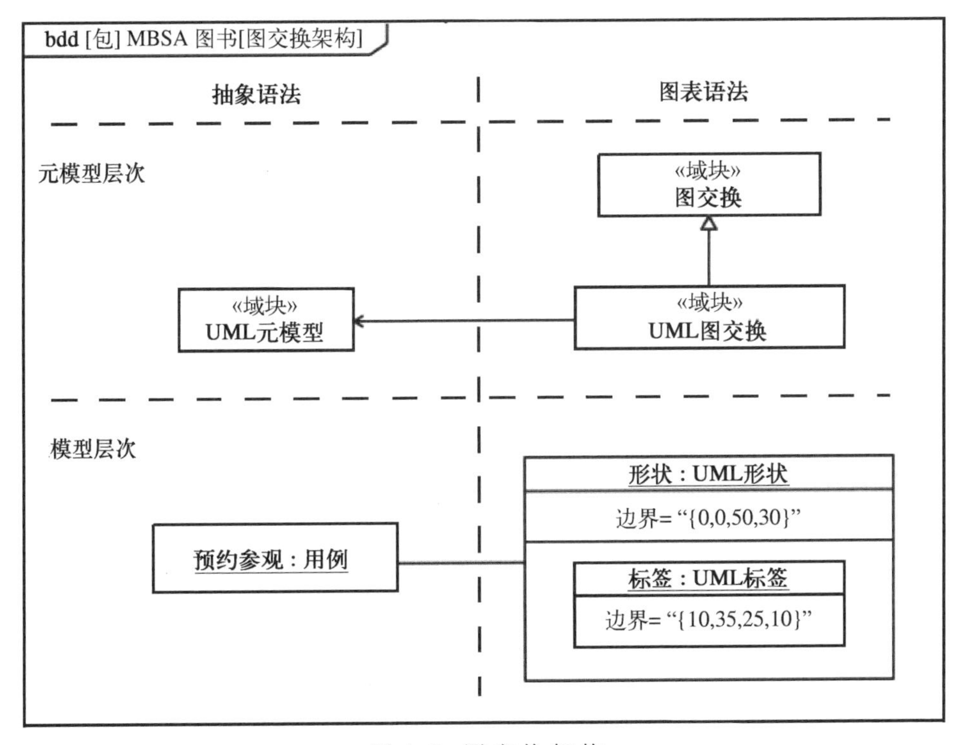

图 A. 2　图交换架构

图 A.2 的右侧显示了部分图表语法，即布局信息的标准化数据结构。

视图只显示模型建造者想要的信息。根据模型中存储的信息判断，它们并不完整。视图与模型分开是显而易见的，例如，在 Excel 之类的应用程序中，工作表中的数据是模型，图表则是关于数据的视图。作者直接在模型中编辑信息，而图表仅用于展示目的。

对于 SysML 而言，则有所不同。通常，模型建造者用图表而不是模型本身来创建和编辑信息。模型进入后台，主要制品是图表及其元素。因此，需要强调的是，SysML 图只是一个视图，真正的信息存在于模型中。

九种 SysML 图表类型是关于模型的标准视图类型。然而，不但不禁止而且明显需要创建更多的视图，例如 PDF 文档或电子表格。

SysML 图表标题遵循以下语法：＜图表类型＞［＜模型元素＞］＜模型元素名称＞［＜图表名称＞］。在图 A.2 中，图表类型为“bdd”（＝ 块定义图），指定的模型元素为一个包，即图表显示包的内容，包的名称为“MBSA 图书”，图表名称为“图交换架构”。

A.2 结构图

结构图是提供系统结构视图的一系列图表（见图 A.3）。结构图是表示系统结构方面的块图；模块图是指模块定义图和内部模块图。

包图显示模型的命名空间结构；参数图是一种特殊的内部模块图，显示系统值属性之间的参数关系。

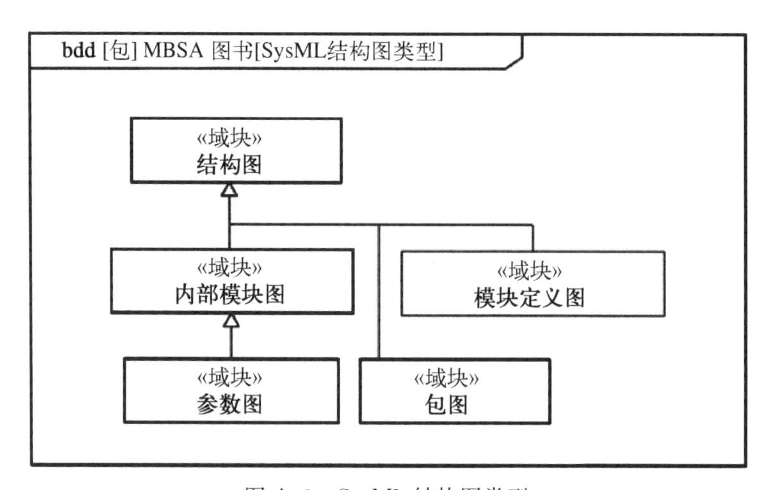

图 A.3 SysML 结构图类型

A.2.1　模块定义图

顾名思义，模块定义图描述了模块的定义，即物理或虚拟系统部件的蓝图。主要元素是模块本身，它定义了实体的结构和行为。模块具有值属性、操作、约束以及由其他模块定义的自有或共有属性。

图 A.4 描述了“博物馆机器人_定义”模块，“续航距离”“质量”值属性及其单位，质量约束和恢复博物馆机器人电池电量的“获取电量 y()”（单位：A·h）操作。模块的各个部件通常用组合关系定义，其形式是在该部件定义块的末尾有一个带箭头的定向关联，在该部件所有者的末尾有一个黑色菱形符号。图 A.4 给出了所属模块特殊分区中的部件。

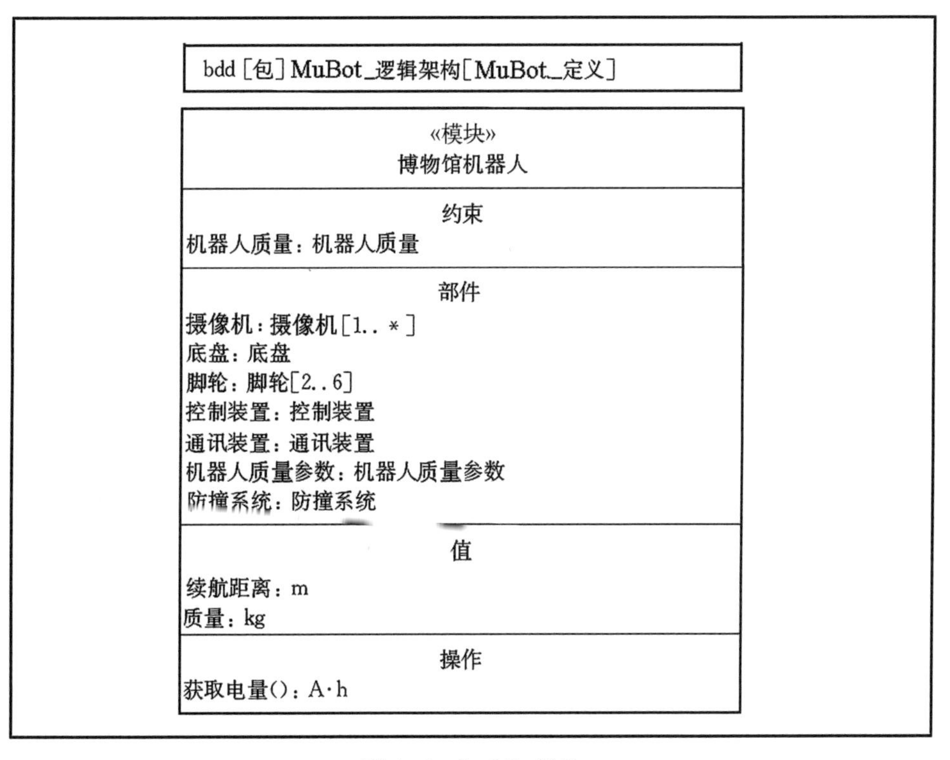

图 A.4　SysML 模块

图 A.5 给出了带有复合关系符号的博物馆机器人部件。

除关联外，模块定义图中的另一种常见关系是泛化。它是一条带有一个空心三角形箭头的实线。在图 A.5 的左上角，可以看到“虚拟参观服务器”与“虚拟博物馆参观服务器”之间的一种泛化关系示例。虚拟参观服务器是逻辑架构的一个元素，可以特化为基础架构的抽象虚拟博物馆参观服务器。泛化的方向与特化的方向相反。它取决于你的视角。抽象模块意味着模块的定义过于泛化，需要更多的信息来具体定义实体。由于泛化关系，虚拟参观服务器继承了抽象虚拟博物馆参观服务器的所有特征。简单地说，所有特征都从普通块复制到了特殊块。可重新定义继承特征。概括起来就是，这两种模块一起构成虚拟参观服务器实体的完整定义。

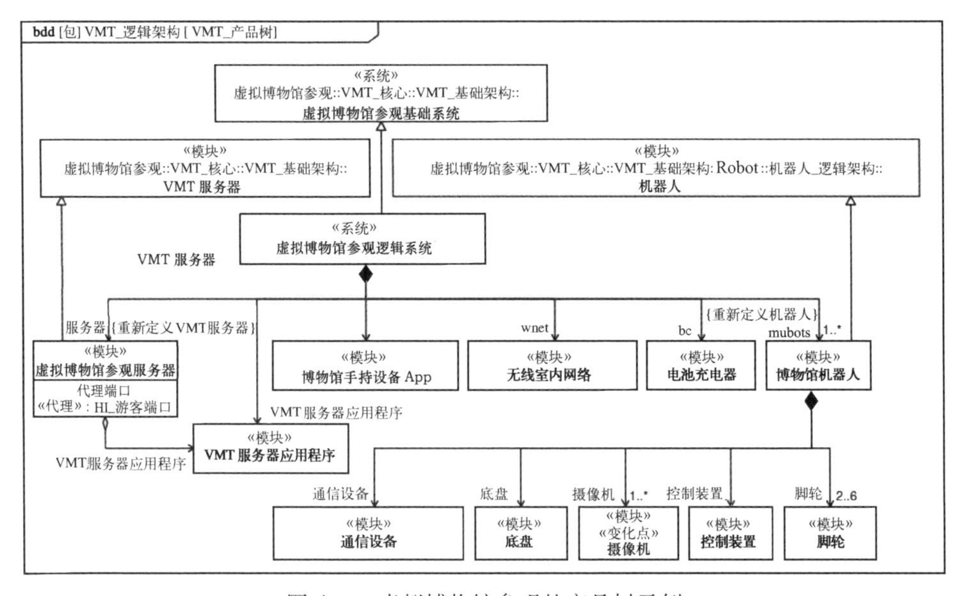

图 A.5 虚拟博物馆参观的产品树示例

模块定义图的两个常见应用是产品树和领域知识模型。产品树是系统的树状结构分解(见图 A.5)。该图主要给出系统块列表和层次结构。因此，每个块的细节通常是隐藏的。

领域模型定义了系统的领域知识(见 8.5 节)。图 A.6 所示为领域模型示例。图 8.9 示出更完整的图表。领域模型的块具有来自 SYSMOD 概要文件[145,147]的«域块»版型，将它们标记为特殊类型的块。块之间的实线是定义两端属性的关联。各属性与关联另一侧的块相关。关联按以下方式阅读："在任何时候，＜角色名称＞角色中的每个 ＜块＞ 都具有＜多重性＞＜块＞ 。"这个句子必须对域有意义。我们用图 A.6 中的例子来检验："在任何时候，预约参观角色中的每个用户都有任意次数的参观。"虽然这句话听起来有点别扭，但是它能讲得通。

图 A.6 中的“用户”块和“参观”块之间的关联定义了一个“用户”类型的具有多重性[0..*]“游客”属性和一个“参观”类型的具有多重性[0..*]“预约参观”属性。“游客”属性是“参观”块的引用属性，“预约参观”属性是“用户”块的引用属性。与上文所述的复合部件属性不同，引用属性不属于块。

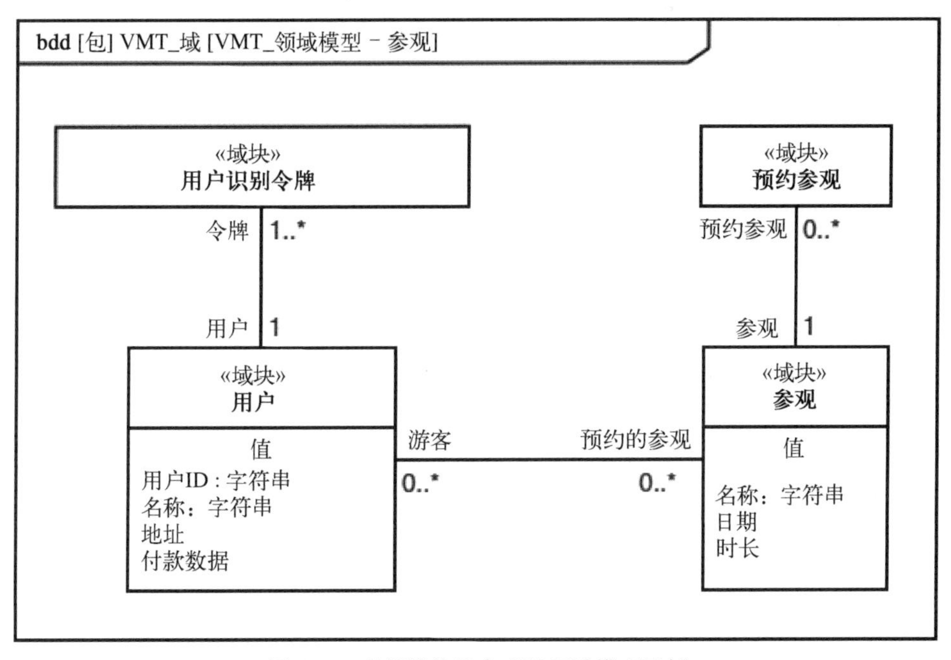

图 A.6　虚拟博物馆参观的领域模型示例

模块定义图的一个特殊应用是活动树。没有内部结构（动作、流、控制节点）的整个活动可以表示为类似于模块定义图中的块。它被描绘成一个带有活动名称和关键词«活动»的矩形。在具有组合关系的树状结构中对各项活动建模（见图 A.7）。活动树描绘的是一种调用层次结构，而不是像产品树一样描绘的是一种所属关系层次结构。

复合关系的语义说明黑色菱形一侧的活动通过一个调用行为动作调用另一个活动。它拥有被调用活动的执行实例。关联两端的活动类型属性为 SysML 修饰语属性（见图 A.8）。它们对相应调用行为动作所确定的属性值加以限制。活动的输入和输出参数可用关联关系来描述，如图 A.8 所示。

A.2.2　内部模块图

虽然模块定义图描述的是模块的定义，但是内部模块图显示的是模块的内部结构，也就是属性、各属性的关联以及属性之间的接口。

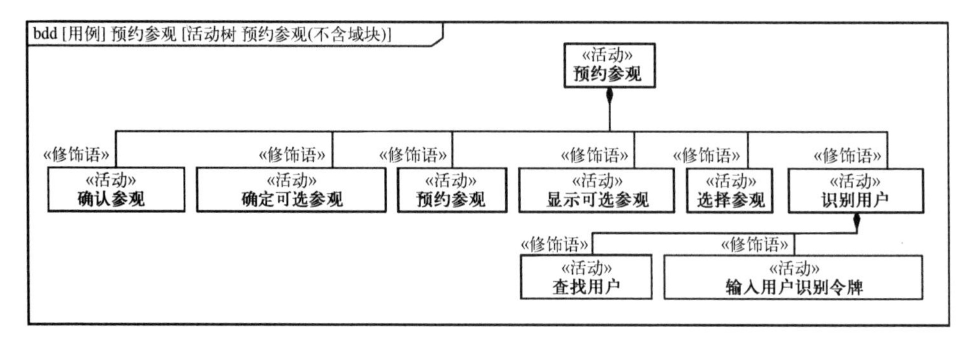

图 A.7　活　动　树

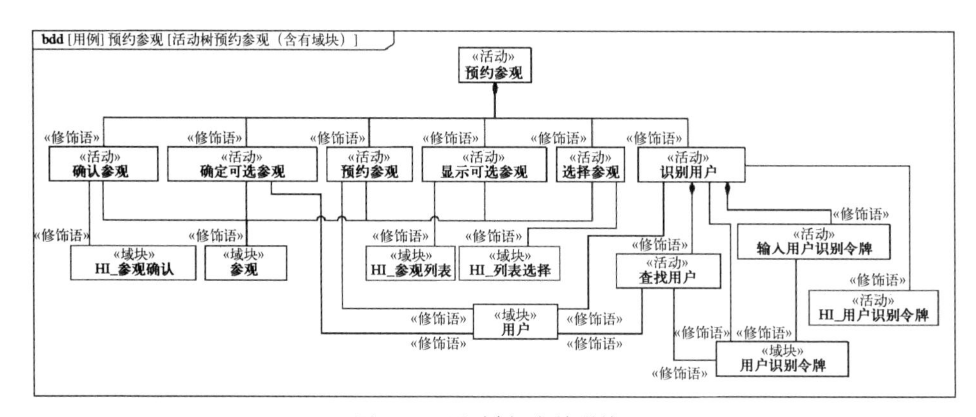

图 A.8　活动树(含关联块)

图 A.9 所示为内部模块图中 VMT 逻辑架构的一部分。图中的矩形是相应块的属性。图中的封闭块为“虚拟博物馆参观逻辑系统”，即逻辑架构的根节点，正如你在图的标题中看到的一样。附录 A.1 节中解释了标题的语法。图的外

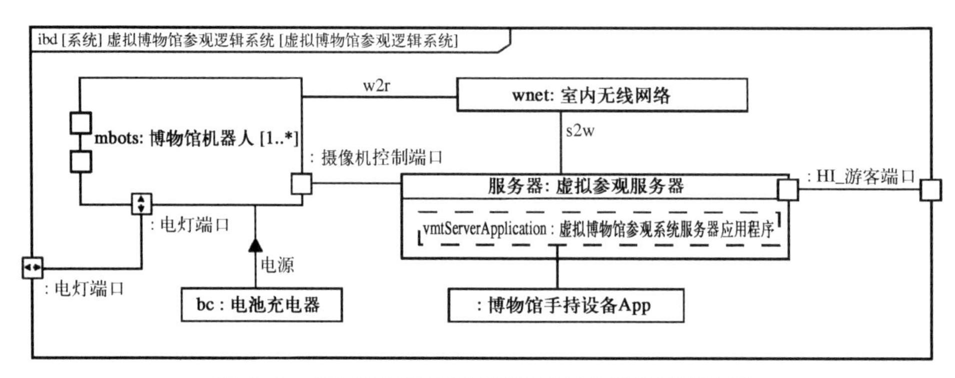

图 A.9　虚拟博物馆参观逻辑系统的内部模块图示例

框表示封闭块的边框。

块的属性在类型为块并定义为组合属性时也称为“部件”。例如，“mbots”是“虚拟博物馆参观逻辑系统”的一个部件。一个部件有一个名称(“mbots”)、一种类型(“博物馆机器人”)和一种多重性([1..*])。文本语法为“mbots：博物馆机器人[1..*]”。属性的定义如图 A.5 中的模块定义图所示。非复合属性(即所谓的引用属性)用虚线矩形表示。

属性之间的实线为链接器。它表示属性之间有某种项的交互或交换。链接器可以有名称，例如，图 A.9 中的“w2r”和“s2w”。

交换的各项可借助项流明确说明。它用一个指示交换方向的黑色三角形及其附近的一个项描述文本来表示。项是周围块的属性，或者只是流的类型。在图 A.9 中，项流规定电流方向从电池充电器(battery charger，BC)流向博物馆机器人。

属性矩形边框上的小矩形表示端口。它们是特殊属性，在属性的对应块上定义，表示块与环境的交互点，即接口。与属性类似，端口类型也有一个名称和一个块组成。块定义流经端口的属性以及所提供和所要求的结构和操作。用方向(“流入”“流出”和“双向”)指定流属性，若有提供(“prov”)或请求(“reqd”)，则就会指定操作之类的特征(见图 A.10)。

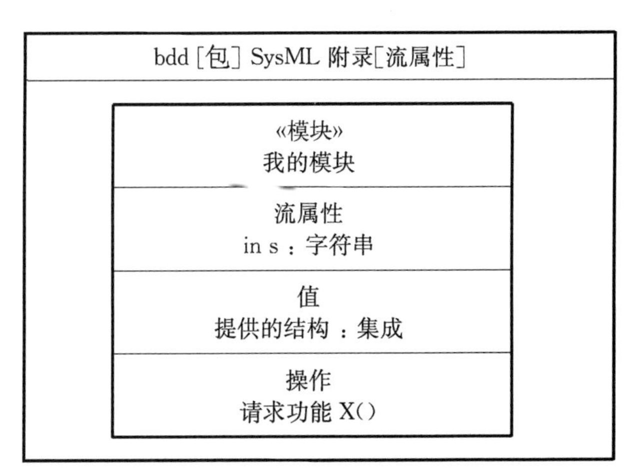

图 A.10　流属性和提供的/请求的特征

SysML 在完整端口和代理端口之间做出区分。完整端口类似于位于封闭块边框上的部件。它表示物料清单(bill of material，BOM)中的一个真实元素，是封闭块的接口。完整端口用关键词«完整»表示。

代理端口是一个占位符，表示封闭块边框上的内部部件。它只是一个占位符，不是 BOM 元素。也可用代理端口和内部部件来为完整端口的语义建模(见图 A.11)。

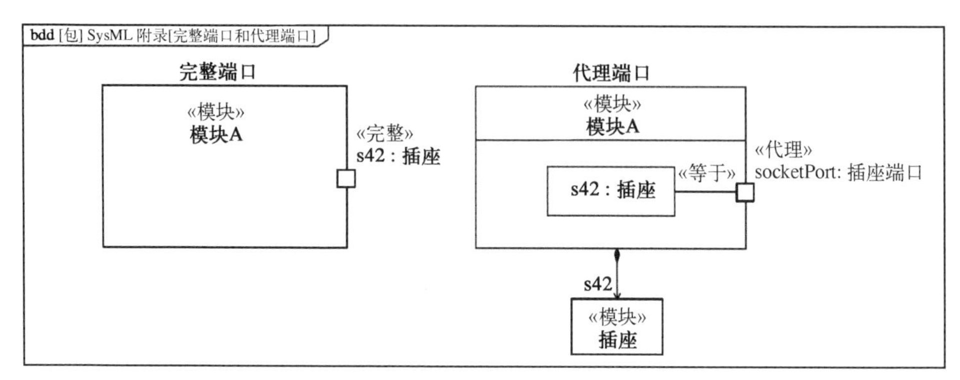

图 A.11　完整端口和代理端口

代理端口与内部部件之间的链接器为绑定链接器。它规定链接属性的实例相同，也就是说，占位符代理端口总是表示真实元素。实际上，绑定在链接器上的关键词«等于»经常省略。

我们建议只使用代理端口，而不使用完整端口。用代理端口代替和恰当的内部部件来替代各完整端口，如图 A.11 所示。但是通常都需要在模型中使用代理端口显示模块边框上的深嵌套接口。图 A.9 显示了系统块“虚拟参观逻辑系统”边框上的代理端口，表示内部部件接口。系统要素本身没有真正的接口。如果你的模型中未使用任何完整端口，可在图中的代理端口省略关键词«代理»。它并不会引起歧义。注意，它是代理端口的信息仍然存在于模型中。仅仅是在图中省去了«代理»这个关键词。

代理端口也可以是所谓的行为端口，而不链接到内部属性。这意味着到达端口的任何请求都由该端口所属块的内部行为来处理。图 A.12 中内部功能部件上的端口是行为代理端口。行为端口在封闭块中可能有一个附加的小状态符号，并由一条实线链接到端口。我们在图 A.12 中未使用这个符号。

图 A.12 中“用户管理 IO”部件上的端口 cid 为共轭端口，由端口类型前的波浪符号(～)表示。共轭端口可反转端口类型的特性和流属性方向，也就是将“流入”转换为“流出”，“提供的”转换为“请求的”等。

图 A.13 给出了一些类型的代理端口。它们是接口块，说明提供的和请求的操作和属性以及流属性。它们只是接口规范，并不代表真实实体。用户接口是一个特殊的接口块。«用户接口»是一个 SYSMOD 概要文件的版型，用于标记说明人机交互的人机接口[145,147]。为确保行为端口的所属块能够执行行为，块是有关接口块的特化(见图 A.13)。泛化关系中的版型«共轭»不是 SysML 的一部分。SysML 不提供共轭类型的泛化。共轭泛化反转了所有继承特征的方向。

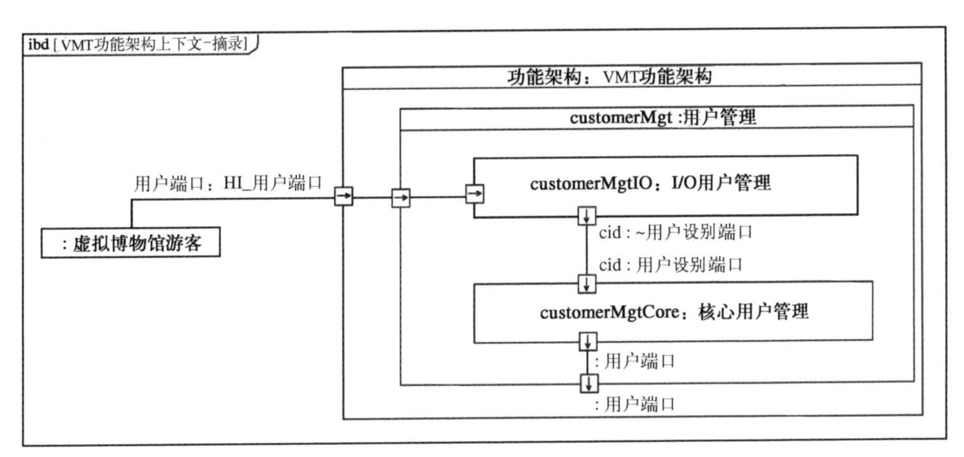

图 A.12　功能架构中的行为代理端口

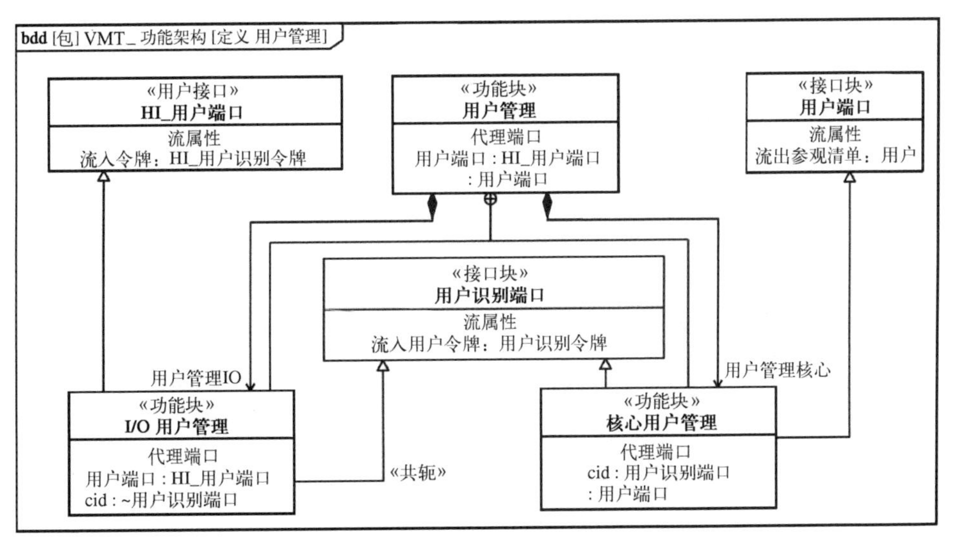

图 A.13　接口块特化

A.2.3　参数图

参数图描述系统属性值之间的关系。不得在同一块中定义多个属性。然而，参数图是一个特殊的内部模块图，有关封闭块必须能够访问属性。通常，它是产品树中的第一个公共属性节点，或者是额外创建的上下文块，表示约束的上下文块。

在图 A.14 中，封闭块为 VMT 上下文的元素。它是产品树中访问博物馆机器人属性和博物馆展览属性的最低节点，是我们系统的一个系统参与者。

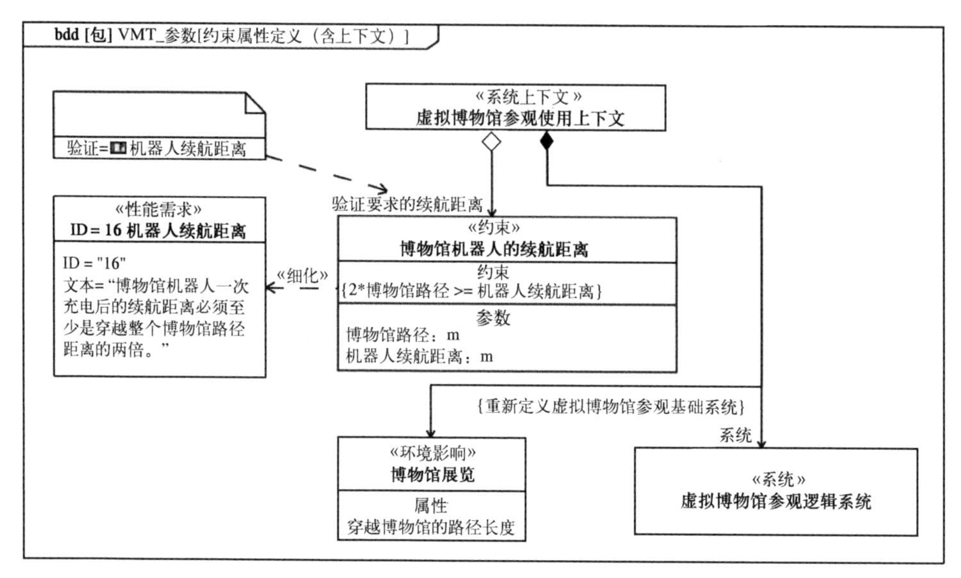

图 A.14 约束属性定义

与在内部模块图中类似，属性值用矩形表示。参数关系是模块定义图中定义的约束块的一种使用情况。约束块定义约束及其参数。图 A.14 给出约束块"博物馆机器人的续航距离"，其细化为文本要求"续航距离"。约束块的名称上方标有 SysML 版型名称«约束»。在标题为"参数"的特殊区间定义约束参数。

图 A.15 是描述约束块"博物馆机器人续航距离"使用情况的参数图。参数图中约束矩形内的正方形表示约束块的参数。参数和属性值之间的实线是一个

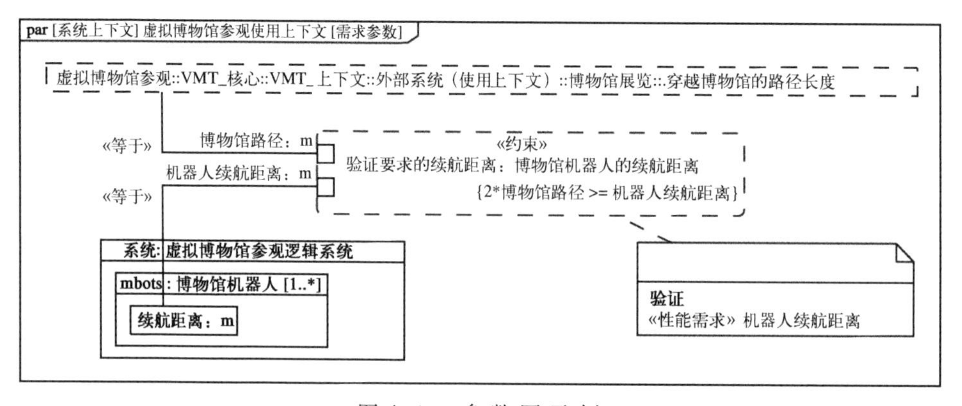

图 A.15 参数图示例

绑定链接器，表示两端的值是相等的。如果方程可解，则可以用建模工具计算未定义值。例如，你可以通过调整穿越博物馆的路径长度参数来计算博物馆机器人的最小续航距离。

图 A.15 中约束块“验证要求的续航距离”使用情况可验证模型中的要求。SysML 有一个可进行显式建模的验证关系。它是一条带有空心箭头和关键词«验证»的虚线。图 A.14 描述了另一种标注符号。如果只显示其中一个相关元素，则可以显示验证关系的信息。

A.2.4 包图

包提供了一种通用的模型组织功能。通常，一个模型由成百上千个元素组成。必须合理安排这些元素的结构，以得到更好的概览，以便与若干人员一起在单个模型上工作，并能够在其他模型上重复使用这些部件。包就像是硬盘上用来整理文件的目录。与文件浏览器类似，建模工具有一个模型或项目浏览器，用来显示模型的包结构(见图 A.16)。模型浏览器中的树状表示法不是 SysML 的一部分。相反，SysML 提供包图用来显示包及其关系。

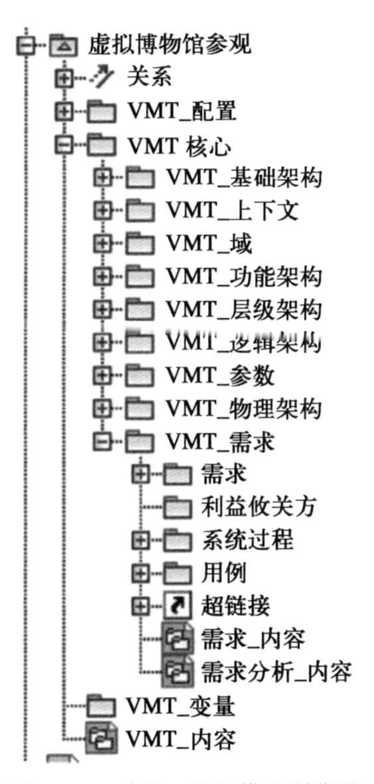

图 A.16 建模工具的模型浏览器

图 A.17 给出了 VMT 模型的顶层包和概要文件的应用(见附录 A.5 节)。带三角形的包符号表示模型。它是一个类似于包元素的 SysML 模型元素。

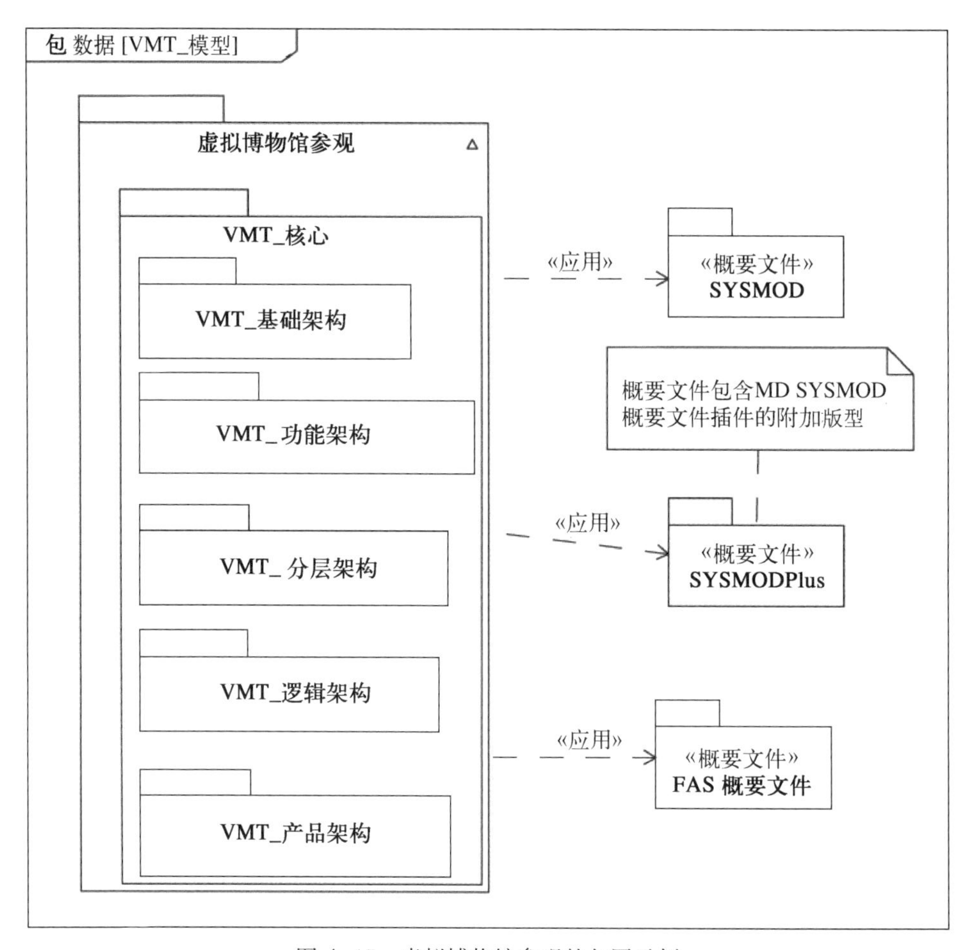

图 A.17 虚拟博物馆参观的包图示例

嵌套包可以显示在所属包中(见图 A.17)。若要显式地表明嵌套关系,则可用树状符号来显示包(见图 A.18)。

A.3 行为图

行为图显示系统的行为方面(见图 A.19)。活动图显示面向流的行为、状态机图显示面向事件的行为以及序列图显示面向消息的行为,但用例图是一个例外。严格地说它不是一个行为图,而是一个结构图。它不显示如何指定行为,而是显示顶层系统行为列表。无论如何,SysML(和 UML)仍将用例图归类为一

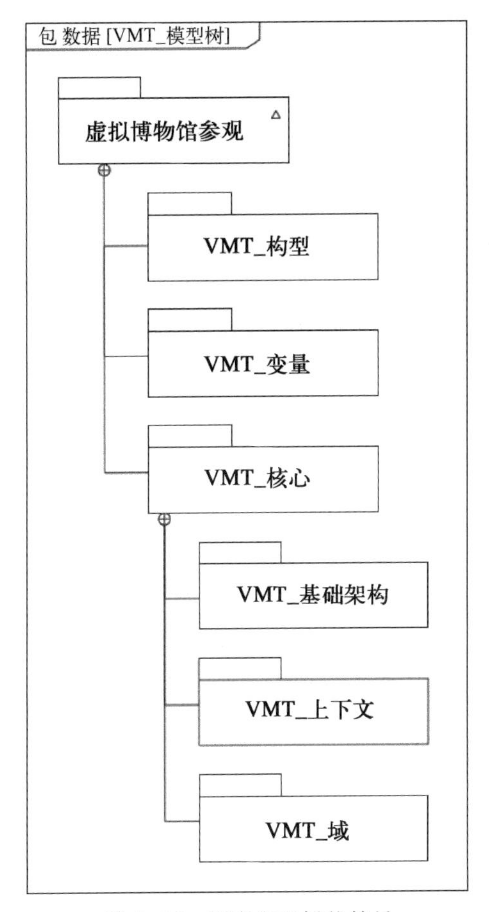

图 A.18 嵌套包的树状符号

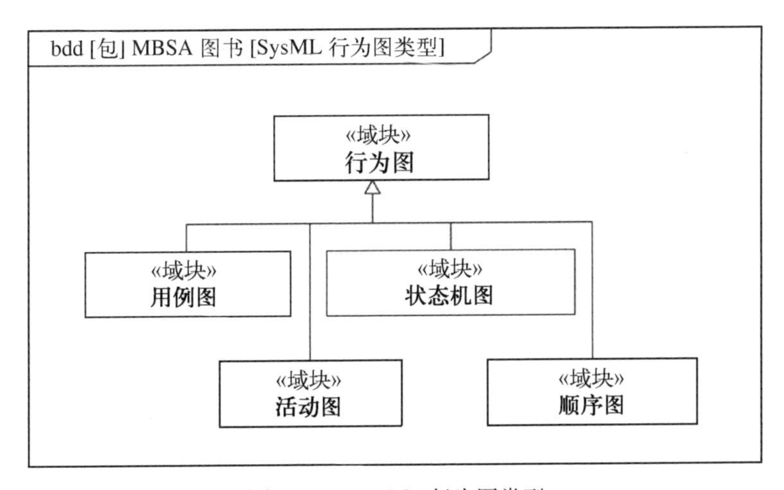

图 A.19 SysML 行为图类型

种行为图。这是一个小问题，不值得为此费力地更改规范从而影响建模业界。

A.3.1 用例图

用例指定一系列行动，产生对系统参与者或利益攸关方而言是有价值的并可看到的结果。用例图显示用例及其相关参与者，以及该用例与其他用例的关系。通常，用例指定的行为用活动来描述(见 8.3 节)。

图 A.20 为一个用例图，显示我们的示例系统 VMT 参与者“虚拟博物馆游客”的某些用例。人形图标表示参与者。它是 SysML 中参与者的标准符号。然而，可以使用其他符号来使不同类别的参与者可视化。如常用立方体符号表示外部系统之类的非人参与者。版型«用户»是 SYSMOD 概要文件的一部分，不是标准的 SysML 元素。

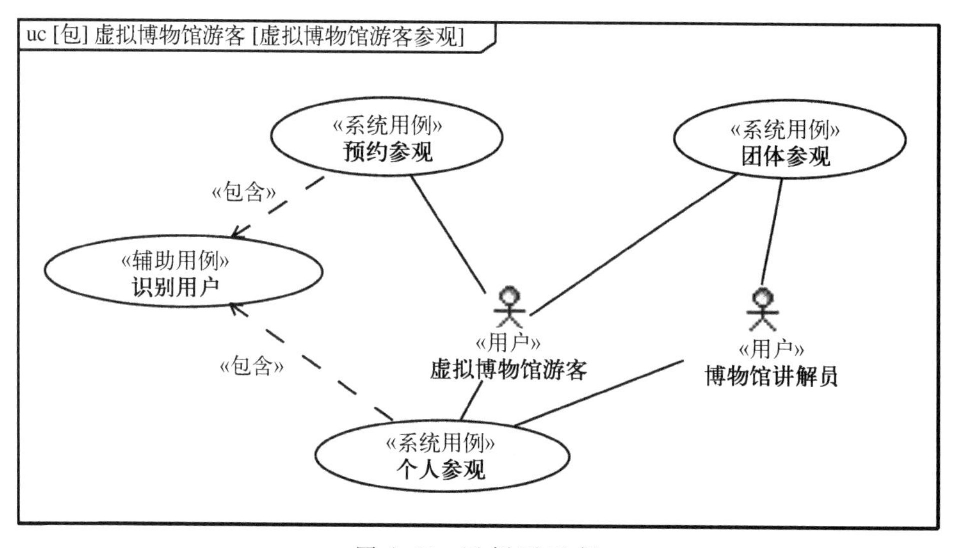

图 A.20 用例图示例

参与者通过关联与用例相连接。所用的是实线，其指定参与者参与由用例所描述的行为。它与块之间使用的关系相同。

«系统用例»«辅助用例»和«连续用例» 是 SYSMOD 概要文件的版型，用于用例类型分类，不属于 SysML 的一部分。有关如何使用这些特殊用例类型的描述，请参见 8.3 节。

图中虚线箭头和附加关键词«包含»描述的包含关系指定目标用例包含在源用例中。可用这一关系对用于多个用例中的那些用例建模，以避免冗余。这意味着包含用例的行为也是包括用例行为的一部分。

A.3.2　活动图

活动是一种特殊行为,指定执行顺序以及动作输入和输出。活动图准确描述一项活动。动作顺序由控制节点(例如分叉节点或决策节点)和控制流指定。动作的输入和输出之间的关系由对象流指定。

活动的常见应用是用例行为规范。图 A.21 为虚拟博物馆参观用例活动"预约参观"的活动图。两条水平线表示活动分区,根据给定的判据对被包含动作分组。模型建造者可定义任何类型的判据,这里的判据是输入/输出逻辑与核心逻辑分开。

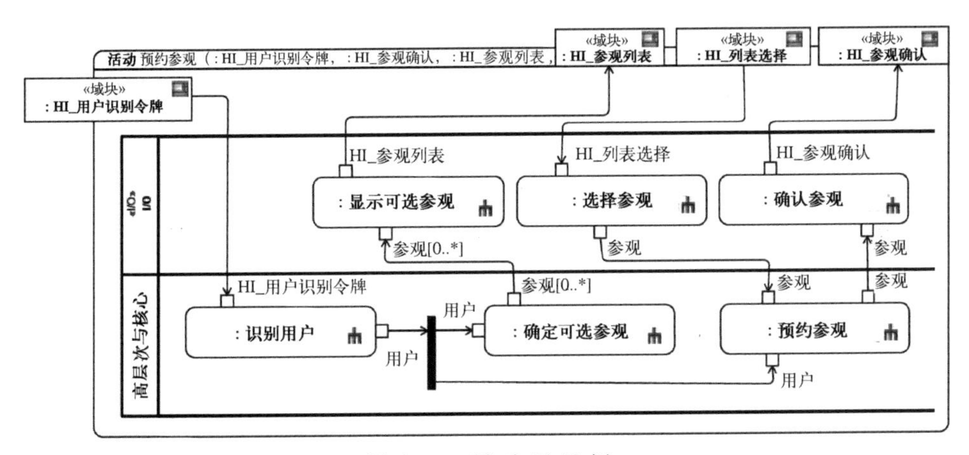

图 A.21　活动图示例

活动图边框上的矩形表示活动的输入和输出参数。动作边框上的小矩形是输入和输出引脚,表示动作参数。

动作是原子级的行为,未在模型中做进一步描述。SysML 用一种正式的方式定义若干动作类型,从而能够为它们提供一个共同的模型执行环境并运行模拟。为了填补 SysML 与 UML 规范中的一些空白,OMG 发布了可执行 UML 模型基本子集(FUML)的语义[108],细化了 UML 的动作定义。

若你不执行模型,那么只有几种动作类型是相关的。不透明动作指定以任意语言定义的某个行为。除了编程语言等形式语言之外,也可以是英语之类的自然语言。图 A.22 所示为含有不透明动作"识别用户"的活动图摘录。描述语言为英语。除了描述以外,还可以给动作指定一个名称,避免在图中使用编程语言代码,更便于模型读者阅读。在图 A.22 中,名称与描述相同。注意,我们建议使用调用行为动作。另请参见 8.4 节。

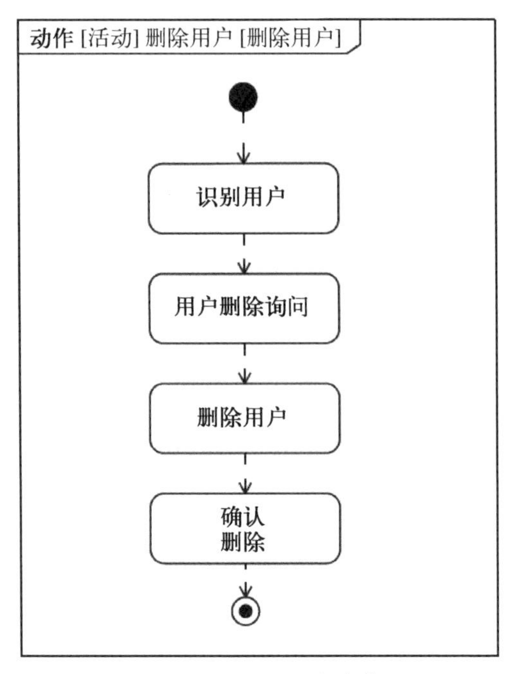

图 A.22 不透明动作

图 A.21 中的动作是调用行为动作。它们可以调用另外一种行为。通常调用的是另外一个活动,但也可以是某状态机或不透明行为。调用行为动作的右下角有一个小叉形符号。

你有时需要用动作来指定信号的发送或接收。这些动作称为接收事件动作和发送信号动作。图 A.23 描述的活动有三个接收事件动作“每分钟”“关闭”和“传感器数据”以及一个发送信号动作“通知”。启用后,该活动会“每分钟”侦听

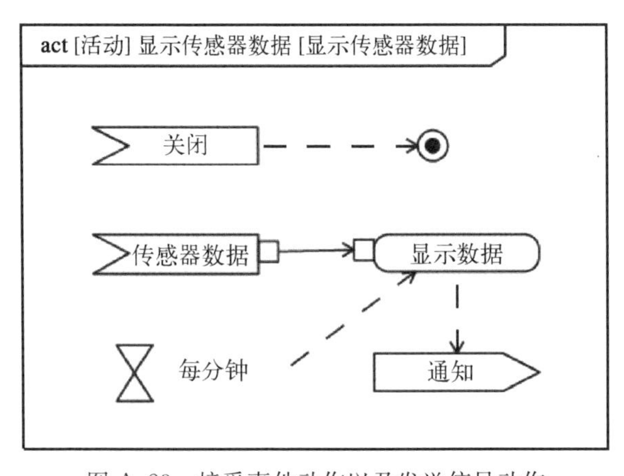

图 A.23 接受事件动作以及发送信号动作

传感器数据、关闭信号和定时器信号。接收定时器信号的接收事件活动有一个像沙漏一样的特殊符号。每当活动收到传感器数据时或当来自定时器信号的对象流上有令牌时，数据就以某种方式显示出来。最后，活动发送一个通知信号。未在图中示出信号接收者，而是在模型中指定。当活动收到"关闭"信号时，活动终止节点(黑色圆点，外面有个黑色圆圈)将终止整个活动的执行。

图 A.21 中的黑色加粗垂直线表示一个分叉节点。它是一个特殊的控制节点，将一个输入流分成两个或多个输出流。后面的两个动作独立执行，并得到两个相同的输入对象。

SysML 为活动建模提供了更多的元素。我们仅为系统大多数流行为的建模提供基本的元素集合。有关活动建模的更多信息，请查看参考文献[145,147]。

A.3.3　状态机图

状态机通过有限的状态转移指定离散行为。它表示某个实体的各种状态以及状态之间的转换。状态机图描述一个单一状态机。

图 A.24 示出 VMT 示例中的博物馆机器人状态机。带输出箭头的黑点是

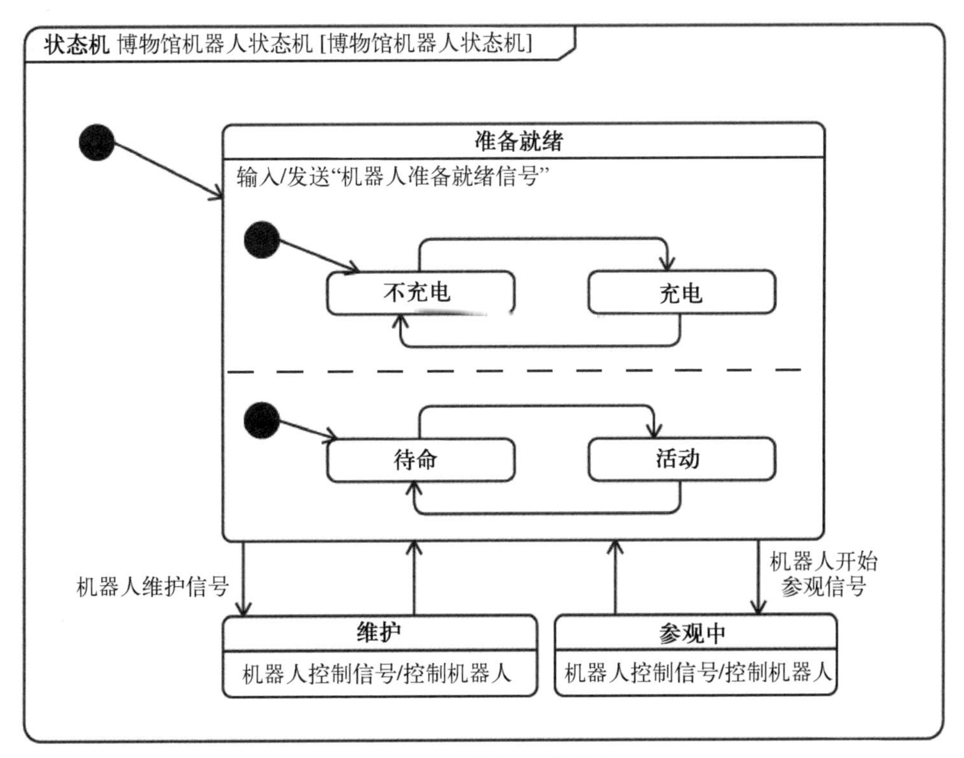

图 A.24　状态机图示例

初始状态，指向执行状态机时将处于活动状态的第一个状态。博物馆机器人的第一个状态是“准备就绪”。“准备就绪”状态有一个输入行为。当输入该状态时，总是会立即执行该动作。还可以定义刚好在离开该状态之前执行的退出行为。

如果机器人收到“机器人开始参观信号”，即“触发”适当的输出状态转换，那么机器人进入“参观中”状态。只有在这个状态和“维护”状态，机器人才能对“机器人控制信号”做出反应，采取“控制机器人”的行为。它是一种内部状态转换，即在转换期间不离开相应的状态。每个状态可能都有对状态行为细节建模的子状态。

“准备就绪”状态在两个正交区域有若干个子状态。这两个区域由一条虚线隔开。在执行状态机期间，一个区域只有一个活动状态。例如，博物馆机器人可以同时处于“准备就绪::充电”和“准备就绪::待命”状态。不允许对从一个区域到另一个区域的状态转换建模。除了这一形式规则之外，区域之间进行转换在概念上也没有意义，因为它们表示正交概念。

A.3.4 顺序图

顺序图显示系统要素之间的消息交换。通常，尽管顺序图可对替代方案、循环和并行消息交换进行建模，但是它只显示一个或少数几个场景，而不是像活动图（见 A.3.2 节）那样显示所有可能的路径。然而，当你集中使用这些元素时，顺序图会变得非常混乱。顺序图的应用领域是实例测试场景、示例场景或元素间通信协议的详细规范。

与活动图显示活动模型元素和状态机图显示状态机一样，顺序图描述交互模型元素。

图 A.25 是 VMT 顺序图的一个示例。它显示控制服务器和博物馆机器人之间的信息交换。“虚拟参观服务器”向机器人发送“机器人”开始参观信号。机器人回复“机器人确认信号”。然后，参观服务器调用机器人执行一个操作，引导机器人来到初始位置。机器人再次使用“机器人确认信号”来确认命令。最后，机器人到达指定位置时，回复“机器人已到达信号”。如果发生错误，那么机器人发送“机器人错误信号”并附有错误代码。“机器人已到达信号”和“机器人错误信号”这两个消息外围的矩形框是一个组合片段，用于对交互操作符（如循环或中断）建模。这里，在组合片段左上角有关键词“alt”，表示这是二择一的信息。

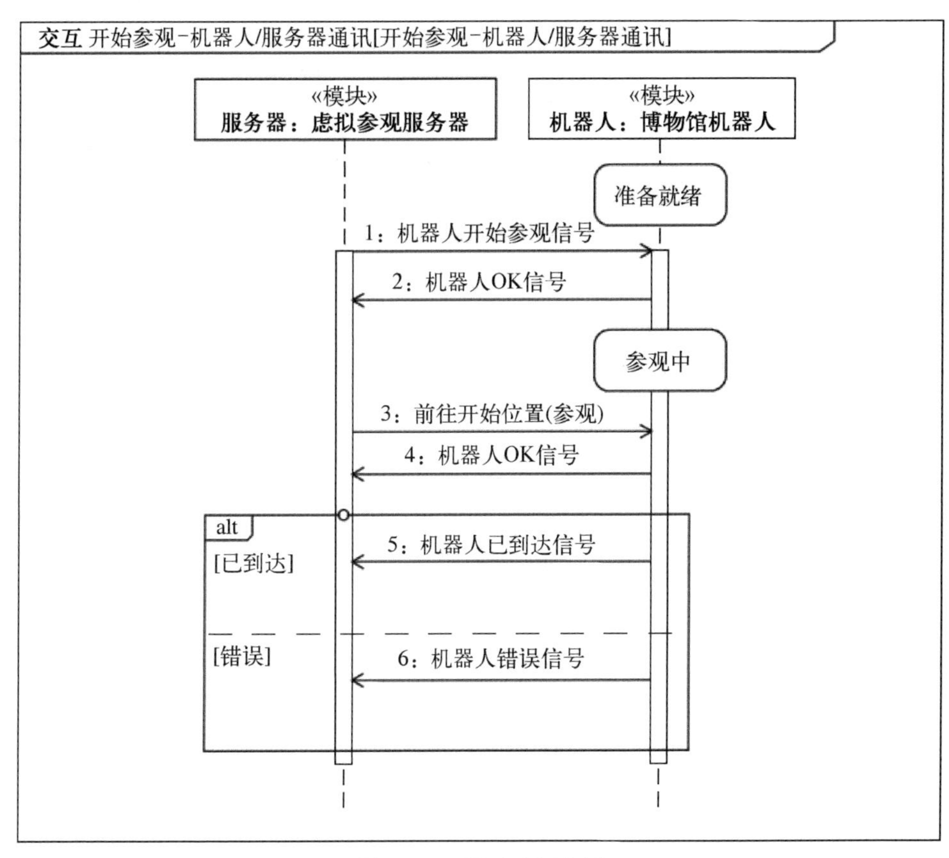

图 A.25　顺序图示例

带有垂直虚线的矩形称为生命线。它们代表一个沟通对象，是使用层次的一个元素(见 7.4 节)，如块的部件属性。生命线上的矩形表示相应的生命线所代表的对象是活跃的。箭头表示消息。异步消息有一个空心箭头(见图 A.25)，同步消息有一个实心箭头。

可以通过在生命线上显示有关状态符号来显示对象的各自状态，如图 A.25 所示。

A.4　需求图

需求图既不是结构图，也不是行为图。它属于特有的图表类型(见图 A.1)。

同样，在 SysML 中，也用文本指定需求。虽然你使用的是图形建模语言，但是并非所有的需求描述文本都可以转换成线条和方框。需求文本包含在 SysML 模型元素“需求”中。此外，该模型元素还会存储需求名称和唯一标识符。采用的需求方法可以添加具体的需求属性，如优先级或稳定性。它们不是标准 SysML 的一部分，可使用版型原理予以添加（见附录 A. 5 节）。

有许多关系可用来将需求与其他需求或其他模型元素联系起来。例如，某个块可以满足某个需求，某个测试用例可以验证某个需求，某个需求可被其他需求分解，某个需求可被某个用例细化或者与其他需求有追溯关系。

需求用带关键词«需求»的矩形表示。图 A. 26 为一个简单的需求图。需求图只对可视化顶级需求关系或者关注非常重要的方面有用。SysML 提供了通常用于需求的表格表示形式。图 A. 27 为虚拟博物馆参观的需求表。

SysML 还提供了一种矩阵表示法来可视化模型元素之间的关系。图 A. 28 给出了功能需求和非功能需求之间的关系。

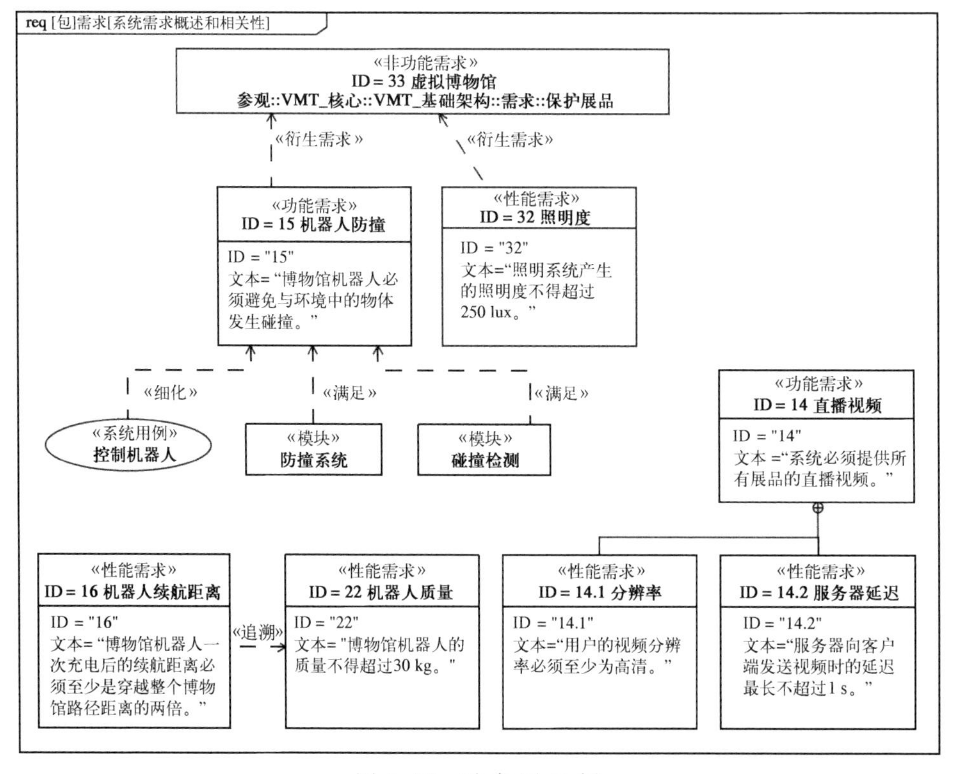

图 A. 26 需求图示例

ID	名　称	文　本
2	直播视频	系统必须提供所有展品的直播视频
6	机器人防撞	系统必须避免机器人与环境中的物体发生碰撞
7	机器人续航距离	机器人在一次充电后至少行驶 1 km
8	机器人速度	机器人的最大速度须达到 8 km/h
9	分辨率	用户的视频分辨率至少为高清
10	服务器延迟	服务器发送视频时的延迟最长不超过 1 s

图 A.27　需求表示例

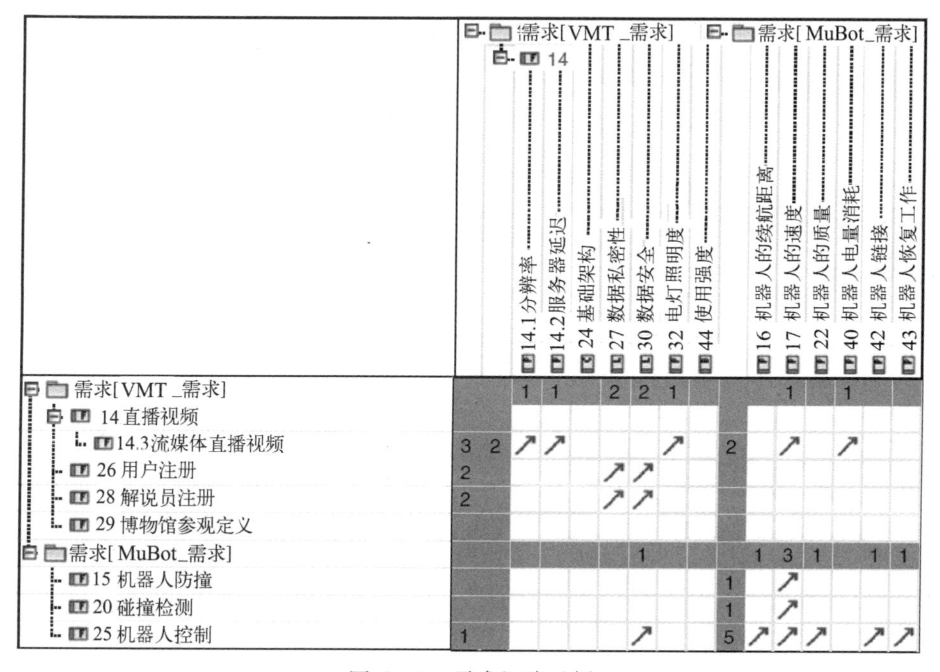

图 A.28　需求矩阵示例

A.5　使用概要文件扩展 SysML

SysML 是一种通用语言，可用于任何类型技术系统。因此，SysML 提供了通用的模型元素，不特定用于某个领域、方法或系统架构。SysML 知道需求，但是不知道是功能类需求还是性能类需求。SysML 知道块，但是不知道系统层次结构(如系统、子系统、单元、模块或区段)。

实际上,你需要一组更专门化的模型元素,用于你的特定用途。SysML 提供了一种扩展机制,将那些新的模型元素导入语言。你不能从零开始定义新元素。它们必须基于现有 SysML 元素,再进一步指定其语义。由于 SysML 也是 UML 的一个扩展,所以基本元素必须是 UML 模型元素集中的一个的元类。有关详细信息,请参考专门的 SysML 或 UML 文献,例如参考文献[145,147]。

模型元素版型将新的元素添加到模型语言。它有一个名称,与现有 UML 基本元素具有扩展关系,或与某个 SysML 版型或其他版型有泛化关系。版型可定义模型元素的更多属性(有时也称“标签值”)和一个新图标。用自然语言半正式地或用约束(例如可计算的 OCL)正式地描述版型的语义,也就是新的模型元素。图 A.29 示出来自 SYSMOD 概要文件的版型“加权满足”[145,147]。它特化 SysML 构造型“满足”,并增加一个属性来指定满足的覆盖率。如一个系统块满足 60%需求,另一个块满足其余 40%需求。SysML 版型“满足”特化 SysML 版型“追溯”,SysML 版型“追溯”特化 UML 版型“追溯”,UML 版型“追溯”扩展 UML 元类“抽象”。

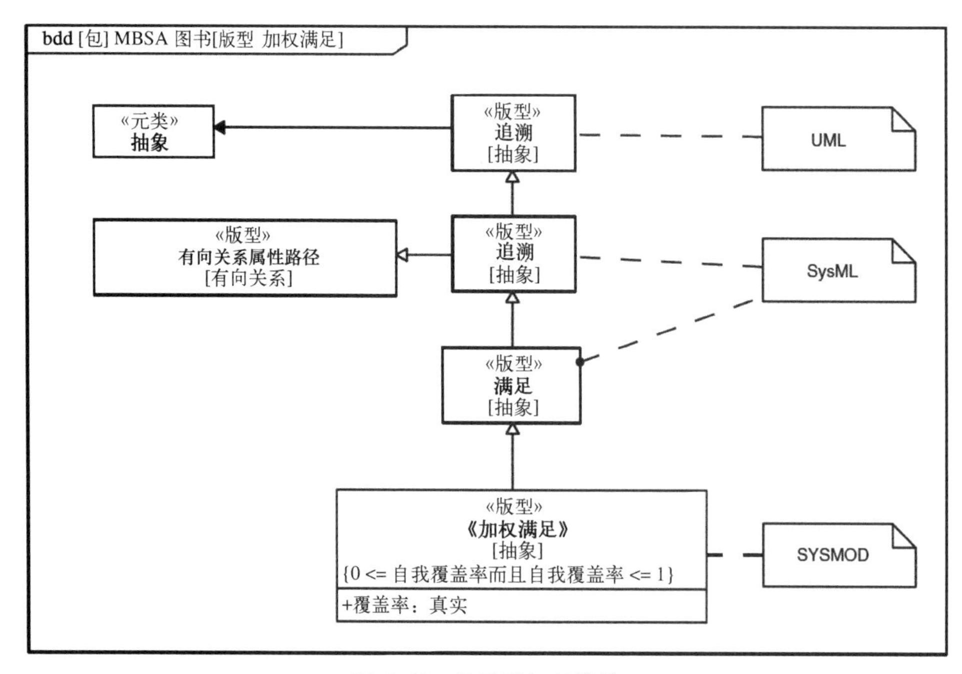

图 A.29 构造型加权满足

概要文件是一个含有一组版型的特殊包。例如，SYSMOD 概要文件，其含有对于使用 SYSMOD 方法创建的各种模型都是有用的所有版型[145,147]。概要文件与概要文件应用关系一起应用到模型中，从而能够在模型中使用概要文件版型。图 A. 17 所示为 SYSMOD 和 SysML 的概要文件在虚拟博物馆参观模型中的应用。注意，如附录 A. 6 节所述，SysML 在形式上是 UML 的概要文件。

A. 6　语言架构

SysML 被视为一种完整的建模语言。而在形式上，它只是 UML 的一个概要文件。版型对 UML 元素进行扩展，以描述系统建模的具体需求。例如，UML 没有用于需求或系统块的模型元素。由于 UML 主要用于软件系统建模，它提供的许多元素不适合系统建模，因此 SysML 只是重复使用了 UML 中的某个子集。总之，SysML 是一种规模比 UML 小的建模语言(见图 A. 30)。

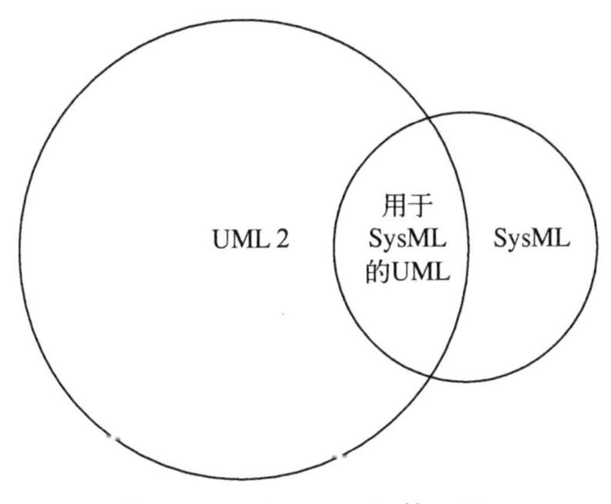

图 A. 30　用于 SysML 的 UML

图 A. 31 给出了 SysML 与有关建模环境包的关系。SysML 概要文件导入 UML2 元模型和标准概要文件。标准概要文件是在 UML 规范中指定和常用的一系列版型。SysML 版型扩展 UML2 元模型元素，或者特化来自标准概要文件中的版型。例如，SysML 追溯关系是来自标准概要文件中追溯版型的特化。

SysML 还定义了一些模型库。“QUDV”模型库提供了有关数量、单位、维度和值的元素。“ISO 80000”模型库提供了相应 ISO 标准的基本单位。

“原始值类型”库包含值类型“实数”“整数”“复数”“字符串”和“布尔值”。

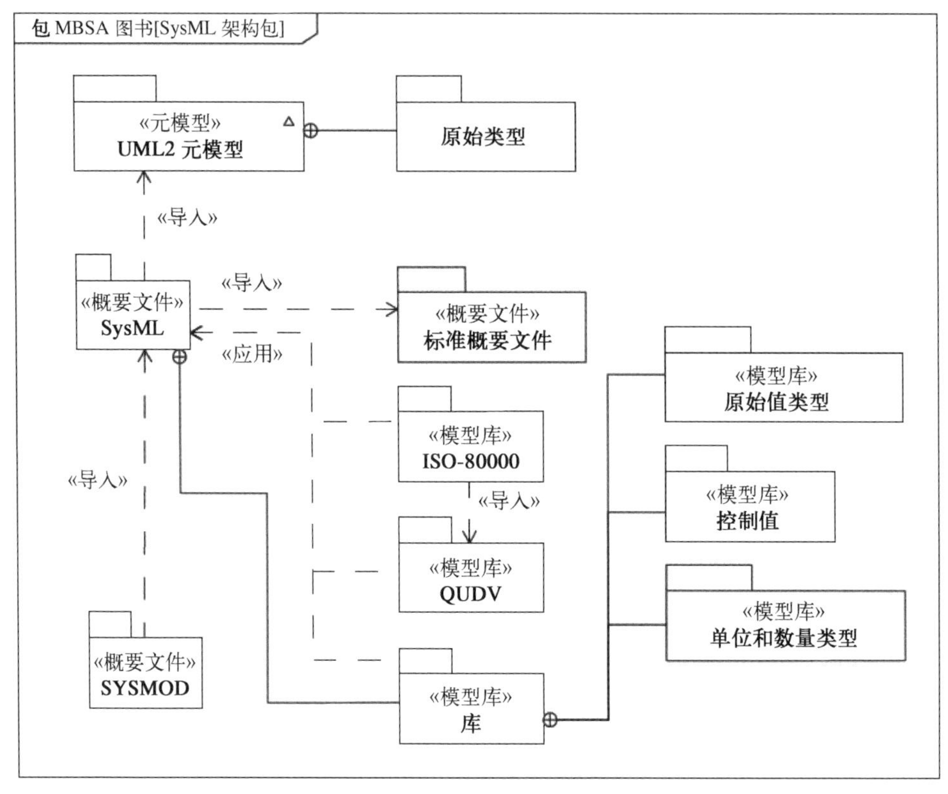

图 A.31 SysML 与 UML

“控制值”库包含用于活动建模的特殊元素，模型库“单位和数量类型”用于定义确定单位及数量的类型。

附录B　V　模　型

如今，在所有系统开发环境中系统工程 V 模型几乎无处不在，它具有标志性的地位。V 模型(也称"系统工程 V 模型")，它强调以一种相当自然的解决问题方法。从粗粒度级别开始，将问题分解为可管理的块。最终解决方案从细粒度级别集成到初始级别。在每个分解级别(层次)上，都可以将解决方案或部分解决方案与问题或问题的有关部分进行比较。该模型的简易性(见图 B.1)容许有多种预测，并导致多种解释。

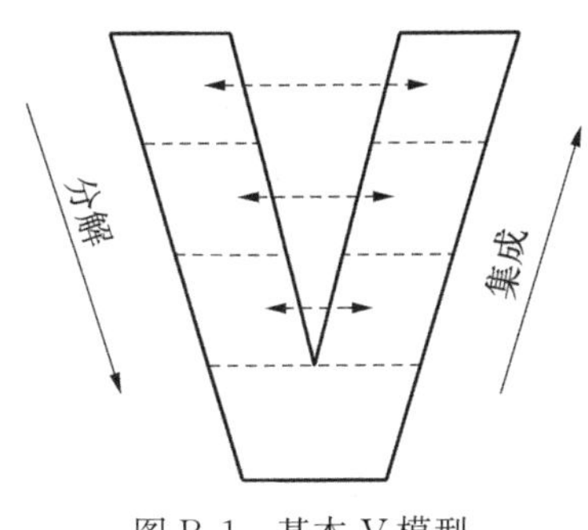

图 B.1　基本 V 模型

B.1　V 模型或系统工程 V 模型的简史

V 模型很可能出现在 20 世纪 60 年代，不过似乎没有任何公开发表的文献佐证。之后的参考文献表明，V 模型有多个独立的起源。模型名称因起源不同而不同。在下文中，我们引用在参考文献中所使用的名称。

1979 年，巴里·W. 贝姆(Barry W. Boehm)发表了一篇关于 V 模型的论文[15]。他在软件工程环境中使用 V 模型来强调验证和确认的重要性。贝姆对"V"字的左右两条边做了分工。左边①针对确认，右边②用于验证，并将这些"确认和验证"活动的过程分别与需求和规范相关联。但是该论文未进一步详细阐述在 V 模型中所描述的系统的多级(层次特性)。贝姆将 V 模型命名为"V 型图"，并将它的创建归功于 1977 年与系统开发公司 J. B. 芒森(J. B. Munson)的个人沟通。

---

① 原文此处为 Upper part。——译注

② 原文此处为 Lower part。——译注

1991 年 NCOSE 首届年会上在某个系统的上下文中提出“V 型图”[40]。该年会是现今 INCOSE 国际研讨会的前身。凯文·福斯伯格(Kevin Forsberg)和哈罗德·穆兹(Harold Mooz)在论文中介绍了“V 型图”,阐明了系统和设计工程在项目周期中的角色和责任。不同于贝姆的论文专注于软件工程中的 V&V 过程,福斯伯格和穆兹的论文专注于项目实现系统。因此论文研究的重点是系统的多级(层次)特性,他们提出了三维“V 模型”,旨在说明项目管理与工程之间的关系。它承认工程的迭代特性和增量特性,因此鼓励并行工程。福斯伯格和穆兹论及理查德·罗伊(Richard Roy)对“V 型图”作出了重要贡献。

1992 年德国颁布一项关于政府 IT 项目的标准。显然,该标准起源于国防部,并在 20 世纪 90 年代初甚至更早的时候就已制定。这一综合标准是一个过程描述,称之为“V-Modell®”。“V-Modell”是德语“Vorgehensmodell”的缩写,可译为“过程模型”。“V” 字形并不是过程模型的图形表示,然而利用“V”字形来表示所描述的过程。1992 年的版本仅涵盖软件开发,到 1993 年,布吕尔(Bröhl)和德吕舍尔(Dröschel)发表著作《Das V-Modell》[18],才使得“V-Modell®”可供公众使用。“V-Modell®”的后续开发版本于 1997 年发布,包含了系统方面并引用 ISO 12207 规定的系统定义。该标准演化成了“V-Modell® XT”,其中 XT 表示可扩展使用或最大限度剪裁使用。对于“V-Modell® XT”的 1997 年版本和当前版本,均可在一个专业网站[27]上用德语和英语(部分内容)访问。

在 2013 年 INCOSE 国际研讨会上,迪特尔·沙伊特豪尔(Dieter Scheithauer)和福斯伯格发表了名为《V 模型视图》的论文[124]。论文汲取了过去 20 年的经验和进步,将 V 模型的范围从开发过程扩展到系统生命周期,从利益攸关方的需求达到实现利益攸关方满意的结果。与 1991 年的论文相比,这篇论文将全部视图分成四类:基本 V 模型视图、开发 V 模型视图、保证 V 模型视图和动态 V 模型视图。它将水平维度从时间或成熟度顺序转变为价值流的逻辑顺序。与类似瀑布过程采用的演绎分解相反,两位作者强调 V 模型左侧的归纳设计。最后,该论文举例说明确认不仅适用于最终设计的系统,而且适用于系统生命周期中的每个产物。换言之,利益攸关方需求、系统需求、各个级别上的架构和已集成的整个系统架构以及操作系统都须得到确认,意思是检查它们是否符合用途。论文中指出,V 模型曾两度被提出,第一次在 20 世纪 80 年代由 NASA 提出,第二次在 1991 年由福斯伯格和穆兹通过论文提出。

B.2 简单的图解而非全面的过程描述

系统工程V模型是一个图解,仅描述了系统开发过程的某些方面。与德国"V-Modell®"不同,系统工程V模型并非全面的过程模型或过程描述。V模型中描述的最重要方面也许是系统的多层次(级)特性。根据定义,一个系统至少要由两个层次构成。因此,就系统而论,最简单的V模型只包含两个层次,即系统级和系统要素级。

V模型中的层次与系统中的层次一一对应,对应关系可能包括逻辑层次。这些层次(级)的名称因应用上下文的不同而各异。但是,每一连续的两个层次则构成一个系统。最低一层有点特殊,作为由这一层次所表示的部件或组件,将不再从描述V模型的视角做进一步的分解。这就强制规定,要能够捕获和生成或获得由最低一层所表示的元素。这些元素的组合或聚合对于关注系统的开发并不重要。这并不妨碍从某个不同视角看,最低一层的各元素也都是系统。与每个模型一样,V模型的上下文应遵循某个用途。通常包括某个团队或组织负责的层次,以及相邻的下一层次,有时还包括相邻的上一层次。

在V模型中描述系统开发有关的生命周期过程时,每个级别均须包含相同过程的实例。每一层次上,均须执行需求工程、架构、集成和验证。这些过程的具体名称因应用这些过程的组织而异。因此,由这些过程产生的产物将呈现出在7.1节中所述的"Z"字模式。图B.2给出一个描述基本开发过程的V模型,其中各过程生成物的命名与图7.4所示一致。该图表明,"Z"字模式不仅存在于V模型的左侧,而且沿右侧向上,有待集成该系统。

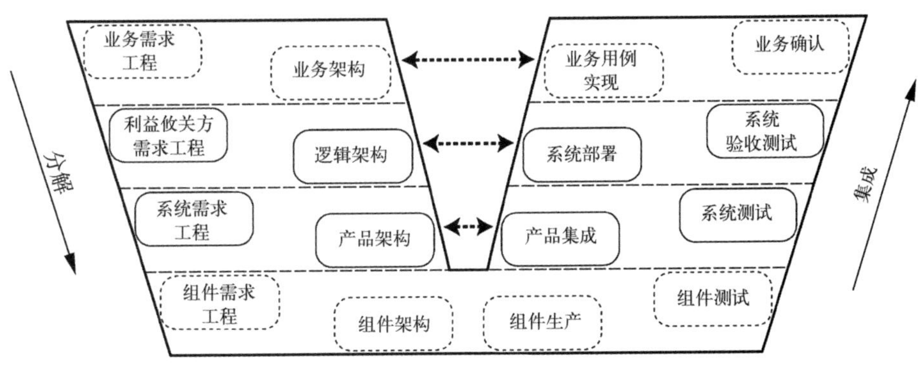

图B.2 包含图7.4中所命名的产物创建基本开发过程的V模型

图 B.2 中的虚线表示不在已承担开发责任内的过程。V 模型中描述的系统层次(级)从上到下为:

(1) 业务级,作为一个可以赚钱的系统。

(2) 利益攸关方过程级,从使用待开发的产品中获益。

(3) 产品级,待开发。

(4) 组件级,构成产品。

图 B.2 不是开发过程的描述,它省略了许多重要元素。它没有描述任何控制系统或对象流,只是将过程映射到系统各层次。该图指定了一个需求工程过程,但是没有区分利益攸关方需求与系统需求。在没有任何对象流的情况下,它没有区分分配需求与衍生需求。集成过程用多个名称表示,验证和确认过程混合,有些过程命名为测试。图 B.2 采用了一种广泛使用但非最佳的命名方式。测试用作验证和确认的同义词,让人觉得只有测试才是有效的验证或确认。这忽略了其他通常更有效、更低成本的方法,如检查、分析或演示。确认被简化成了最后的一项活动,虽然它应在利益攸关方需求定义过程中开始。实际上,虽然有时确认是一项单独任务,但是总是发生在其他过程中。

上文描述的这个十分简单的图解还忽略了一个问题。某个较低层次中的元素数量比上面层次的多。重复使用模块化系统中的元素将降低后续层次中元素种类的增加。这些元素都有自己的生命周期。它们的开发或集成顺序取决于相邻元素数据的可用性。为了全面描述元素类型的多重性,应绘制一个三维 V 模型。这个三维模型考虑同一层次上不同元素有关过程之间的交互。我们可以很容易想象,图 B.3 所示的三维模型图包含前文所述的多个过程,难以阅读和理

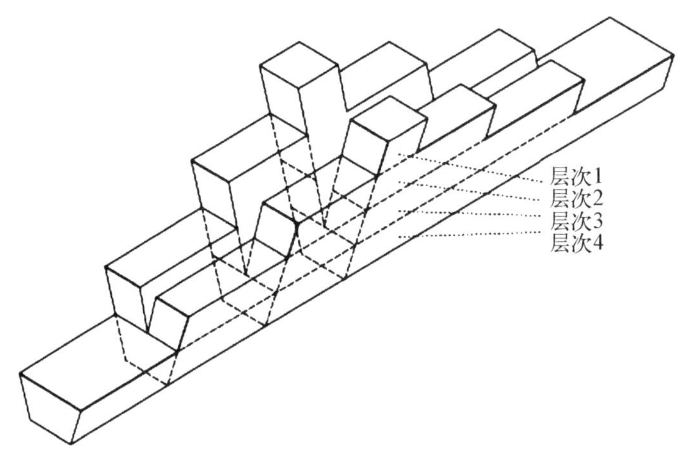

图 B.3 考虑离散层次和元素数量的 V 模型

解。考虑到前文提到的省略项，情况变得更加糟糕。

B.3 重要注意事项

V模型有多种解释。其他许多解释并未考虑最初用途，而是批评该模型不适合其他用途。在V模型提出后的几十年间世界在不断变化。尽管新的或改进的工程方法层出不穷，新技术和工具为提高工作的有效性和效率提供了可能性，V模型仍有助于说明开发过程中系统的多层次(级)特性及相互依赖关系。但是，这很难在一个视图中表示出来。沙伊特豪尔和福斯伯格在《V模型视图》[124]一文中对V模型的相关应用给出了很好的解释和总结。下面我们论述一些经常引起争议的问题。

B.3.1 V模型是过程描述

与德国“V－Modell®”不同，系统工程V模型并非是全面的过程描述。它旨在描述系统的多个层次(级)特性，并且只描述与这些层次及其依赖关系有关的特定过程方面的内容。V模型可以帮助解释，需在每一层次上对属于这些层次的每个元素，实施生命周期过程。

B.3.2 V模型并不一定是瀑布过程

若认为V模型与瀑布方法相同或相似，就会忽略V模型中层次的含义。在瀑布方法中，每一过程、需求工程、架构、实现、验证和最终确认均在其所在层次上进行考虑。瀑布过程旨在从顶部(需求工程)流向底部(最终验证)。将此方法与V模型比较时，可以看作该瀑布模型的后半部分向上弯曲，形成一个V字形，将需求工程和最终确认带到顶层，接着将架构和验证带到中间层，实现则处于V字的尖端。该视图忽略了层次的含义，其代表的是系统的层次(级)而不是人为确定的过程层次结构。V字形的横向维度表示价值流中的逻辑顺序，而不是开发过程的时间线。在将需求分配到较低层次并随后进行验证时，不可避免地需要必需的通信，并确保数据的双向交换。考虑每一层次的生命周期，进而在每一层次递归地应用生命周期过程，将导致分配需求与其他的利益攸关方需求之间出现差异。上一层次的利益攸关方需求是下一层次其他利益攸关方之间的一项并且是唯一的一项需求。在瀑布方法中，所有需求都预先可知，与此不同的是，V模型允许并要求归纳较低层次上的利益攸关方需求。

B.3.3 V模型适应迭代

保持每一层次上构型基线的一致性，就能以多种形式实施迭代。对于“V”

字任意一边上的系统要素级，都能够实施迭代。迭代可能涉及一个或多个层次。但是，涉及两条边上一个多个层次的大规模迭代也是有可能的。尤其是，在早期确认（诸如需求分配检查和系统要素设计合适性检查）时所建立的小型迭代循环，对于总体目标而言是有利的。将这些系统要素在系统模型中进行虚拟集成，可以在其实现活动启动之前，确认每一系统层次和每一系统要素。系统开发中的迭代法并不是什么新方法，斯克拉姆（Scrum）在其发明中早已提出[133]。1991年，福斯伯格和穆兹发表的论文[40]促进了迭代法的发展。这同样适用于对开发过程生成物的早期确认。尽管未做详细说明。贝姆在其1979年的论文[15]中作为示例，提及最终软件的需求确认、设计确认以及确认测试。他确已强调早期确认的好处。

B.3.4 V模型允许增量开发

如前文所述，使用系统模型和应用迭代可以使用增量方法。使用系统模型可模拟和演示虚拟集成系统。从而能够与相关的利益攸关方一起对系统进行早期确认。福斯伯格和穆兹曾在1991年[40]推广过增量开发。

B.3.5 V模型与并行工程

由于V模型强调系统层次（级），每一层次都有许多系统要素并具有各自的生命周期，因此可用于解释并行工程的影响。保持构型基线一致性并为每个迭代确定增量可支持并行工程。

B.3.6 V模型适应变更

增量迭代方法以及保持一致的构型基线可预测注入变更的影响。V模型有助于解释预计哪里会出现变更。而且，它还可以可视化这些变更将对开发的哪些方面产生影响。变更来源包括发现新的利益攸关方、变更利益攸关方需求及各个确认或验证步骤。

B.3.7 V模型允许早期验证规则

增量迭代方法及保持一致的构型基准允许早期验证规则。因此，可以实现验证流程和相关基础设施的优化。这包括在系统或系统要素验证集成期间组合不同层次的验证或组合接口验证。

B.3.8 V模型显示在哪里预防缺陷

V模型可以显示应在哪里执行确认，确认不只适用于系统工程V模型的最右上部分。在开发过程中创建的每一生成物均须确认。也就是说，应提供证据表明所考虑的生成物有助于满足利益攸关方需求。早期确认确保解决了有关问题。文献通常没有很明确地提及这种早期确认。虽然 ISO/IEC15288：2008[60]标准提到了一些需要验证的生成物，但是只出现在注释中，而未出现在标准的正文中。《INCOSE 系统工程手册》[56]将此类早期确认称为“过程中确认”或“持续确认”。ISO/IEC/IEEE 29148：2011[63]标准强调了需求确认的必要性。沙伊特豪尔和福斯伯格在《保证 V 模型》[124]中非常明确地阐述了确认的执行过程。验证，进而是缺陷预防从 V 模型的左边最顶层开始，并一直向下，然后再向上，甚至进入关注系统的操作阶段。在一个系统生命周期内，可能存在下列六种类型的确认：

(1) 利益攸关方需求确认。

(2) 分配需求确认。

(3) 系统要素定义确认。

(4) 虚拟集成系统确认。

(5) 部署于所处环境的操作系统确认。

(6) 在用系统确认。

B.4 现代系统工程 V 模型的阅读指导

作为本章的总结，我们提供 V 模型的阅读指导。前文已经提到，单个视图很难描述所有方面。视图的设计必须推定敬业读者的关注点而忽略其他方面。遵循下文所述的七条原则将支持对 V 模型理解的一致性。

B.4.1 垂直维度

V 模型的垂直维度表示关注系统的多个层次(级)。最顶层表示系统操作所在的系统上下文。最底层表示可以获得，进而足以在黑箱视图中予以定义的那些部件。中间各层次表示系统的物理或逻辑级。因此，V 模型至少要有三个层次：即系统上下文级、系统级和系统要素级。

B.4.2 水平维度

V 模型的水平维度表示价值流的逻辑顺序。这并非意味着需要预先冻结每项需求。开发期间的增量可用于在定义顶层其余需求之前开发某些部件。

B.4.3 左边

V 模型的左边表示自上而下开发的大方向。这只是大方向。特别要注意的是，与接口相关的问题需要先将部分开发放到很低的层次，然后再继续进行较高层次其余部分的开发。

B.4.4 右边

V 模型的右侧表示自下而上集成的大方向。基于模型的方法支持虚拟集成,导致右边有许多实例。这类表示法有时称为 Y 模型,因为这种虚拟集成可用一个分支来描述,该分支从 V 模型的左边中间位置开始,与 V 模型的右边平行向上。

B.4.5 层次(级)

层次(级)表示系统层次(级)。每个层次都有生命周期过程。各层次从它相邻的上一层接收分配的需求,得出特定利益攸关方的需求,并将需求分配给相邻的下一层。各层次从其相邻的下一层接收经验证的系统要素(或部件),并将经集成和验证的系统(或系统部件)提供给相邻的上一层。

B.4.6 生命周期过程

每个层次都有生命周期过程,如利益攸关方需求定义、需求分析、架构设计、集成、验证、确认以及相关生成物。

B.4.7 第三维度

V 模型的第三维度可用于多种不同的用途,例如,显示每个级别的系统要素数量,从而并行应用生命周期过程。

参 考 文 献

[1] J. Abulawi. Personal communication. February 12, 2014.

[2] R. L. Ackoff. Creating the Corporate Future: Plan or be Planned For, Copyright (C) 1981 by John Wiley & Sons, Inc.

[3] S. Aeschbacher, S. Eisenring, D. Endler, M. Frikart, N. Krüger, J. G. Lamm, and M. Walker. Eine einfache Vorlage zur Architekturdokumentation. In M. Maurer and S.-O. Schulze, editors, *Tag des Systems Engineering, Bremen, 12 - 14 November 2014*, pages 85 - 92, München, Germany, 2014. Carl Hanser Verlag.

[4] C. Alexander. *Notes on the synthesis of Form*. Harvard University Press, Cambridge, MA, 1971 (paperback reprint of the 1964 edition).

[5] C. Alexander. *A Pattern Language*. Oxford University Press, New York, 1977.

[6] T. J. Allen. *Managing the Flow of Technology: Technology Transfer and the Dissemination of Technological Information Within the R&D Organization*. Massachusetts Institute of Technology, 1st edition, 1977. Now in a revised edition, 1984 from MIT Press.

[7] G. Altshuller. *Innovation Algorithm: TRIZ, Systematic Innovation and Technical Creativity*. Technical Innovation Center, 1999.

[8] S. W. Ambler. *Agile modeling*. John Wiley & Sons, Inc. , New York, 2002.

[9] M. M. Andreasen. *Syntesemetoder påsystemgrundlag (Machine Design Methods Based on a Systematic Approach)*. PhD thesis, Lund Technical University, Sweden, 1980.

[10] L. Bass, P Clements, and R. Kazman. *Software Architecture in Practice*. Addison-Wesley Professional, 3rd edition, 2012.

[11] E. N. Baylin. *Functional Modeling of Systems*. Gordon and Breach, New York, 1990.

[12] R. Beasley, I. Cardow, M. Hartley, and A. Pickard. Structuring requirements in standard templates. In J. Lalk, editor, *EMEASEC 2014 27 - 30 October 2014, Systems Engineering — Exploring New Horizons*. IN COSE, 2014.

[13] B. S. Blanchard. *System Engineering Management*. John Wiley & Sons, Inc. , New York, 2004.

[14] H. Blume, H. T. Feldkaemper, and T. G. Noll. Model-based exploration of the

design space for heterogeneous systems on chip. *Journal of VLSI Signal Processing*, 40: 19-34, 2005.

[15] B. W. Boehm. Guidelines for verifying and validating software requirements and design specification. In *Proceedings of the European Conference on Applied Information Technology of the International Federation for Information Processing* (*Euro IFIP*), volume 1, pages 711-719, 1979.

[16] B. W. Boehm. A spiral model of software development and enhancement. *Computer*, 21(5): 61-72, 1988.

[17] Tate Britain (Tate Gallery). Press Release — Jimmy Wales announces robots project as the winner of first IK Prize. http://www.tate.org.uk/about/press-office/press-releases/jimmy-wales-announces-robots-project-winner-first-ik-prize, published February 7th, 2014, accessed 14 August 2014.

[18] A.-P Bröhl and W. Dröschel, editors. *Das V-Modell*. R. Oldenbourg Verlag, München, Germany/Wien, Austria, 1993.

[19] D. M. Buede. *The Engineering Design of Systems*. John Wiley & Sons, Inc., New York, 2009.

[20] P Clements, R. Kazman, and M. Klein. *Evaluating Software Architectures: Methods and Case Studies*. Addison-Wesley Professional, 3rd edition, 2001.

[21] R. J. Cloutier and D. Verma. Applying the concept of patterns to systems architecture. *Systems Engineering*, 10(2): 138-154, 2007.

[22] A. Cockburn. *Crystal Clear: A Human-Powered Methodology for Small Teams*. Addison-Wesley, 2005.

[23] J. M. Cohen and M. J. Cohen. *The Penguin Dictionary of Twentieth-Century Quotations*. VIKING/Penguin Books, 1993.

[24] M. Conrad. Systematic testing of embedded automotive software — the classification-tree method for embedded systems (CTM/ES). InE. Brinksma, W. Grieskamp, and J. Tretmans, editors, *Perspectives of Model-Based Testing*, Number 04371 in Dagstuhl Seminar Proceedings, Dagstuhl, Germany, 2005, Internationales Begegnungs-und Forschungszentrum für Informatik (IBFI), Schloss Dagstuhl, Germany.

[25] L. L. Constantine. Segmentation and design strategies for modular programming. In T O. Barnett and L. L. Constantine, editors, *Modular Programming: Proceedings of a National Symposium*. Information & Systems Press, 1968.

[26] J. Daniels and T Bahill. The hybrid process that combines traditional requirements and use cases. *Systems Engineering*, 7(4): 303-319, 2004.

[27] Das V-Modell®. http://v-modell.iabg.de/, accessed 8 November 2014.

[28] J. Dick and J. Chard. The systems engineering sandwich: combining requirements, models, and design. In *Proceedings of the fourteenth annual International Symposium of the International Council on Systems Engineering*, 2004.

[29] C. E. Dickerson and D. N. Mavris. *Architecture and Principles of Systems Engineering*, *Complex and Enterprise Systems Engineering*. Auerbach Publications Taylor & Francis Group, 2010.

[30] M. Dänzer, W. Gerritsen, J. G. Lamm, and T. Weilkiens. Funktionale Architektur trifft Schichtenarchitektur. In M. Maurer and S.-O. Schulze, editors, *Tag des Systems Engineering, Paderborn, 7–9 November 2012*, pages 363–372, München, Germany, 2012. Carl Hanser Verlag.

[31] M. Dänzer, S. Kleiner, J. G. Lamm, G. Moeser, F. Morant, F. Munker, and T. Weilkiens. Funktionale Systemmodellierung nach der FAS-Methode: Auswertung von vier Industrieprojekten. In M. Maurer and S.-O. Schulze, editors, *Tag des Systems Engineering, Bremen, 12–14 November 2014*, pages 109–118, München, Germany, 2014. Carl Hanser Verlag.

[32] S. Eisenring, M. Frikart, W. Gerritsen, C. Krainer, J. G. Lamm, A. Met-tauer, M. Walker, and M. Zollinger. Auf dem Weg zu einem Leitfaden im Systems Engineering für moderat-komplexe Systeme. In M. Maurer and S.-O. Schulze, editors, *Tag des Systems Engineering, Paderborn, 7–9 November 2012*, pages 33–42, München, Germany, 2012. Carl Hanser Verlag.

[33] H. Eisner. *Managing Complex Systems: Thinking Outside the Box*. John Wiley & Sons, Inc., Hoboken, NJ, 2005.

[34] J. P. Elm and D. R. Goldenson. The business case for systems engineering study: results of the systems engineering effectiveness survey. Technical Report CMU/SEI-2012-SR-009, Software Engineering Institute, 2012.

[35] M. R. Emes. Strategic multi-stakeholder trade studies. In *Proceedings of EuSEC*, 2006.

[36] M. R. Emes, P. A. Bryant, M. K. Wilkinson, P. King, A. M. James, and S. Arnold. Interpreting "Systems Architecting". *Systems Engineering*, 15(4): 369–395, 2012.

[37] Federation of EA Professional Organizations (FEAPO). Common perspectives on enterprise architecture. *Architecture and Governance Magazine*, (9-4), 2013.

[38] J. L. Fernández-Sánchez, M. García-García, J. García-Muñoz, and J. P Gómez-Pérez. La ingeniería de sistemas y su aplicación a un vehículo aéreo no tripulado. *Dyna*, 87(4): 456–466, 2012.

[39] D. G. Firesmith, P Capell, D. Falkenthal, C. B. Hammons, D. T. Latimer IV, and T. Merendino. *The Method Framework for Engineering System Architectures*. CRC Press, 2009.

[40] K. Forsberg and H. Mooz. The relationship of systems engineering to the project cycle. In *Proceedings of the first annual conference of NCOSE*, 1991.

[41] K. Forsberg, H. Mooz, and H. Cotterman. *Visualizing Project Management*. John Wiley & Sons, Inc., New York, 2005.

[42] J. Fried and D. H. Hansson. *REWORK*. Crown Business, 2010.

[43] D. Garlan and M. Shaw. An introduction to software architecture. Technical Report CMU/SEI-94-TR-21, Carnegie Mellon University, 1994.

[44] D. Gianni, N. Lindman, J. Fuchs, and R. Suzic. Introducing the European space agency architectural framework for space-based systems of systems engineering. In O.

Hammami, D. Krob, and J.-L. Voirin, editors, *Complex Systems Design & Management*, pages 335 - 346. Springer-Verlag, 2012, Berlin and Heidelberg.

[45] J. L. Gibson, J. M. Ivancevich, J. H. Donnelly, and R. Konopaske. *Organizations: Behaviour, Structure, Processes*. McGraw-Hill, 14th edition, 2012.

[46] GOV. UK. MOD Architecture Framework — Detailed guidance, 2012, https://www.gov.uk/mod-architecture-framework, accessed 20 February 2015.

[47] D. Gray and T. V. Wal. *The Connected Company*. O'Reilly, 2012.

[48] D. Greefhorst and E. Proper. *Architecture Principles — The Cornerstones of Enterprise Architecture, The Enterprise Engineering Series*. Springer-Verlag, Berlin and Heidelberg, 2011.

[49] M. Grundel, J. Abulawi, G. Moeser, T. Weilkiens, A. Scheithauer, S. Kleiner, C. Kramer, M. Neubert, S. Kümpel, and A. Albers. FAS4M — no more: "Please mind the gap!". In M. Maurer and S.-O. Schulze, editors, *Tag des Systems Engineering, Bremen, 12 - 14 November 2014*, pages 65 - 74, München, Germany, 2014. Carl Hanser Verlag.

[50] C. Hampden-Turner and F. Trompenaars. Response to Geert Hofstede. *International Journal of Intercultural Relations*, 21(1): 149 - 159, 1997.

[51] M. Hassenzahl, A. Beu, and M. Burmester. Engineering joy. *IEEE Software*, 18(1): 70 - 76, 2001.

[52] L. Herrero. *Viral Change™ The Alternative to Slow, Painful and Unsuccessful Management of Change in Organisations*. meetingminds, 2006, 2008.

[53] D. K. Hitchins. *Systems Engineering*. John Wiley & Sons, 2007.

[54] INCOSE MBSE Challenge Team SE2. *Cookbook for MBSE with SysML* , 2011.

[55] INCOSE. Systems engineering vision 2020. Available at http://www.incose.org/ProductsPubs? products/sevision2020. aspx, September 2007. INC0SE - TP - 2004 - 004 - 02, accessed 1st June 2015.

[56] INCOSE. *INCOSE Systems Engineering Handbook v. 3.2*, January 2010.

[57] INCOSE. Systems engineering vision 2025: the world in motion, June 2014. Available at http://www.incose.org/newsevents/announcements/docs/SystemsEngineeringVision_2025_June2014.pdf, accessed 1st June 2015.

[58] ISO. ISO Online Browsing Platform (OBP). http://www.iso.org/obp, accessed 4 January 2014.

[59] ISO 13849 - 1: 2006. Safety of machinery — Safety-related parts of control systems — Part 1: General principles for design, 2006.

[60] ISO/IEC 15288: 2008 and IEEE Std 15288 - 2008. Systems and software engineering — System life cycle processes, 2008.

[61] ISO/IEC TR 24748 - 1: 2010. Systems and software engineering — life cycle management — Part 1: Guide for life cycle management, 2010.

[62] ISO/IEC 7498 - 1: 1984. Information processing systems — Open Systems Interconnection — Basic Reference Model, 1984.

[63] ISO/IEC/IEEE 29148: 2011. Systems and software engineering — Life cycle

processes — Requirements engineering, 2011.

[64] ISO/IEC/IEEE 42010: 2011. Systems and software engineering — Architecture description, 2011.

[65] IEEE Std 1471 - 2000. IEEE Recommended Practice for Architectural Description of Software-Intensive Systems, 2000.

[66] D. D. Jackson, P. Watzlawick, and J. B. Bavelas. *Pragmatics of Human Communication: A Study of Interactional Patterns, Pathologies and Paradoxes*. W. W. Norton, 2011.

[67] I. Jacobson, M. Christerson, P. Jonsson, and G. Övergaard. *Object-Oriented Software Engineering — A Use Case Driven Approach*. Addison-Wesley, 1992.

[68] C. G. Jung. *Psychologische Typen*. Rascher Verlag, 1921.

[69] C. G. Jung. *Psychological Types, Bollingen Series*, vol. 20. Pantheon Books, 1971.

[70] K. C. Kang, S. G. Cohen, J. A. Hess, W. E. Novak, and A. S. Peterson. Feature-oriented domain analysis (FODA) feasibility study. Technical Report CMU/SEI - 90 - TR - 21, Software Engineering Institute, 1990.

[71] K. C. Kang, J. Lee, and P. Donohoe. Feature-oriented product line engineering. *IEEE Software*, 19: 58 - 65, 2002.

[72] R. Kazman, M. Klein, and P. Clements. ATAM: method for architecture evaluation. Technical Report CMU/SEI - 2000 - TR - 004, Carnegie Mellon University, 2000.

[73] T. Kelley. *The Ten Faces of Innovation*. Profile Books, 2006.

[74] M. Kennedy. *Tate Offers Chance to Experience Night at the Museum, with the Help of Four Robots*. The Guardian (London/Manchester edition, United Kingdom), August 13, 2014.

[75] K. Keutzer, S. Malik, A. R. Newton, J. M. Rabaey, and A. Sangiovanni-Vincentelli. System-level design: orthogonalization of concerns and platform-based design. *IEEE Transactions on Computer-Aided Design of Integrated Circuits and Systems*, 19(12): 1523 - 1543, 2000.

[76] H. Kissinger. *Diplomacy*. Touchstone/Simon & Schuster, 1994.

[77] D. A. Kolb. *Experiential Learning: Experience as the Source Of Learning And Development*. Prentice Hall, Englewood Cliffs, NJ, 1984.

[78] A. Korff, J. G. Lamm, and T Weilkiens. Werkzeuge für den Schmied funktionaler Architekturen. In M. Maurer and S.-O. Schulze, editors, *Tag des Systems Engineering, Hamburg, 9 - 11 November 2011*, pages 3 - 12, München, Germany, 2011. Carl Hanser Verlag.

[79] A. Kossiakoff and W. N. Sweet. *Systems Engineering — Principles and Practice*. John Wiley & Sons, Inc. , Hoboken, NJ, 2003.

[80] R. Krikhaar, W. Mosterman, N. Veerman, and C. Verhoef. Enabling system evolution through configuration management on the hard-ware/software boundary. *Systems Engineering*, 12(3): 233 - 264, 2009.

[81] P. B. Kruchten. The 4+1 view model of architecture. *IEEE Software*, 12(6): 42 - 50, 1995.

[82] J. G. Lamm, A. Lohberg, and T. Weilkiens. Funktionale Architekturen in der Systementwicklung anwenden. In M. Maurer and S.-O. Schulze, editors, *Tag des Systems Engineering, Stuttgart, 6 - 8 November 2013*, pages 283 - 292, München, Germany, 2013. Carl Hanser Verlag.

[83] J. G. Lamm and T. Weilkiens. Funktionale Architekturen in SysML. In M. Maurer and S.-O. Schulze, editors, *Tag des Systems Engineering, München Freising, 10 - 12 November 2010*, pages 109 - 118, München, Germany, 2010. Carl Hanser Verlag.

[84] J. G. Lamm and T. Weilkiens. Method for deriving functional architectures from use cases. *Systems Engineering*, 17(2): 225 - 236, 2014.

[85] C. Larman and B. Vodde. *Practices for Scaling Lean and Agile Development*. Addison-Wesley/Pearson, 2010.

[86] H. 'Bud' Lawson. *A Journey Through the Systems Landscape*, *Systems Thinking and Systems Engineering*, vol. 1. 2010.

[87] G. H. Lewes. *Problems of Life and Mind*. Number 2 in 1. Mifflin/Trubner, Houghton, MI, 1875.

[88] V.-C. Liang and C. J. J. Paredis. A port ontology for conceptual design of systems. *Journal of Computing and Information Science in Engineering*, 4: 206 - 217, 2004.

[89] T. Liland, H. D. Jprgensen, and S. Skogvold. Aligning TOGAF and NAF — experiences from the Norwegian Armed Forces. In P. Johannesson, J. Krogstie, and A. L. Opdahl, editors, *The Practice of Enterprise Modeling*, *Lecture Notes in Business Information Processing*, vol. 92, pages 131 - 146. Springer-Verlag, 2011, Berlin and Heidelberg.

[90] J. Lockett and J. Powers. Human factors engineering methods and tools. *Handbook of Human Systems Integration*, pages 463 - 496. John Wiley & Sons, Inc. , 2003.

[91] M. W. Maier. System and software architecture reconciliation. *Systems Engineering*, 9(2): 146 - 159, 2006.

[92] M. W. Maier and E. Rechtin. *The Art of Systems Architecting*. CRC Press, Boca Raton, FL, 2nd edition, 2002.

[93] J. N. Martin. Using the PICARD theory of systems to facilitate better systems thinking. *INCOSE INSIGHT*, 11(1): 37 - 41, 2008.

[94] MBSE Wiki Article — Model Based Document Generation, 2013, http://www.omgwiki.org/MBSE/doku.php?id=mbse:telescope#model_based_document_generation, accessed 19 June 2014.

[95] B. McCarthy. About Learning — Official Site of Bernice McCarthy's 4MAT System, 2015. http://www.aboutlearning.com, accessed 15 February 2015.

[96] G. A. Miller. The magical number seven, plus or minus two: some limits on our capacity for processing information. *Psychological Review*, 63(2): 81 - 97, 1956.

[97] J. P. Monat. Why customers buy — a look at how industrial customers make purchase decisions. *Marketing Research*, 28: 20 - 24, 2009.

[98] G. Muller. *Systems Architecting — A Business Perspective*. CRC Press, 2011.

[99] *National Airspace System — System Engineering Manual (SEM), v3.1, 2006*.

[100] NATO Architecture Framework v4. 0 Documentation. http://nafdocs. org, accessed 20 February 2015.

[101] Object Management Group (OMG). Business Motivation Model (BMM) Version 1. 2. OMG Document Number formal/2014 - 05 - 01, 2014.

[102] Object Management Group (OMG). Common variability language (CVL) revised submission. OMG document number ad/2012 - 08 - 05, 2012.

[103] Object Management Group (OMG). MDA Guide Version 1. 0. 1. OMG Document Number omg/2003 - 06 - 01, 2003.

[104] Object Management Group (OMG). Meta Object Facility (MOF) Version 2. 4. 2. OMG Document Number formal/2014 - 04 - 03, 2014.

[105] Object Management Group (OMG). OMG Systems Modeling Language (OMG SysML) Version 1. 4 — Beta. OMG Document Number ptc/2013 - 12 - 09, 2013.

[106] Object Management Group (OMG). OMG Unified Modeling Language (OMG UML) Version 2. 4. 1. OMG Document Number formal/2011 - 08 - 13, 2011.

[107] Object Management Group (OMG). Requirements Interchange Format (ReqIF) Version 1. 1. OMG Document Number formal/2013 - 10 - 01, 2013.

[108] Object Management Group (OMG). Semantics of a Foundational Subset for Executable UML Models (FUML) Version 1. 1, OMG Document Number formal/2013 - 08 - 06, 2013.

[109] Object Management Group (OMG). XML Metadata Interchange (XMI) Version 2. 4. 2. OMG Document Number formal/2014 - 04 - 04, 2014.

[110] B. W. Oppenheim. *Lean for Systems Engineering with Lean Enablers for Systems Engineering*. John Wiley & Sons, Inc. , 2011.

[111] T. J. Ostrand and M. J. Balcer. The category-partition method for specifying and generating functional tests. *Communications of the ACM*, 31(6): 676 - 686, 1988.

[112] Oxford Dictionaries. Oxford Dictionaries — Definition of architect in English. http://www. oxforddictionaries. com/definition/english/architect, accessed 30 July 2014.

[113] G. Pahl, W. Beitz, J. Feldhusen, and K. -H. Grote. *Engineering Design*. Springer-Verlag, 2007.

[114] D. L. Parnas. On the criteria to be used in decomposing systems into modules. *Communications of the ACM*, 15(12): 1053 - 1058, 1972.

[115] G. Patzak. *Systemtechnik*, *Planung Komplexer Innovativer Systeme*. Springer-Verlag, 1982.

[116] N. Plum. Trak enterprise architecture framework, 2010, http://trak. sourceforge. net, accessed 30 July 2014.

[117] K. Pohl. *Requirements Engineering — Fundamentals*, *Principles*, *and Techniques*. Springer-Verlag, 2010.

[118] K. Pohl, G. Böckle, and F. J. Linden. *Software Product Line Engineering: Foundations*, *Principles and Techniques*. Springer-Verlag, 1st edition, 2005.

[119] V. Pollio. DE ARCHITECTURA LIBER PRIMUS. In *DE ARCHI-TECTURA LIBRIDECEM*, Chapter 3. most likely first century B. C.

[120] D. J. Richardson and L. A. Clarke. A partition analysis method to increase program reliability. In *Proceedings of the 5th International Conference on Software Engineering*, pages 244 - 253, San Diego, CA, March 1981. IEEE.

[121] N. Richard, D. George, and E. P. Box. *Empirical Model-Building and Response Surfaces, Wiley Series in Probability and Mathematical Statistics: Applied Probability and Statistics*. John Wiley & Sons, New York, 1987.

[122] S. Robertson and J. Robertson. *Mastering the Requirements Process: Getting Requirements Right*. Addison-Wesley Professional, 3rd edition, 2012.

[123] N. Rozanski and E. Woods. *Software Systems Architecture*. Addison Wesley/Pearson, 2012.

[124] D. Scheithauer and K. Forsberg. V-model views. In *Proceedings of the 23nd Annual International Symposium of the International Council on Systems Engineering*, 2013.

[125] G. Schuh. *Produktkomplexität Managen*. Carl Hanser Verlag München, 2005.

[126] C. E. Shannon. A mathematical theory of communication. *Bell System Technical Journal*, 27, 1948.

[127] D. C. Skinner. *Decision Analysis*. Probabilistic Publishing, 2001.

[128] Software Engineering Institute/Carnegie Mellon University. What is your definition of software architecture? http://www. sei. cmu. edu/architecture/start/glossary/definition-form. cfm, accessed 8 February 2015.

[129] D. E. Spielberg. Methodik zur Konzeptfindung basierend auf technischen Kompetenzen. Doctoral thesis, RWTH Aachen, Shaker-Verlag, 2002.

[130] H. Stachowiak. *Allgemeine Modelltheorie*. Springer-Verlag, 1973.

[131] M. Stickdorn and J. Schneider. *This is Service Design Thinking*. BIS Publishers, Amsterdam, The Netherlands, 2013.

[132] N. P. Suh. *The Principles of Design*. Oxford University Press, New York, 1990.

[133] H. Takeuchi and I. Nonaka. The new new product development game. *Harvard Business Review*, pages 137 - 146, January/February 1986.

[134] The Myers & Briggs Foundation. 2015, http://www. myersbriggs. org, accessed 15 February 2015.

[135] The White House. Federal Enterprise Architecture (FEA). http://www. whitehouse. gov/omb/e-gov/fea, accessed 17 February 2015.

[136] The Open Group. The Open Group Architecture Framework (TOGAF®) Version 9. 1, 2011.

[137] F. Trompenaars and C. Hampden-Turner. *Riding the Waves Of Culture*. Nicholas Brealey Publishing, 2012.

[138] D. G. Ullman. *Making Robust Decisions*. Trafford Publishing, 2006.

[139] K. Ulrich. The role of product architecture in the manufacturing firm. *Research Policy*, 24: 419 - 440, 1995.

[140] UML Profile for Modeling Quality of Service and Fault Tolerance Characteristics and Mechanisms Specification Version 1. 2. OMG Document Number formal/2010 - 06 -

01, 2010.

[141] U. S. Chief Information Officer. DoDAF — DOD Architecture Framework Version 2.02, 2010, http://dodcio.defense.gov/TodayinCIO/DoDArchitectureFramework.aspx, accessed 20 February 2015.

[142] A. Vollerthun. Design-to-market integrating conceptual design and marketing. *Systems Engineering*, 5(4): 315 - 326, 2002.

[143] F. S. von Thun. *Miteinander reden 1 - 4: Störungen und Klärungen. Stile, Werte und Persönlichkeitsentwicklung. Das "Innere Team" und situationsgerechte Kommunikation. Fragen und Antworten.* Miteinander reden. Rowohlt Taschenbuch Verlag, 2014.

[144] B. Waber, J. Magnolfi, and G. Lindsay. Der Wert der Gestaltung. *Harvard Business Manager*, 2/2015, 2015.

[145] T. Weilkiens. *Systems Engineering with SysML/UML.* Morgan Kaufmann OMG Press, 2008.

[146] T. Weilkiens. A system architecture is what system architects create (blog entry), 2014, http://model-based-systems-engineering.com/2014/03/10/a-system-architecture-is-what-system-architects-create/accessed 3rd January 2015.

[147] T. Weilkiens. *Systems Engineering mit SysML.* dpunkt-Verlag, 2014.

[148] T. Weilkiens. *Variant Modeling with SysML.* Leanpub, 2015.

[149] E. Wenger. *Communities of Practice.* Cambridge University Press, 1998.

[150] A. A. Yassine and L. A. Wissmann. The implications of product architecture on the firm. *Systems Engineering*, 10(2): 118 - 137, 2007.

[151] Zachman International Enterprise Architecture. About the Zachman Framework. https://www.zachman.com/about-the-zachman-framework, accessed 16 February 2015.

[152] C. Zingel, A. Albers, S. Matthiesen, and M. Maletz. Experiences and advancements from one year of explorative application of an integrated model-based development technique using C&C^2-A in SysML. *IAENG International Journal of Computer Science*, 39(2): 165 - 181, 2012.

缩 略 语

ACS	anti-collision system	防撞系统
AD	architecture description	架构描述
ADM	architecture development method	架构开发方法
AEM	architecture engineering methodology	架构工程方法
AF	architecture framework	架构框架
AG MkS	working group on moderate complex systems	中等复杂系统工作组
ATAM	architecture tradeoff analysis method	架构权衡分析方法
ATM	air traffic management	空中交通管理
BC	battery charger	电池充电器
BMM	business motivation model	业务动机模型
BOM	bill of material	物料清单
CAD	computer aided design	计算机辅助设计
CCA	Clinger - Cohen Act	克林格-科恩法案
CDF	concurrent design facility	并行设计设施
CID	customer identification port	用户识别端口
CIM	computational independent model	计算无关模型
CIO	chief information officers	首席信息官
ConOps	concept of operation	(公司)经营理念
CPM	collaborative planning methodology	协同规划方法
CRM	consolidated reference model	综合参考模型
CVL	common variability language	通用可变性语言
DoDAF	Department of Defense Architecture Framework	美国国防部架构框架

EA	enterprise architecture	企业架构
ELT	experiential learning theory	经验学习理论
ESA	European Space Agency	欧洲航天局
ESA-AF	European Space Agency Architectural Framework	欧洲航天架构框架
EUROCONTROL	European Organization for the Safety of Air Navigation	欧洲航空安全组织
FAS	functional architectures for systems	系统功能架构
FEAF	Federal Enterprise Architecture Framework	联邦企业架构框架
FEAPO	Federation of Enterprise Architecture Professional Organizations	企业架构专业组织联合会
FODA	feature-oriented domain analysis	面向特征的域分析
FORM	feature-oriented reuse method	面向特征的再利用方法
GFDL	GNU free documentation license	GNU 自由文档许可
GfSE	Gesellschaft für Systems Engineering	德国系统工程协会
GMES	global monitoring for environment and security	全球环境与安全监测
GPL	GNU public license	GNU 公共许可
IDEAS	international defense enterprise architecture specification	国际国防企业架构规范
IM	instant mcssaging	即时通信
INCOSE	International Council On System Engineering	国际系统工程协会
ISO	International Organization for Standardization	国际标准化组织
IT	information technology	信息技术
LSI	learning style inventory	学习风格量表
MDA	model driven architecture	模型驱动架构
MBSE	model based systems engineering	基于模型的系统工程

MBTI	Myers-Briggs type indicator	迈尔斯-布里格斯类型指标
MIT	Massachusetts Institute of Technology	麻省理工学院
MODAF	Ministry of Defense Architecture Framework	英国国防部架构框架
MODEM	MODAF ontological data exchange model	MODAF 本体数据交换模型
MOF	meta object facility	元对象机制
MuBot	museum robot	博物馆机器人
NAF	NATO Architecture Framework	北大西洋公约组织架构框架
NASA	National Aeronautics and Space Administration	美国国家航空航天局
NATO	North Atlantic Treaty Organization	北大西洋公约组织
NMM	NAF meta model	北大西洋公约组织架构框架元模型
OMG	object management group	对象管理组织
OSI	open systems interconnection	开放系统互联
OV	operational viewpoint	作战视角
OVM	orthogonal variability model	正交变化模型
PBS	product breakdown structure	产品分解结构
PIM	platform independent model	平台无关模型
PSM	platform specific model	平台相关模型
RFID	radio frequency identification	无线射频识别
RPT	robot position tracker	机器人位置追溯器
RSS	really simple syndication	真正简易聚合
RUT	robot utilization tracker	机器人使用情况追溯器
SEI	Software Engineering Institute	软件工程研究院
SESAR	single European sky ATM research program	欧洲单一天空空中交通管理研究计划
SMS	short message service	短信服务

SOA	service-oriented architecture	面向服务的架构
SoaML	service-oriented architecture modeling language	面向服务的架构建模语言
SoS	system of systems	系统之系统
SoSE	system of systems engineering	系统之系统工程
SSA	space situational awareness	空间态势感知
SSSE	Swiss Society of Systems Engineering	瑞士系统工程学会
SysML	systems modeling language	系统建模语言
SYSMOD	systems modeling	系统建模
TAFIM	technical architecture framework for information management	信息管理技术架构框架
TIPS	theory of inventive problem solving	创造性问题解决理论
TOGAF	the open group architecture framework	开放组架构框架
TRAK	the Rail Architecture Framework	铁路架构框架
UML	unified modeling language	统一建模语言
UPDM	unified profile for DoDAF/MODAF	统一概要文件
VMT	virtual museum tour	虚拟博物馆参观
WAN	wide area network	广域网
WNET	wireless indoor network	室内无线网络

索　　引

D

F

K

L